"十四五"职业教育国家规划教材

江苏省"十四五"首批职业教育规划教材

Qt嵌入式开发——智能家居项目

Qt QIANRUSHI KAIFA ZHINENG JIAJU XIANGMU

○主　编　江帆　林涛

○副主编　蒋祎

江蘇鳳凰教育出版社　凤凰职教

图书在版编目(CIP)数据

Qt嵌入式开发：智能家居项目 / 江帆，林涛主编.
—南京：江苏凤凰教育出版社，2020.9(2024.1重印)
ISBN 978-7-5499-8737-5

Ⅰ.①Q… Ⅱ.①江… ②林… Ⅲ.①软件工具—程序设计 Ⅳ.①TP311.561

中国版本图书馆CIP数据核字(2020)第094120号

书　　名	**Qt嵌入式开发——智能家居项目**
主　　编	江　帆　林　涛
责任编辑	杨小军　周　宁
出版发行	江苏凤凰教育出版社
地　　址	南京市湖南路1号A楼，邮编：210009
出　　品	江苏凤凰职业教育图书有限公司
网　　址	http://www.fhmooc.com
照　　排	南京普胜印刷技术有限公司
印　　刷	河北铄柠印刷有限责任公司
厂　　址	河北省衡水市武邑县兴旺路以南，邮编：053000
电　　话	0318-2212090
开　　本	787毫米×1092毫米　1/16
印　　张	20.25
版次印次	2020年9月第1版　2024年1月第5次印刷
标准书号	ISBN 978-7-5499-8737-5
定　　价	49.80元
批发电话	025-83677909
盗版举报	025-83658893

如发现质量问题，请联系我们。
【内容质量】电话：025-83658873　邮箱：sunyi@ppm.cn
【印装质量】电话：025-83677905

前言

1. 本书背景

随着计算机、互联网的普及，一场更加巨大的浪潮将席卷全球，它就是近年来新兴的一个行业——物联网。物联网不仅涵盖了计算机产业，还将与人们的日常生活紧密融合，被誉为第三次信息科技浪潮，它将成为世界新经济和科技竞争的制高点之一，其规模将远超互联网和移动互联网。

近年来，在物联网的核心技术中，嵌入式技术得到了飞速的发展，应用范围遍布人们生产、生活的各个领域。在嵌入式操作系统中，嵌入式 Linux 的应用非常广泛，人们也希望使用界面友好的图形化界面程序，那么怎样来开发嵌入式 Linux 系统中的图形化界面呢？使用 Qt 是一个很不错的选择。

2. 内容结构

本书基于“智能家居系统软件”的设计与开发过程，共有 4 个项目，涵盖以下主要内容：① Linux 与 Qt，嵌入式 Linux 操作系统的安装、配置与基本操作，以及 Qt5.6.3 开发软件的安装、调试与使用方法。② 智能家居系统软件界面设计，涉及 Qt Creator 开发工具中各类组件（控件）的使用方法。③ 智能家居系统软件的基本功能，涉及利用 Qt Creator 开发工具编写程序代码，实现控制智能家居设备的基本功能。④ 智能家居软件系统的高级应用，涉及利用 Qt Creator 开发工具实现控制智能化设备的高级功能。

每个项目拆分为若干任务，每个任务按照“任务描述——任务目标——知识准备——任务实施——任务小结”的顺序展开，环环相扣，层层递进。

① 任务描述：简述任务背景与目标。

② 任务目标:对于需要完成的功能及要达到的效果进行分析。

③ 知识准备:详细讲解知识点,为任务实施做准备。

④ 任务实施:通过任务综合应用所学知识,提升学生的实践能力。

⑤ 任务小结:对本次任务进行小结。

每个项目结束前,设置了小结与测评环节,测评部分给出了详细的评分标准,教师可以引导学生根据测评标准进行自我测评与小组互评。

3. 本书特色

(1) 体现课程思政的教育理念。本教材内容针对"Qt 嵌入式系统集成工程师"的类岗位能力要求而设定,融合了智能家居行业的职业能力要求,以及从业人员的职业素养。在课程教学过程中,将思政教育元素与教学环节紧密结合,在项目实践过程中培养学生精益求精的工匠精神,激发学生为成为"大国工匠"而努力学习的情怀。

(2) 遵循"任务驱动,项目导向"的原则。本书以智能家居 PC 端软件和嵌入式网关软件的开发流程为指导,组织章节内容,引领技术知识与实验实训,并嵌入职业核心知识点与技能点,改变知识与技能相分离的传统实训教材的组织形式。读者在完成任务的过程中学习并总结相关技术知识与开发经验。以科技博物馆项目为主线,串联各个典型的物联网技术应用场景,便于教师采用项目教学法引导学生展开自主学习与探索。

(3) 突出物联网技术应用的特色。本书的编写参考了真实的物联网项目案例,项目的开发过程中有产品经理与工程师的参与,使得本书在内容组织上打破了传统教材的知识结构,充分借鉴了企业工程师的项目实践经验,着重突出物联网技术应用的特点。

(4) 创新实训测评方式,制定任务测评表。本书在每个项目中都设置有测评模块,根据本项目在整个教材中的权重,为每个项目分配合适的分值,项目最后设置测评表,对评分标准进行了详细的标注。整个项目评价总分为 100 分,分解到各项目中的分值各不相同。教师可以根据测评表来考评学生的实训完成情况,同时读者也可以根据完成的情况进行自评或互评。本书设置的测评表直观、完善,使读者可以在实训过程中清晰地了解自己的学习情况与技能水平。

(5) 配套资源完善,代码完整细致。本书附带的教学资源内容详尽,组织结构分明,层层递进,环环相扣。本书的每个实例均有完整的源代码,读者可以根据自己的实际情况,选择从任务的任意阶段直接开始进行针对性的练习，而不必从项目最开始的部分学起，或者可以直接浏览项目的完整代码。在 www. fhmooc. com 的教材中心，选择本教材可下载相关源代码。

4. 教材使用

(1) 读者对象。本书适合作为高等职业院校和五年一贯制高职物联网相关专业的教学用书，也可作为智能家居项目技能大赛的参考用书。

(2) 教学建议。各院校可以根据人才培养方案与课程标准的学时要求制定教学课时数，建议在 72 至 96 学时范围内灵活安排教学。本书教学建议如下：

序号	项目名称	理论学时	实践学时	总学时
1	项目 1：Linux 与 Qt	4	8	12
2	项目 2：智能家居软件系统界面设计	8	16	24
3	项目 3：实现智能家居软件系统的基本功能	8	16	24
4	项目 4：实现智能家居软件系统的高级功能	12	24	36
合计		32	64	96

在实训教学中，建议采取团队协作的方式完成项目实训。将学生分成学习小组，每个小组 4 至 6 名学生，对应不同的岗位完成项目实施。在每个项目完成后，参考测评表对学生的实训完成情况进行评价，也可以采取组内自评、组间互评、教师点评等多种方式进行评价。

5. 致谢

本书由江帆、林涛主编，在本书的编写过程中，江苏联合职业技术学院苏州工业园区分院、南京工程分院提供了许多宝贵的意见与建议。本书的编写团队成员曾多次参加全国职业院校技能大赛，取得了优异的成绩，在此一并感谢。本书承蒙江苏凤凰教育出版社汪立亮编审仔细审阅，并提出了宝贵意见和建议，在此表示衷心的感谢！

嵌入式开发技术是物联网领域的关键技术，要将这些技术融合到物联网项目实践中，需要在实践中不断摸索和积累，逐步提高自身的技术应用水平。

由于编者水平有限，书中难免有疏漏和不妥之处，恳请读者批评指正。

编　者

目录

项目1 Linux与Qt

项目2 智能家居软件系统界面设计

项目3 实现智能家居软件系统的基本功能

项目4 实现智能家居软件系统的高级功能

项目1
Linux与Qt

项目概述

本项目主要介绍Linux系统的基础知识和Qt Creator编程软件的安装与配置。对于智能家居系统而言,Linux为嵌入式软件开发提供了必备的开发环境与平台支持,也是影响软件开发质量的重要因素。本项目以Ubuntu操作系统为例,介绍了桌面环境的常用操作以及Qt软件的安装过程与配置方法,并通过一个实例,创建第一个Qt图形化项目。

本项目分为3个任务。任务1阐述了智能家居项目的开发环境,包括虚拟机、Linux操作系统、Qt编程软件。明确了Qt软件开发工程师的岗位能力要求,以及该行业从业人员必须的职业素养。任务2具体阐述了Qt软件的安装步骤与配置过程,包括以命令行和图形化界面两种方式配置开发环境的方法。任务3具体阐述了如何运用Qt Creator编程软件开发基于Linux操作系统的Qt项目,包括项目结构、界面设计要求、代码编写规则、资源运用方法等。项目的最后将对任务完成情况进行总结与测评。

项目目标

知识目标

(1) 掌握虚拟机的概念、特点、选用、配置及安装步骤;

(2) 掌握Ubuntu操作系统桌面环境的常用操作;

(3) 掌握Qt编程软件的特点,Qt Creator开发环境的安装与配置方法;

(4) 掌握Qt程序的项目结构、编写规则、编程语法。

能力目标

(1) 能在 Windows 操作系统中正确安装并配置虚拟机软件；
(2) 能在虚拟机软件中正确安装 Ubuntu 操作系统并配置环境；
(3) 能在 Ubuntu 操作系统中正确安装 Qt Creator 软件，并配置开发环境；
(4) 能正确运用 Qt Creator 开发基于 Linux 系统的可视化项目框架。

素养目标

(1) 培养学生 Qt 软件开发从业人员的岗位意识与职业认同感；
(2) 培养学生有效的专业沟通意识与能力；
(3) 培养学生利用信息化工具查阅资料解决问题的意识与能力；
(4) 培养学生的沟通能力、表达能力、团队协作能力。

任务1 Linux 操作系统与虚拟机

任务描述

本任务主要完成在虚拟机系统中安装 Linux 操作系统，并进行相关配置的任务。通过在 VirtualBox 虚拟机中安装 Ubuntu 操作系统，实现为 Qt 程序设计提供基础环境和平台支持的功能。

任务目标

1. 实现在 Windows 操作系统中安装 VirtualBox 虚拟机，并完成相关配置。
2. 实现在 VirtualBox 虚拟机中安装 Ubuntu 操作系统，并完成相关配置。
3. 完成 Ubuntu 操作系统的常用操作。

知识准备

1. 虚拟机

虚拟机（Virtual Machine，简称 VM）指通过软件模拟的具有完整硬件系统功能、运行在一个完全隔离环境中的完整计算机系统。

虚拟机系统通过生成现有操作系统的全新虚拟镜像，使之具备与真实系统完全一样的功能。用户进入虚拟机系统后，所有操作都是在独立的系统里面进行，可以独立安装软件、运行程序、保存数据，拥有独立的桌面，能够在真实系统与虚拟镜像之间灵活切换，并且不会对真实系统产生任何影响。

通过虚拟软件，使用者可以在一台物理计算机上模拟出另一台或多台虚拟的计算机，这些虚拟机完全就像真正的计算机那样进行工作。例如，可以安装操作系统、安装应用程序、访问网络资源等。也就是说，对于使用者而言，虚拟机只是运行在物理计算机上的一个应用程序。对于在虚拟机中运行的应用程序而言，它就是一台真正的计算机。

使用虚拟机软件时有几个基本概念需要掌握：

➢ VM(Virtual Machine)：虚拟机，指由虚拟机软件模拟出来的一台虚拟的计算机，即一台逻辑上的计算机。

➢ HOST：物理存在的计算机。

➢ Host's OS：物理计算机上运行的操作系统。

➢ Guest OS：指运行在虚拟机上的操作系统。

例如，在一台安装了 Windows7 的计算机上安装了虚拟机软件，那么，HOST 指的是安装 Windows7 的这台计算机，Host's OS 为 Windows7。如果虚拟机上安装的操作系统是 Linux，那么 Linux 即为 Guest OS。

目前，流行的虚拟机软件有 VMware Workstation 和 VirtualBox，它们都能在 Windows 系统上虚拟出多台计算机。从综合性能来看，VirtualBox 略逊于 VMware Workstation，但考虑到版权问题，以及目前主流的计算机配置均比较高，本项目采用 VirtualBox6.0(64 位)作为虚拟机软件，如图 1-1 所示。关于 VirtualBox 虚拟机的特点，请参见配套资料中“视频”文件夹中的“虚拟机软件之 VirtualBox.mp4”，或扫描下方的二维码。

虚拟机软件

图 1-1 VirtualBox 虚拟机软件

知识链接

虚拟软件的选择
——VMware Workstation 和 VirtualBox

VMware Workstation 和 VirtualBox 均是当前主流的虚拟软件，对于其选择，将影响 Linux 操作系统的性能，进而影响 Qt 软件开发的效率。

(1) VMWare Workstation 简介

VMware Workstation(中文名“威睿工作站”)是一款功能强大的桌面虚拟计算机软件，使用户可在单一的桌面上同时运行不同的操作系统，并可以进行开发、测试，以及部署新的应用程序。VMware Workstation 可在一台实体计算机上模拟完整的网络环境，以及可便于携带的虚拟机器，其更好的灵活性与先进的技术胜过了市面上其他的虚拟计算机软件。对于企业的 IT 开发人员和系统管理员而言，VMware 在虚拟网络，实时快照、拖拽共享文件夹、支持 PXE 等方面的特点使之成为必不可少的工具。

VMware Workstation 允许操作系统和应用程序在同一台虚拟机内部运行。虚拟机是独立运行主机操作系统的离散环境。在 VMware Workstation 中，用户可以在一个窗口中加载一台虚拟机，可以运行自己的操作系统和应用程序，可以在运行于桌面上的多台虚拟机之间进行切换，可以通过一个网络共享虚拟机中的设备及文件，可以挂起和恢复虚拟机以及退出虚拟机环境，这一切操作均不会影响物理计算机中的任何操作系统及其正在运行的应用程序。

(2) VirtualBox

VirtualBox 是一款开源的虚拟机软件，由德国 Innotek 公司开发，由 Sun Microsystems 公司出品的软件，使用 Qt 编写。在 Sun 公司被 Oracle 收购后正式更名为 Oracle VM VirtualBox。Innotek 以 GPL(通用公共许可证)释出 VirtualBox，并提供二进制版本及 OSE 版本的代码。用户可以在 VirtualBox 上安装并且执行 Solaris、Windows、DOS、Linux、OS/2 Warp、BSD 等系统作为客户端操作系统。

VirtualBox 号称是最强的免费虚拟机软件，可虚拟的系统包括 Windows、Mac OS X、Linux、OpenBSD、Solaris、IBM OS2 甚至 Android 等操作系统。与同性质的 VMware 相比，VirtualBox 的独到之处包括远端桌面协定(RDP)、iSCSI 及 USB 的支持，VirtualBox 在客户端操作系统上已可以支持 USB 3.0 的硬件装置，不过要安装 VirtualBox Extension Pack，即扩展包程序。

由于 VirtualBox6.0 版本的软件本身是用 Qt5.6 编写的，因此对本项目具有非常好的兼容性，能够提供丰富的技术支持。充分发挥 VirtualBox6.0 的性能，须熟练掌握其各项功能，了解其图形化界面布局及各菜单项的功能。VirtualBox 虚拟机软件的菜单如图 1-2至图 1-4 所示。

管理(F) 控制(M) 帮助(H)
全局设定(P)... Ctrl+G
导入虚拟电脑(I)... Ctrl+I
导出虚拟电脑(E)... Ctrl+E
虚拟介质管理(V)... Ctrl+D
主机网络管理器(H)... Ctrl+H
网络操作管理器(N)...
检查更新(H)...
重置所有警告(R)
退出(X) Ctrl+Q

图 1-2　管理菜单

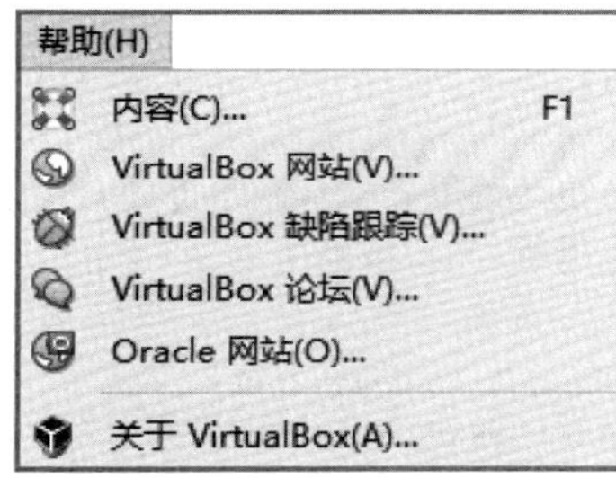

图 1-4　帮助菜单

图 1-3　控制菜单

“管理”和“控制”两个菜单集中了 VirtualBox 虚拟机软件的绝大部分功能，下面分别对这些菜单项的功能进行说明，如表 1-1 所示。

表 1-1　VirtualBox 软件菜单项功能说明

菜单	菜单项	功能说明
管理	全局设定	“全局设定”菜单项可实现以下功能： ① 常规：设置默认的虚拟电脑在物理硬盘中的位置。 ② 热键：设置虚拟电脑常用的快捷键。 ③ 更新：设置是否检查更新及检查更新的时间间隔。 ④ 语言：设置虚拟机软件使用何种语言文字。 ⑤ 显示：设置虚拟电脑的屏幕大小。 ⑥ 网络：设置虚拟电脑使用何种网络连接方式。 ⑦ 扩展：管理虚拟电脑安装的扩展包程序。 ⑧ 代理：设置虚拟机电脑是否使用网络代理。
	导入虚拟电脑	从物理硬盘中读取虚拟机文件，导入 VirtualBox，形成一台虚拟计算机。导入文件格式为 *.ova 或 *.ovf。
	导出虚拟电脑	从 VirtualBox 虚拟机软件中导出虚拟计算机至物理硬盘中，导出文件格式为 *.ova 或 *.ovf。

续表

菜单	菜单项	功能说明
管理	虚拟介质管理	管理虚拟计算机，可进行注册新虚拟机、复制、移动、删除、查看分配空间等操作。
	主机网络管理器	管理虚拟机的联网形式，可进行创建、删除等操作。
	网络操作管理器	管理当前活动的网络连接。
	检查更新	联网检查是否存在版本更新。
	重置所有警告	初始化所有因操作不当而产生的警告信息。
控制	新建	在 VirtualBox 中新建一台虚拟计算机。
	注册	从文件中读取虚拟计算机的注册信息，默认为 *.xml 和 *.vbox 格式。
	设置	“设置”菜单项可实现以下功能： ① 常规：设置虚拟计算机的名称、操作系统类型、操作系统版本。 ② 系统：设置虚拟计算机的主板、内存、硬件加速等。 ③ 显示：设置虚拟计算机的显卡、显存、显示器等。 ④ 存储：设置虚拟计算机的内部存储器和外部存储器。 ⑤ 声音：设置虚拟计算机的声卡、声道等。 ⑥ 网络：设置虚拟计算机的网卡数量和网络连接方式。 ⑦ 串口：设置虚拟计算机的串口，最多 4 个。 ⑧ USB 设备：设置虚拟计算机是否启用 USB 连接及 USB 连接版本，最高支持 USB3.0。 ⑨ 共享文件夹：设置虚拟计算机与物理计算机之间可共享的文件夹。 ⑩ 用户界面：设置虚拟计算机操作系统的界面布局、显示大小、显示位置等。
	复制	复制当前虚拟计算机的所有信息。
	移动	将当前虚拟计算机的存储介质文件移动到物理硬盘中的其他位置。
	删除	删除当前虚拟计算机，可连同删除存储介质文件。
	编组	将两个或两个以上的虚拟计算机编为一个工作组。
	启动	启动虚拟计算机中的操作系统。
	暂停	暂时停止虚拟计算机的工作状态。
	重启	重新启动虚拟计算机。
	退出	关闭虚拟计算机。
	工具	设置虚拟计算机的明细信息、备份状态、使用日志。
	清除保存的状态	删除虚拟计算机关闭时保存的工作状态。
	日志	设置虚拟计算机的日志文件。
	刷新	刷新虚拟计算机的工作状态。
	在资源管理器中显示	在物理计算机中显示虚拟计算机的介质文件。
	创建桌面快捷方式	在物理操作系统的桌面上创建虚拟计算机的快捷方式。
	排序	对多个虚拟计算机按计算机名进行排列。

2. Ubuntu 操作系统

Ubuntu(中文名称"乌班图")是一个以桌面应用为主的开源 GNU/Linux 操作系统。我国的软件工程师和科技工作者,在国外技术垄断的情况下,秉承独立自主、自力更生的优良革命传统,经过 3 年艰苦卓绝的研究,于 2020 年研发出优麒麟操作系统(Ubuntu Kylix 20.04 LTS),成为 Linux 操作系统中的佼佼者。优麒麟操作系统打破了国外的技术垄断,填补了国内行业的空白,树立了国人"科技兴国"的信心与决心,促进了民族团结。关于优麒麟操作系统的特点及优势,请参见配套资料中"视频"文件夹中的"Linux 操作系统领军者之中国优麒麟系统.mp4",或扫描下方的二维码。

Ubuntu 共有七个长期支持版本(Long Term Support,LTS):Ubuntu 6.06、8.04、10.04、12.04、14.04、16.04、18.04,其桌面版与服务器版都有 5 年支持周期。目前,16.04 版本已经停止软件更新服务,需升级到最新版本 18.04 才能继续获得软件更新与固件升级服务,且 18.04 版本又改回了 GNOME 的桌面环境。Ubuntu 长期支持的历史版本如表 1-2 所示。

中国优麒麟系统

表 1-2 Ubuntu 长期支持的版本更新

版本号	代号	发布时间
6.06 LTS	Dapper Drake	2006 年 6 月 1 日
8.04 LTS	Hardy Heron	2008 年 4 月 24 日
10.04 LTS	Lucid Lynx	2010 年 4 月 29 日
12.04 LTS	Precise Pangolin	2012 年 4 月 26 日
14.04 LTS	Trusty Tahr	2014 年 4 月 18 日
16.04 LTS	Xenial Xerus	2016 年 4 月 21 日
18.04 LTS	Bionic Beaver	2018 年 4 月 27 日

Ubuntu 系统基于 Debian 发行版和 GNOME 桌面环境。自 11.04 版起,Ubuntu 发行版放弃了 Gnome 桌面环境,改为 Unity 桌面环境。与 Debian 的不同之处在于,Ubuntu 系统每 6 个月会发布一个新的版本,旨在为一般用户提供一个最新的、稳定的、主要由自由软件构建而成的操作系统。Ubuntu 具有庞大的社区力量,用户可以方便地从社区获得帮助。Ubuntu 对 GNU/Linux 的普及特别是桌面普及做出了巨大贡献,使更多人共享开源的成果与精彩。Ubuntu 操作系统桌面环境如图 1-5 所示。

下面,对 Ubuntu 操作系统常用功能进行说明。

(1) 文件浏览器

文件浏览器主要用于管理 Ubuntu 系统中各类目录和文件,可以进行新建、删除、重命名、复制、粘贴、移动、查看属性等操作。当点击文件浏览器按钮时,会在图标中显示一个红点,表示文件浏览器正在运行。Ubuntu 文件浏览器如图 1-6 所示。

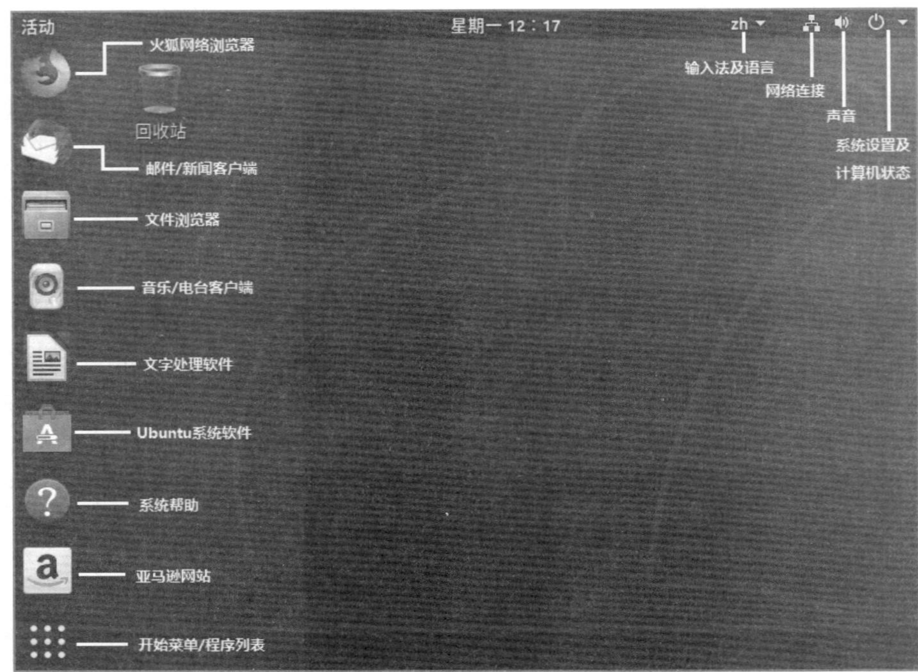

图 1－5　Ubuntu 操作系统桌面环境

图 1－6　Ubuntu 文件浏览器

Ubuntu 操作系统的文件结构与 Windows 操作系统类似，均为树型结构。Ubuntu 系统的主要目录如表 1-3 所示。

表 1-3 Ubuntu 系统主要目录

目录	内容
/bin	构建最小系统所需要的命令
/boot	内核和启动文件
/dev	各种设备文件
/etc	系统软件的启动和配置文件
/home	用户的主目录
/lib	C 语言编译器的库
/media	可移动介质的安装点
/opt	可选的应用软件包
/proc	进程的映像
/root	超级用户 root 的主目录
/sbin	和系统操作有关的命令
/tmp	临时文件存放点
/usr	非系统的程序和命令
/var	系统专用的数据和配置文件

(2) 开始菜单/程序列表

在 Ubuntu 操作系统中，图标，相当于 Windows 操作系统的开始菜单。点击此按钮，显示的内容相当于 windows 操作系统的控制面板，其中包含了各类系统自带的应用程序以及用户自定义安装的程序，其内容分为“常用”“全部”两类，如图 1-7 所示。再次点击按钮可关闭开始菜单，返回桌面。

(3) 用户管理

在 Ubuntu 操作系统中，点击右侧的箭头，在出现的下拉菜单中点击“账号设置”可对系统用户进行管理，可进行用户名设置、登录密码设置、登录状态设置、用户头像设置、用户属性设置等操作。用户管理如图 1-8、图 1-9 所示。

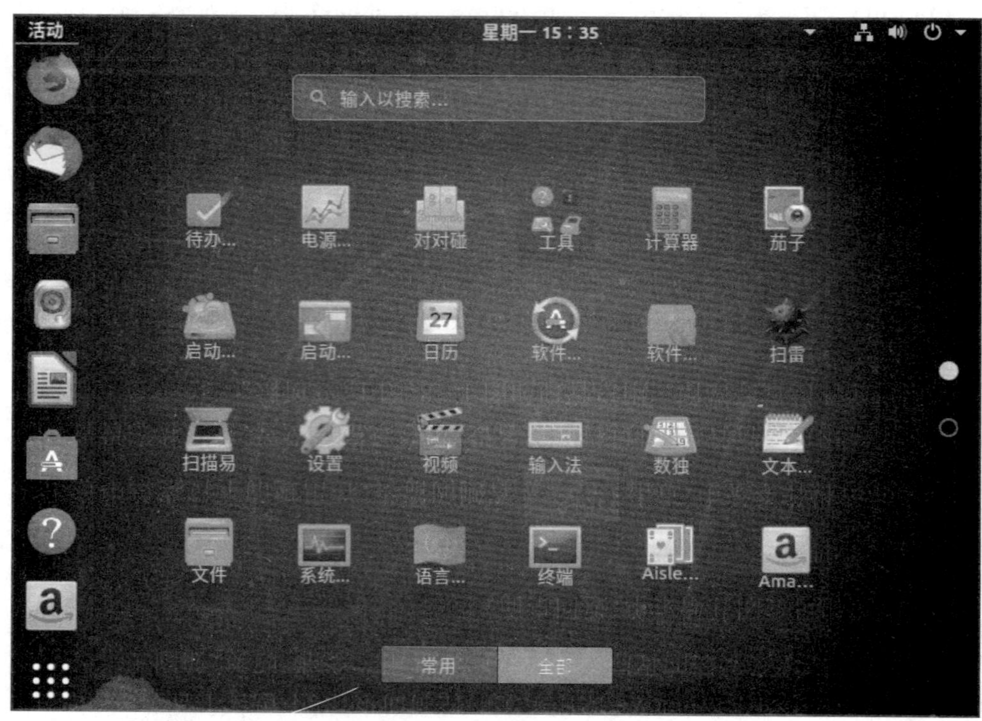

图 1－7　Ubuntu 系统开始菜单/程序列表

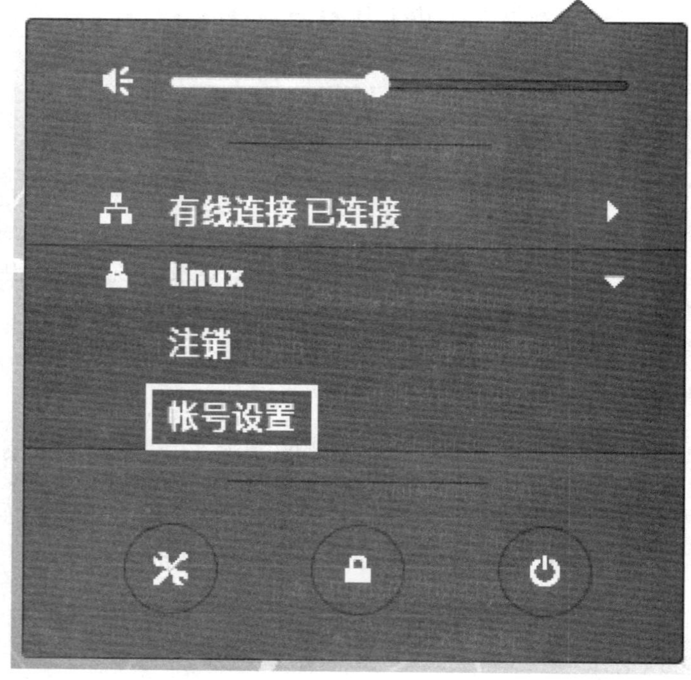

图 1－8　用户管理下拉菜单

图 1-9　账号设置

(4) 窗口布局

Ubuntu 系统的窗口布局与 Windows 系统的窗口布局较为相似，如图 1-10 所示。以文件浏览器窗口为例，在 Ubuntu 系统中，可对窗口进行最大化(还原)、最小化、移动、调整窗口大小、关闭等操作。对于多窗口布局，可进行平铺排列、层叠排列等操作。在窗口内部，可对文件或目录按图标形式或列表形式进行排列。

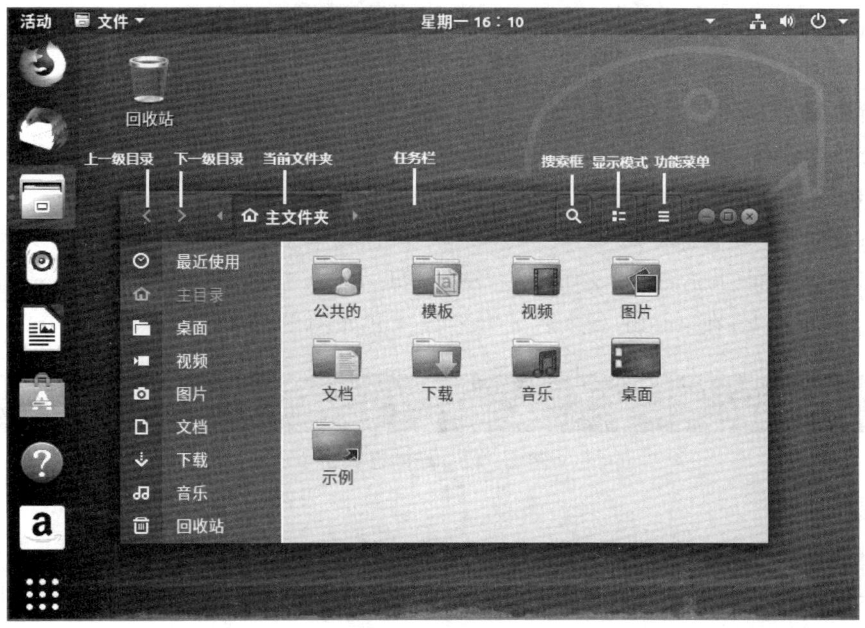

图 1-10　Ubuntu 窗口

(5) 与文件和目录相关的 Shell 命令

Ubuntu 系统的文件和目录的管理，除了图形化界面的操作方式，还可以使用 Shell 命令的方式对文件进行操作。此种方式执行速度更快、效率更高、占用资源更少。在 Ubuntu 系统中按组合键 Ctrl＋Alt＋T，或在桌面空白处单击右键，选择打开终端菜单项，打开 Shell 命令窗口，如图 1－11 所示。

图 1－11　Shell 命令窗口

① mkdir 命令

功能：新建目录

格式：mkdir　［参数］　＜目录名＞

参数：

－p：循环建立目录

实例：在目录/home/linux 中新建/SmartHome/A 目录，目录 SmartHome/A 原先不存在，需循环建立，在 mkdir 命令后加上参数－p，如图 1－12 所示。

```
linux@linux-VirtualBox:~$ mkdir -p /home/linux/SmartHome/A
linux@linux-VirtualBox:~$
```

图 1－12　新建目录命令

② cd 命令

功能：改变当前路径

格式：cd　＜相对路径名/绝对路径名＞

说明：“.”代表当前目录。“..”代表当前目录的父目录。“/”代表根目录。“～”表示当前用户的主目录。

实例：将当前文件路径更改为/home/linux，如图 1－13 所示。

```
linux@linux-VirtualBox:~$ cd /home/linux
linux@linux-VirtualBox:~$ 
```

图 1－13　改变当前路径命令

③ ls 命令

功能：显示目录中的文件

格式：ls ［参数］ ＜目录名＞

参数：

－a：显示目录下所有文件

－l：以长格式显示目录下的内容

－F：显示文件名同时显示类型（“＊”表示可执行的普通文件。“/”表示目录。“@”表示链接文件。“|”表示管道文件。）

－R：表示递归显示

－t：按照修改时间排列显示

实例：显示/home/linux 目录中的文件，如图 1－14 所示。

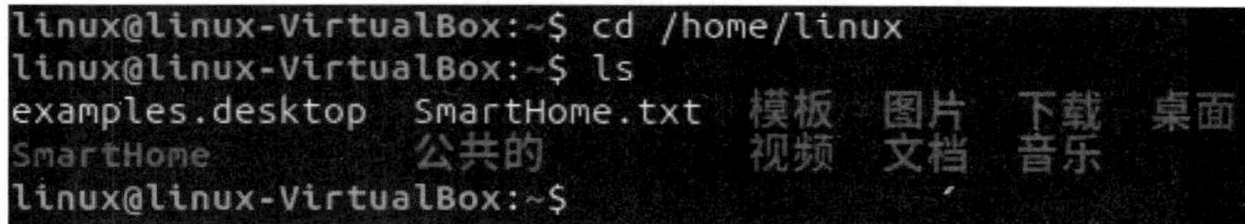

图 1－14　显示/home/linux 目录中的文件

④ cp 命令

功能：复制文件

格式：cp ［参数］ ＜源文件＞＜目标路径＞

参数：

－f：若文件在目标路径中存在则强制覆盖

－i：当文件在目标路径中存在提示是否覆盖

－R：递归复制（包含子目录一起复制）

－b：生成覆盖文件的备份

－v：显示命令执行过程

实例：将文件夹/home/linux/A 及其包含的所有子目录复制到/home/linux/Smart 文件夹中。执行此操作需要在 cp 命令后加入参数－R，包含文件夹 A 中的所有文件。使用 Sudo 命令提升文件夹的操作权限，要求输入密码，如图 1－15 所示。

```
linux@linux-VirtualBox:~$ sudo cp -R /home/linux/A /home/linux/SmartHome
[sudo] linux 的密码:
linux@linux-VirtualBox:~$ 
```

图 1-15　复制文件命令

⑤ rm 命令

功能:删除文件

格式:rm　[参数]　＜文件名＞

参数:

－f:强制删除

－i:提示是否删除

－r:递归删除

－v:显示命令执行过程

实例:删除/home/linux/A 文件夹(含子目录)。执行此操作需要在 cp 命令后加入参数－r,包含文件夹 A 中的所有文件,如图 1-16 所示。

```
linux@linux-VirtualBox:~$ rm -r /home/linux/A
linux@linux-VirtualBox:~$ 
```

图 1-16　删除文件命令

⑥ mv 命令

功能:移动文件、重命名文件

格式:mv　[参数]　＜源路径＞＜目标路径＞

参数:

－f:强制移动

－i:提示是否移动

－v:显示命令执行过程

实例 1:将/home/linux/A 文件夹移动到/home/linux/SmartHome 文件夹中,如图 1-17 所示。

```
linux@linux-VirtualBox:~$ mv /home/linux/A /home/linux/SmartHome
linux@linux-VirtualBox:~$ 
```

图 1-17　移动文件命令

实例 2:将/home/linux/SmartHome/中的文件夹"A"改名为文件夹"B",如图 1-18 所示。

```
linux@linux-VirtualBox:~$ mv /home/linux/SmartHome/A /home/linux/SmartHome/B
linux@linux-VirtualBox:~$ 
```

图 1-18　重命名文件命令

⑦ touch 命令

功能：改变文件的时间记录、创建空文件

格式：touch ［参数］ 文件列表

参数：

－t：用给定时间更改文件的时间记录，时间格式为[[CC]YY]MMDDhhmm[.ss]。

实例：在/home/linux/文件夹中新建文件 SmartHome.txt，如图 1－19 所示。

```
linux@linux-VirtualBox:~$ touch /home/linux/SmartHome.txt
linux@linux-VirtualBox:~$
```

图 1－19 新建文件命令

任务实施

本项目安装 64 位的虚拟机软件 VirtualBox 和 64 位的 Linux 操作系统 Ubuntu，因此需要具备一定的硬件支持，推荐使用支持 64 位的 Windows7 操作系统，内存容量 4 GB 以上。

1. 在 Windows 操作系统中安装 VirtualBox 虚拟机软件

VirtualBox 软件可以从官方网站 https://www.virtualbox.org/wiki/Downloads 下载安装包。进入网站后，点击 Windows hosts 链接，下载版本为 6.0.4 的安装程序，如图 1－20 所示。

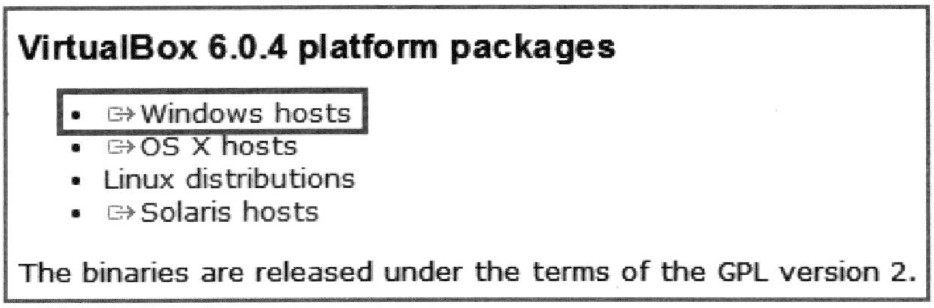

VirtualBox 6.0.4 platform packages

- ⇨Windows hosts
- ⇨OS X hosts
- Linux distributions
- ⇨Solaris hosts

The binaries are released under the terms of the GPL version 2.

图 1－20 下载 VirtualBox 安装包

VirtualBox 的安装比较简单，用鼠标双击安装文件，出现如图 1－21 所示的安装界面。在弹出的安装界面上单击“下一步”按钮或“安装”按钮进行安装，然后等待一段时间即可完成。在安装过程中如果出现有驱动程序的安装提示，选择“允许安装”，如果出现更新网络连接的警告，选择“是”即可。VirtualBox 软件运行界面如图 1－22 所示。

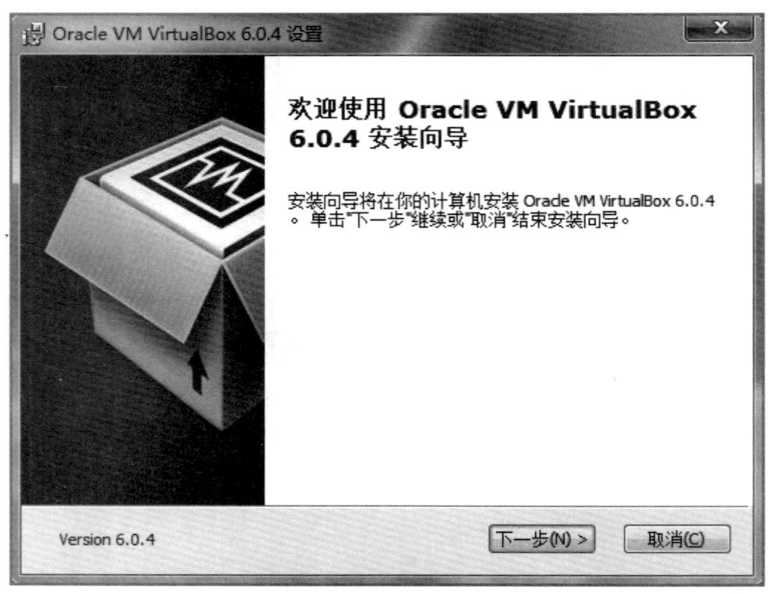

图 1-21　VirtualBox 初始安装界面

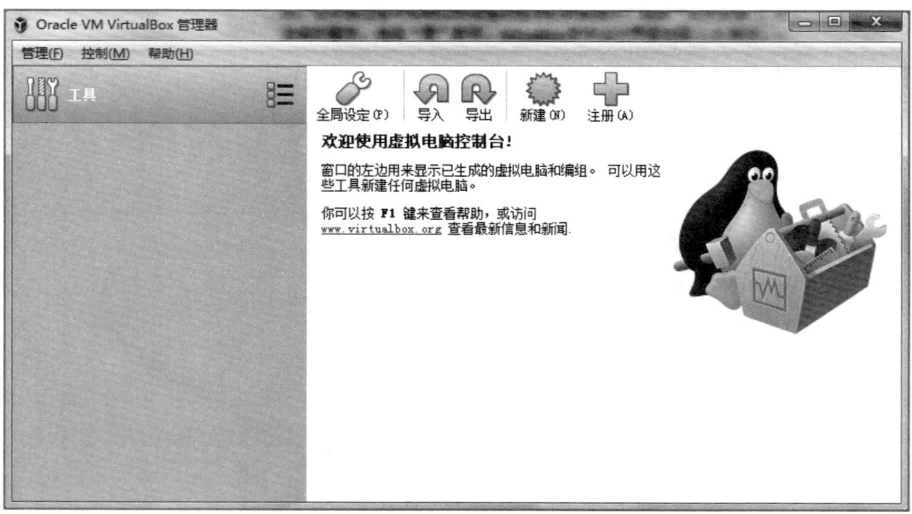

图 1-22　VirtualBox 软件运行界面

2. 新建 Linux 虚拟计算机

在 VirtualBox 软件运行界面中，选择【控制】→【新建】菜单项，或在界面中单击“新建”按钮，添加一台虚拟计算机，如图 1-23 所示。

此时，在 VirtualBox 软件中会弹出一个“新建虚拟电脑”的对话框，在此对话框中输入要新建的虚拟计算机的名称，例如 LinuxOS。然后选择虚拟计算机介质文件保存的路径，在本项目中采用默认路径。再选择虚拟计算机要安装的操作系统的类型与版本，在本项目中选择 Linux 操作系统，版本为 Ubuntu(64-bit)，如图 1-24 所示。

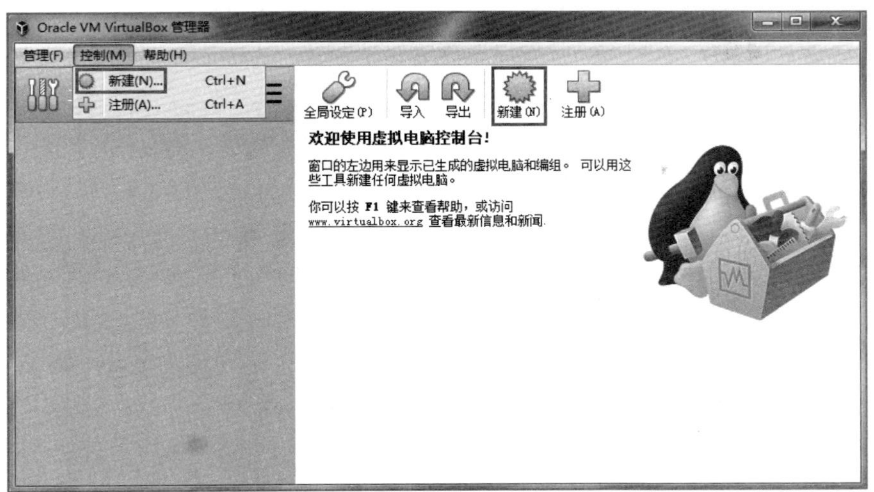

图 1-23 添加虚拟计算机

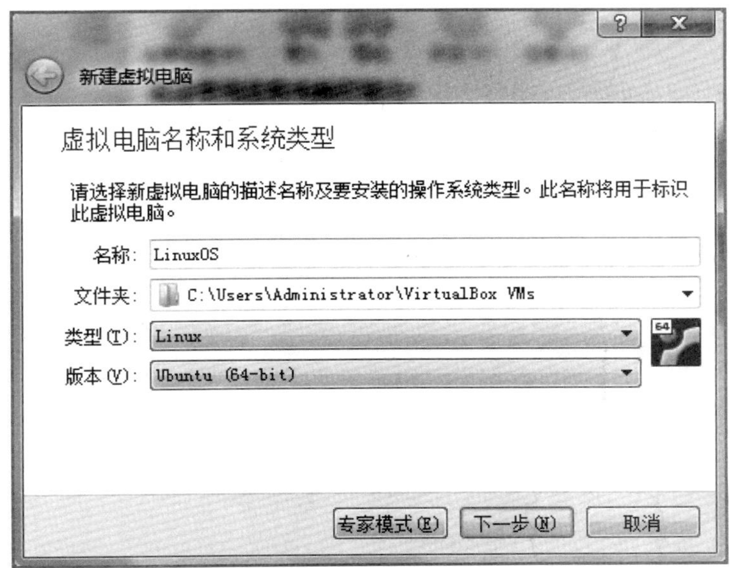

图 1-24 新建虚拟电脑

知识链接

32 位的 Windows 操作系统安装虚拟机时，无法启用虚拟化技术。

在选择虚拟计算机操作系统的版本时，可能会遇到只有 32 位版本，没有 64 位版本的情况。出现此类情况的原因是，物理计算机没有启用虚拟化技术。启用虚拟化技术的方法是：进入计算机的 BIOS 设置，然后进入 Security，将 Virtualization 选项设置为 Enable，即可启用虚拟化技术。

点击“下一步”按钮，为虚拟计算机分配内存。虚拟计算机的内存大小可根据物理计算机内存的容量合理分配，安装 Linux 操作系统建议分配 2G 虚拟内存，如图 1－25 所示。

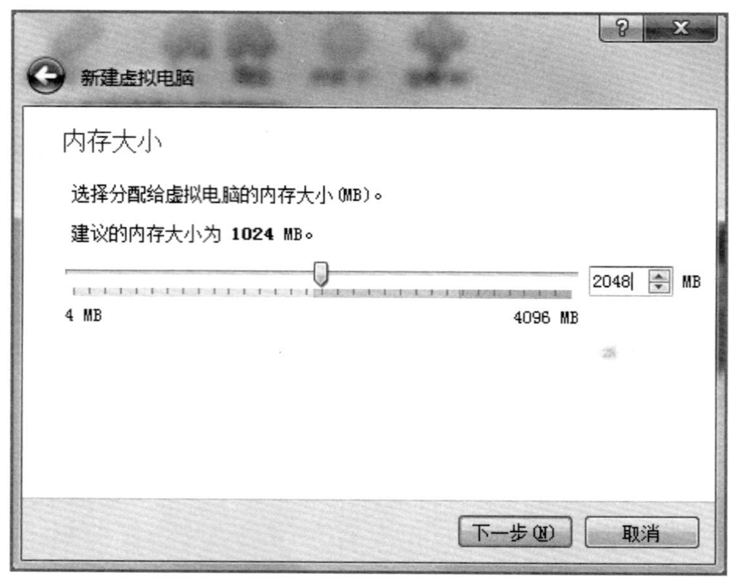

图 1－25　分配内存

点击“下一步”按钮，为虚拟计算机分配硬盘空间，选择“现在创建虚拟硬盘”选项，点击“创建”按钮。接下来选择虚拟硬盘的类型，本项目中选择 VDI 类型，如图 1－26 所示。

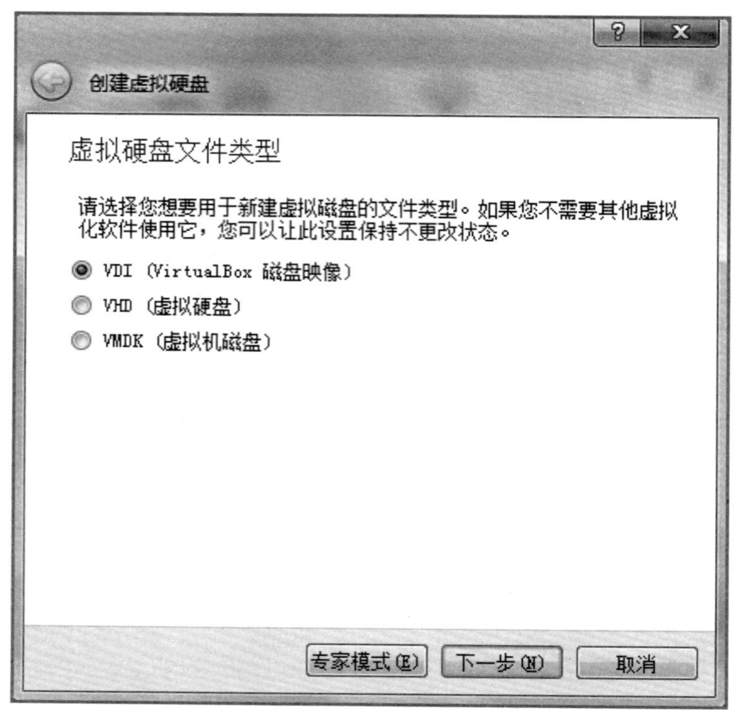

图 1－26　创建虚拟硬盘

点击"下一步"按钮，为虚拟计算机选择硬盘储存方式，本项目中选择"动态分配"。点击"下一步"按钮，为虚拟计算机分配硬盘容量。考虑到目前主流的计算机硬盘容量较大，建议分配 30 G 硬盘空间，如图 1-27 所示。

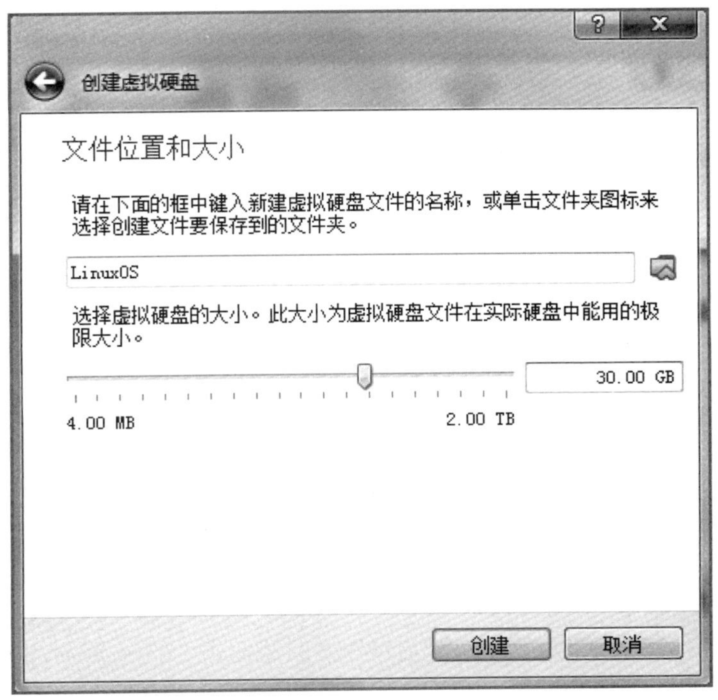

图 1-27　虚拟硬盘大小

点击"创建"按钮，完成新建虚拟计算机。此时，在 VirtualBox 软件中显示 LinuxOS 操作系统的各项配置信息，但系统状态显示为已关闭状态，因为还没有安装 Ubuntu 系统，如图 1-28 所示。

图 1-28　完成新建虚拟计算机

3. 安装 Ubuntu 18.04 LTS

安装 Ubuntu 操作系统之前，到官网 http://www.ubuntu.com.cn/desktop 下载桌面版安装包程序，放置到物理计算机的硬盘中。

在 VirtualBox 虚拟机软件中，选择菜单项【管理】→【全局设定】，在弹出的对话框中将“语言”设置为“简体中文(中国)”，点击 OK 按钮，如图 1-29 所示。

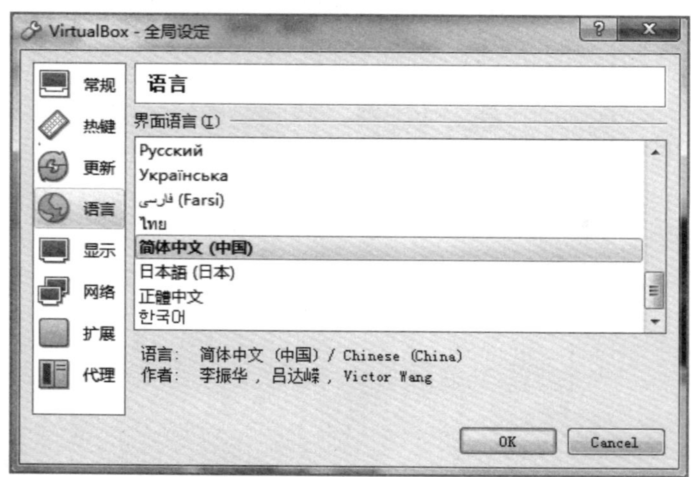

图 1-29　选择语言

在 VirtualBox 虚拟机软件中单击“启动”按钮，或双击 LinuxOS 启动 Ubuntu 操作系统。由于尚未安装 Ubuntu18.04 LTS，虚拟机软件弹出“选择启动盘”的界面，在此界面中，选择下载好的 Ubuntu 安装包文件(.iso 格式)，点击“启动”按钮，如图 1-30 所示。

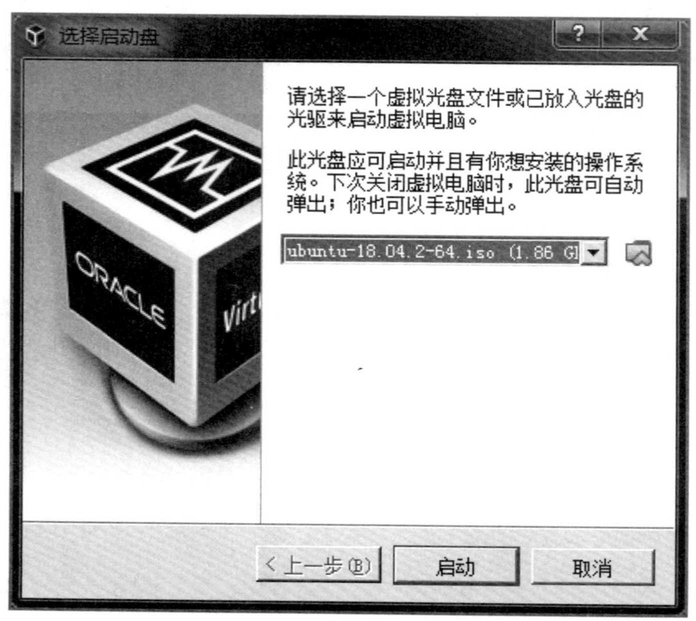

图 1-30　选择启动盘

系统开始安装 Ubuntu 操作系统，在安装界面中选择语言为中文（简体），点击“安装 Ubuntu”，如图 1－31 所示。

图 1－31　选择语言

选择键盘布局为汉语，点击“继续”按钮。安装应用选择正常安装，其他选项中确保将所有选项都选中，点击“继续”按钮。安装类型选择“清除整个磁盘并安装 Ubuntu”，点击“现在安装”按钮，如图 1－32 所示。

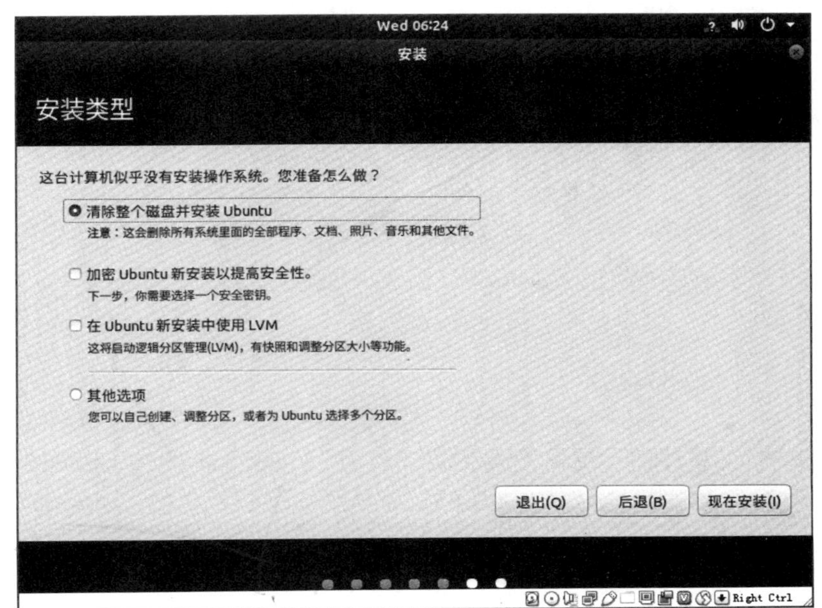

图 1－32　安装类型

确认磁盘分区，保持地方为默认“Shanghai”，点击“继续”按钮。填写姓名、计算机名、用户名、密码等信息，如图 1－33 所示，点击“继续”按钮。

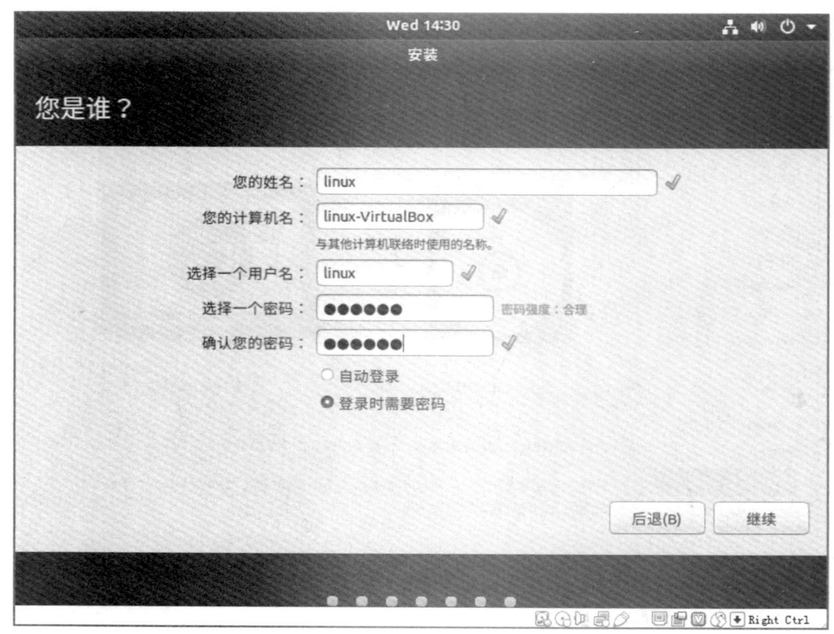

图 1－33　填写信息

进入安装过程，如图 1－34 所示。等待一段时间，直到安装完成，如图 1－35 所示。

图 1－34　安装过程

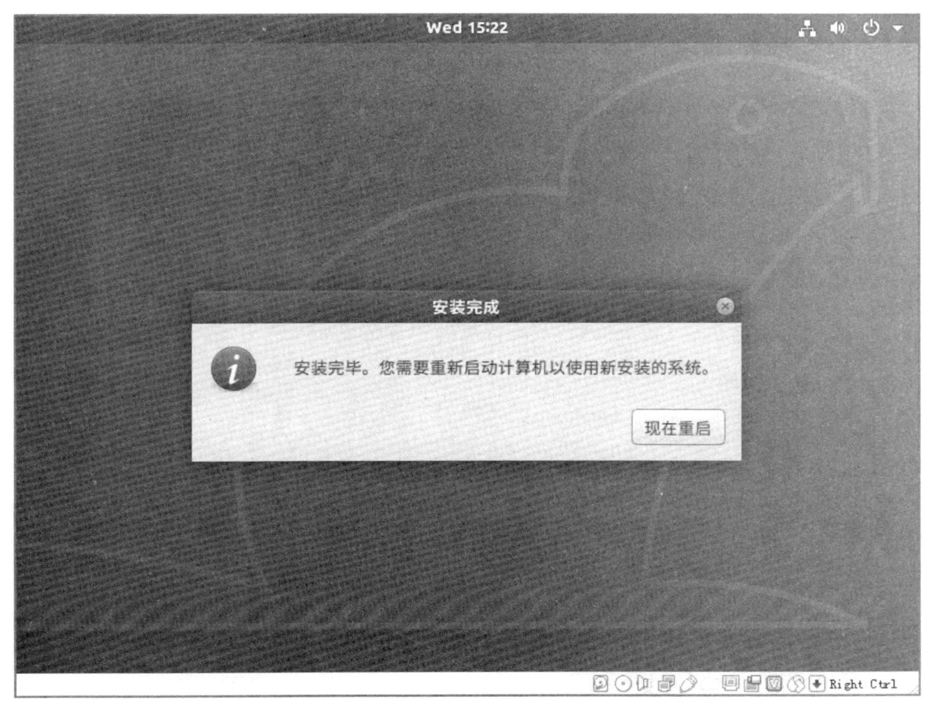

图 1-35 安装完成

安装完成后，重新启动 Ubuntu 操作系统，选择 linux 用户，输入登录密码，进入系统桌面。登录后，系统会自动检查 Ubuntu 系统更新，若存在软件更新，则下载安装，安装时间根据计算机配置约为 30 分钟至 1 小时。

4. 安装 Ubuntu 系统增加功能

更新安装完成后，再次启动 Ubuntu 操作系统，安装 VirtualBox 增强功能，这些功能可以极大提高虚拟机的运行效率。首先点击菜单栏的“设备”项，选择最下面的“安装增强功能”，在弹出的对话框中点击“确定”按钮，输入密码，点击“认证”按钮开始安装。安装完成后出现命令窗口界面，按照提示按回车键结束安装，此时，在桌面上多出一个光盘图标，如图 1-36 所示。

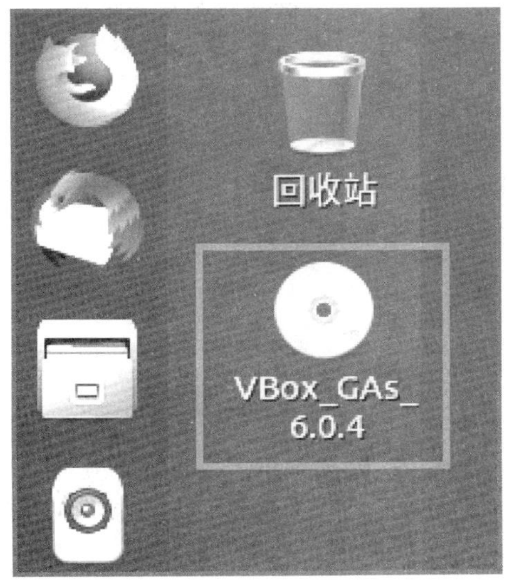

图 1-36 VirtualBox 增强功能

按 CTRL+ALT+T 组合键或在桌面空白处单击鼠标右键，选择“打开终端”命令，打开“终端”窗口，输入以下命令，安装增强功能。其中，“~＄”提示符表示当前用户为普通用户，cd 命令用于进入某一文件夹，ls 命令用于显示当前文件夹中的所有文件，sudo 命令用于提升用户权限，VBoxLinuxAdditions. run 文件是增强功能的安装程序，如图 1 - 37 所示。输入密码，等待一段时间，增强功能安装完成。

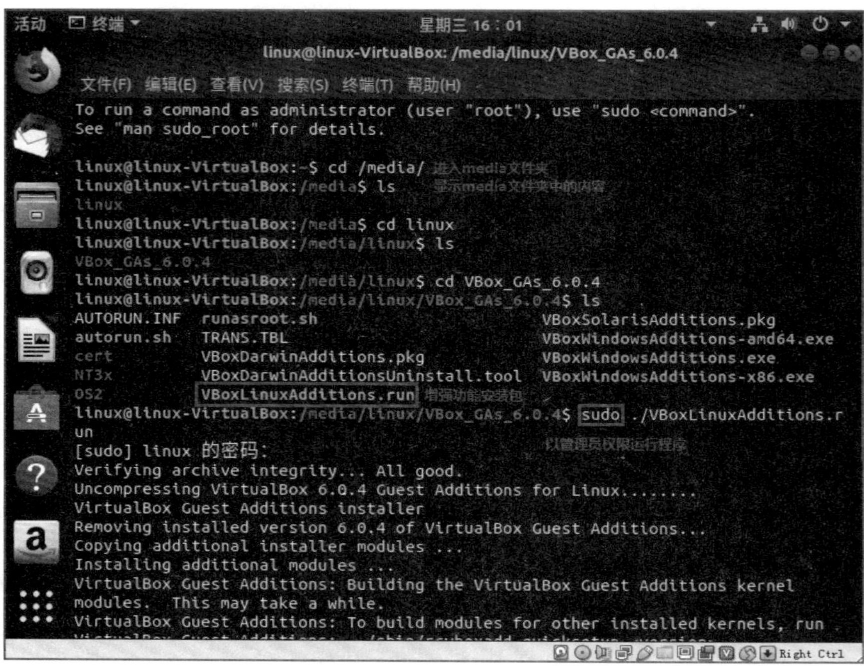

图 1 - 37 安装增强功能

知识链接

Ubuntu 系统安装好以后，无法使用当前用户配置系统。

配置 Ubuntu 操作系统需要 root 用户权限。Ubuntu 操作系统具有三类用户：超级用户、程序用户、普通用户。超级用户默认是 root 用户（也称为根用户），在 linux 操作系统中唯一存在，超级用户拥有最高的管理权限，可以执行任何操作。因此，一般情况下禁止使用 root 账号连接网络，以加强系统安全。

普通用户（例如本项目中的 linux 用户）一般由 root 用户添加，权限低于 root 用户，是 linux 系统中最常用的用户类型。一个 linux 操作系统中可以存在多个普通用户，通常用于文件管理、程序运行等操作。

程序用户是在操作系统安装完成后默认存在的，并且不能用于登录系统。Linux 操作系统中存在多个程序用户，默认的程序用户有 bin、nobody、mail 等，主要用于系统设置、文件属性修改等操作。

在上述 linux 命令中，执行程序安装命令需要系统管理员权限，因此使用 sudo 提升当前用户的权限。

5. 分配共享数据空间

为了方便虚拟机和宿主机之间的数据传输，可以为虚拟机设置一个共享文件夹，此文件夹位于 Windows 操作系统中，主要用于实现 Ubuntu 系统和 Windows 系统之间的数据共享，操作步骤如下：

(1) 添加共享文件夹

关闭 Ubuntu 操作系统，在 VirtualBox 软件界面中点击上方的“设置”按钮，进入虚拟机配置界面。点击左侧“共享文件夹”，再点击右侧带加号图标的按钮，在新窗口中选择一个 Windows 操作系统中的文件夹作为共享文件夹，本项目中选择 C:\SmartHome 作为共享文件夹。共享文件夹名称为 SmartHome，勾选“自动挂载”选项，不要勾选“只读分配”选项，如图 1－38 所示。完成后点击 OK 按钮。

图 1－38　添加共享文件夹

(2) 挂载共享文件夹

启动 Ubuntu 系统，打开终端窗口。按 CTRL＋ALT＋T 组合键或在桌面空白处单击鼠标右键，选择“打开终端”命令，打开“终端”窗口，输入以下命令，将共享文件夹挂载到 Ubuntu 系统中，注意输入命令时的空格。

输入命令“sudo mkdir /mnt/shared”，回车后键入密码。此命令用于在 Ubuntu 系统中新建文件夹/mnt/shared。

继续输入命令“sudo mount -t vboxsf SmartHome /mnt/shared”，注意命令中的 SmartHome 是共享文件夹的名称（如图 1－38 所示）。此命令用于将 SmartHome 文件夹挂载到 Ubuntu 系统中的名为 vboxsf 的文件夹。挂载共享文件夹如图 1－39 所示。

```
linux@linux-VirtualBox:~$ sudo mkdir /mnt/shared
[sudo] linux 的密码:
linux@linux-VirtualBox:~$ sudo mount -t vboxsf SmartHome /mnt/shared
linux@linux-VirtualBox:~$
```

图 1－39　挂载共享文件夹

(3) 编辑挂载文件

继续输入命令"sudo gedit /etc/fstab",此命令用于打开 Ubuntu 系统中/etc 目录下的 fstab 文件,在文件的末尾输入"SmartHome /mnt/shared vboxsf rw,gid=100,uid=1000,auto 0 0",注意命令中的 SmartHome 是共享文件夹的名称(如图 1－38 所示)。编辑完成后点击保存按钮,关闭文件,如图 1－40 所示。

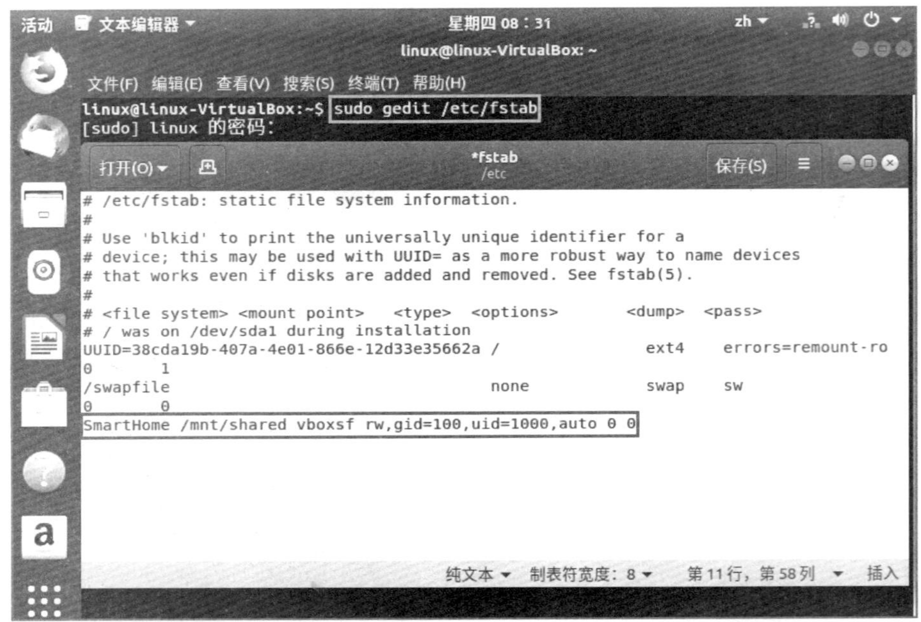

图 1－40　编辑挂载文件

文件编辑完成后,尝试在共享文件夹中新建一个 text. txt 文本文件,观察共享文件夹挂载是否成功。在终端窗口中输入 touch 命令新建文件,输入 ls 命令观察新建的文件是否存在,如图 1－41 所示。打开 Windows 系统中的共享文件夹 C:\SmartHome,观察文本文件 text. txt 是否存在,如图 1－42 所示。

```
linux@linux-VirtualBox:~$ cd /mnt/shared
linux@linux-VirtualBox:/mnt/shared$ ls
linux@linux-VirtualBox:/mnt/shared$ touch text.txt
linux@linux-VirtualBox:/mnt/shared$ ls
text.txt
linux@linux-VirtualBox:/mnt/shared$
```

图 1－41　在共享文件夹中新建文件

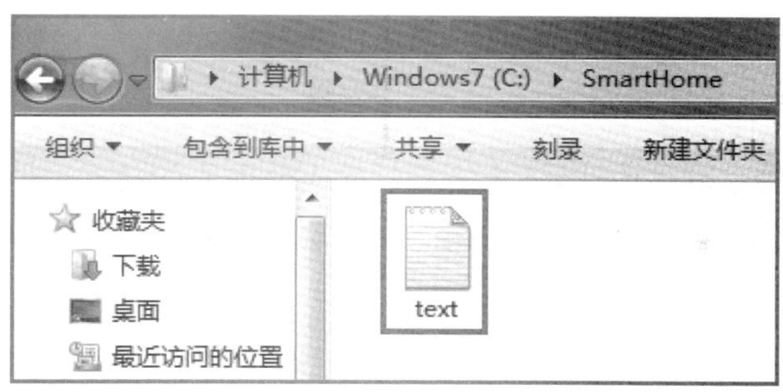

图 1-42　Windows 系统中的共享文件夹

6. *系统更新*

Ubuntu 系统需要定期更新系统软件，以获取最新的操作系统支持。此外，在 Ubuntu 系统中安装应用软件（如本项目中的 Qt5.6），也需要先安装应用软件必需的依赖包。打开终端窗口，通过 sudo apt-get update;sudo apt-get upgrade 命令更新系统，如图 1-43 所示。

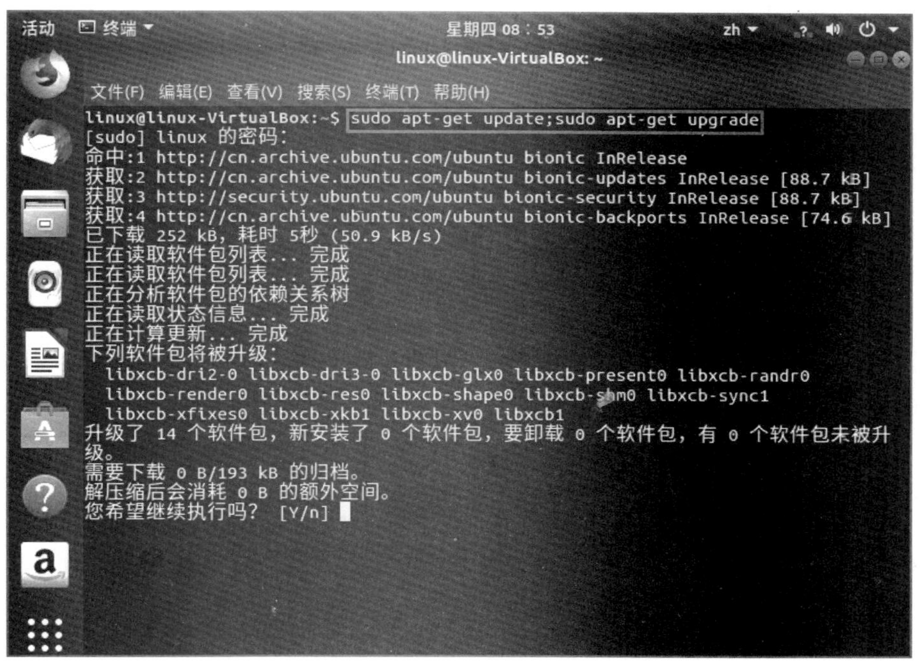

图 1-43　系统更新

等待一段时间，系统出现提示询问是否继续执行，在键盘上输入字母“y”，按回车键，系统开始安装更新，安装完成后关闭命令窗口，返回桌面即可。

任务拓展

◎ 任务描述

VirtualBox 虚拟机软件中,网络连接是一项十分重要的功能,是主机与虚拟机正常通信的前提条件。现需设置虚拟机的网络连接方式,以保证智能家居系统正常运行。

◎ 任务分析

在实际应用中,虚拟机的网络连接有三种方式:仅主机(Host-Only)方式、网络地址转换(NAT)方式、桥接网卡方式。利用 VirtualBox 创建的虚拟机应分配两块网卡,一块用 Host-Only 模式用于虚拟机之间的通信,另外一块用 NAT 模式提供连接外网的能力。Host-Only 模式是指虚拟机的网卡只有宿主机可以访问,在搭建只需要内部通信的网络环境时,可以选择这种模式,在全局配置中设置 Host-Only 可以分配的地址范围。

◎ 任务实施

仅主机方式的操作步骤如下:首先,在虚拟机软件中选择菜单"控制"→"设置",在弹出的对话框中选择"网络";然后勾选"启用网络连接"选项,并选择连接方式为"仅主机(Host-Only)网络",如图 1－44 所示。

图 1－44 Host-Only 模式

网络地址转换(NAT)方式和桥接网卡方式的设置步骤与仅主机方式类似,只须按照图 1－44,将连接方式下拉列表框中的选项更改为要设置的连接方式即可。

任务小结

在本任务中,学习了以下内容:

1. 虚拟机的基本知识,以及在 Windows 系统中安装 VirtualBox 虚拟机软件的操作步骤。

2. Linux 系统的基本知识，以及在 VirtualBox 虚拟机软件中安装 Ubuntu（64 位）的方法。

3. Ubuntu 系统的配置与常用操作，包括安装增强功能，挂载共享文件夹，系统更新，以及文件操作命令。

任务2 Qt 的安装与配置

任务描述

本任务主要完成在 Ubuntu 18.04 LTS 系统中安装 Qt Creator，并配置开发环境，为智能家居系统程序设计做准备。

任务目标

1. 掌握在 Ubuntu 操作系统中安装 Qt5.6 的方法及步骤。
2. 掌握 Qt Creator 开发环境的配置方法。
3. 掌握 Qt Creator 的常用操作。

知识准备

1. Qt Creator 开发环境

2021 年 11 月，Qt 全球峰会在中国上海举行。本次大会吸引了国内外的企业专家、学者、行业领军人物、高校及科研单位共 2 000 余人参加。在大会上，Qt 中国总经理许晟宣布了 Qt 最新版本的诞生，并介绍了其最新的功能。本次发布的 Qt 版本是由我国自主研发的嵌入式软件开发工具，在语言环境、界面构成、技术文档、技术支持方面包含了丰富的中国元素，非常适合于中国的嵌入式软件开发者。许晟还表示，将大力加强 Qt 在国内各新兴产业中的应用，助力人工智能、智能网联汽车等快速发展。可见，Qt 软件开发技术在促进社会经济发展，促进生态文明建设方面，具有非常重要的作用。关于 Qt Creator 集成开发环境的特点及优势，请参照配套资料中“视频”文件夹中的“Qt Creator 开发环境之 Qt 中国元素. mp4”，或扫描下方的二维码。

Qt 中国元素

2014 年 4 月，跨平台集成开发环境 Qt Creator 3.1.0 正式发布，实现了对于 iOS 的完全支持，新增 WinRT、Beautifier 等插件，废弃了无 Python 接口的 GDB 调试支持，集成了基于 Clang 的 C/C++代码模块，并对 Android 支持做出了调整，至此实现了全面支持 iOS、Android、WP，它提供给应用程序开发者建立艺术级的图形用户界面所需的所有功能。基本上，Qt 同 X Window 上的 Motif，Openwin，GTK 等图形界面库和 Windows 平台上的 MFC，OWL，VCL，ATL 是同类型的东西，这些英文单词或缩写的含义如表 1-4 所示。

表 1-4 单词或缩写的含义

单词/缩写	含义
Motif	Motif 是由 OSF(开放基金协会)开发的一个工业标准的图形用户接口。
GTK	GTK 是一套源码以 LGPL 许可协议分发、跨平台的图形工具包。
MFC	MFC 是微软基础类库，是微软公司提供的一个类库，以 C++类的形式封装了 Windows API，并且包含一个应用程序框架，以减少应用程序开发人员的工作量。MFC 中包含大量 Windows 句柄封装类和很多 Windows 的内建控件和组件的封装类。
OWL	OWL 是一种网络本体语言，也是一种编程语言。OWL 的全称是 Web Ontology Language，是 W3C 开发的一种网络本体语言，用于对本体进行语义描述。
VCL	VCL 是 Visual Component Library 的缩写(可视组件库)，是 Delphi、C++Builder 等编程语言的基本类库。
ATL	ATL 即 Active Template Library 活动(动态)模板库，是一种微软程序库，支持利用 C++语言编写 ASP 代码以及其他 ActiveX 程序。通过活动模板库，可以建立 COM 组件，然后通过 ASP 页面中的脚本对 COM 对象进行调用。这种 COM 组件可以包含属性页、对话框等控件。

2. Qt Linguist

Qt Linguist 被称为 Qt 语言家。它的主要任务是读取、翻译文件，为翻译人员提供友好的翻译界面，它是用于界面国际化的重要工具。Linguist 工具从 4.5 开始可以支持 Gettext 的 PO 文件格式。

3. Qt 开发的知名应用程序

- Autodesk MotionBuilder：三维角色动画软件；
- Autodest Maya：3D 建模和动画软件；
- Battle.net：暴风公司倾力打造的游戏对战平台；
- Bitcoin：比特币；
- Google 地球(Google Earth)：三维虚拟地图软件；
- Qt Creator：用于 Qt 开发的轻量级跨平台集成开发环境；

- Skype：一个使用人数众多的基于 P2P 的 VOIP 聊天软件；
- VirtualBox：虚拟机软件；
- VLC 多媒体播放器：一个体积小巧、功能强大的开源媒体播放器；
- Xconfig：Linux 的 Kernel 配置工具；
- 咪咕音乐：中国移动倾力打造的正版音乐播放器；
- WPS Office：金山软件公司推出的办公软件；
- 极品飞车：EA 公司出品的著名赛车类游戏。

任务实施

本项目中使用 64 位的 Qt Creator，需要在任务 1 中已经安装好 64 位的 Ubuntu 操作系统，并配置相关的环境参数。

1. 安装 Qt5.6.3

Qt Creator 的安装程序可以在官方网站 https://download.qt.io/official_releases/qt/中下载，选择 5.6 版本，再选择 5.6.3 版本，点击“qt-opensource-linux-x64-5.6.3.run”超链接，将安装包下载到 Ubuntu 与 Windows 的共享目录 C:\SmartHome 中，如图 1-45 所示。

qt-opensource-mac-x64-android-ios-5.6.3.dmg	19-Sep-2017 08:01	2.5G	Details
qt-opensource-mac-x64-android-5.6.3.dmg	19-Sep-2017 07:57	1.2G	Details
qt-opensource-linux-x64-android-5.6.3.run	19-Sep-2017 07:56	744M	Details
qt-opensource-linux-x64-5.6.3.run	19-Sep-2017 07:54	681M	Details
md5sums.txt	22-Nov-2017 21:15	1.1K	Details
android-patches-5.6-2017_11_16.tar.gz	22-Nov-2017 21:09	3.4K	Details

图 1-45　下载 Qt 安装包

启动虚拟机，进入 Ubuntu 系统，按组合键 Ctrl+Alt+T 键打开“终端”命令窗口，在命令提示符后输入命令“cd /mnt/shared”进入共享目录，再输入命令“ls”查看下载的 Qt 安装程序是否存在于此目录中，如图 1-46 所示。

```
linux@linux-VirtualBox:~$ cd /mnt/shared
linux@linux-VirtualBox:/mnt/shared$ ls
qt-opensource-linux-x64-5.6.3.run  text.txt
linux@linux-VirtualBox:/mnt/shared$
```

图 1-46　程序下载的目录

在命令提示符后输入命令“sudo ./qt-opensource-linux-x64-5.6.3.run”，输入密码，开始安装 Qt。点击“Next”按钮，进入设置界面后，无须设置 Qt，点击“Skip”按钮跳过此步骤。点击“下一步”按钮，选择要安装 Qt 的目录，本项目中保持默认目录。点击“下一步”按钮，点击“全选”按钮，选中所有的 Qt 组件。点击“下一步”按钮，点击“安装”按钮开始安装，如图 1－47 所示。安装完成后点击“完成”按钮退出安装程序即可。

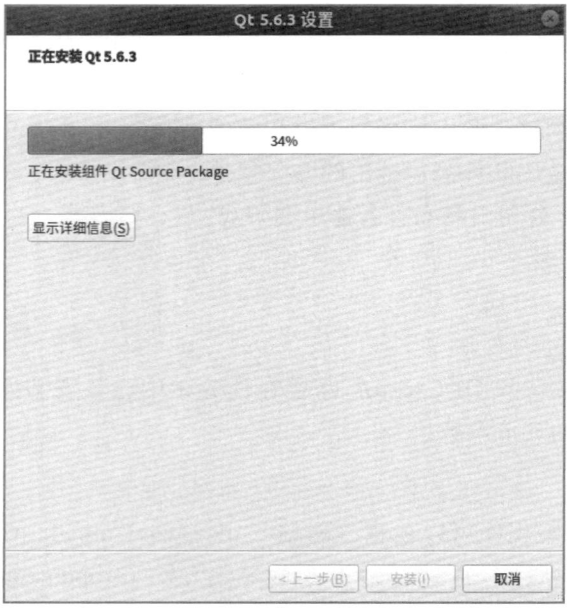

Qt 5.6.3 设置

正在安装 Qt 5.6.3

34%

正在安装组件 Qt Source Package

显示详细信息(S)

< 上一步(B)　安装(I)　取消

图 1－47　安装 Qt

2. 配置 Qt 开发环境

Qt Creator 安装完成后，还不能编译程序，需要配置 IDE 开发环境。在“终端”命令窗口输入命令“sudo apt-get install g++”安装 GCC 编译器。命令窗口提示是否需要安装，从键盘上输入“Y”确认安装，如图 1－48 所示。等待一段时间，安装完成即可。

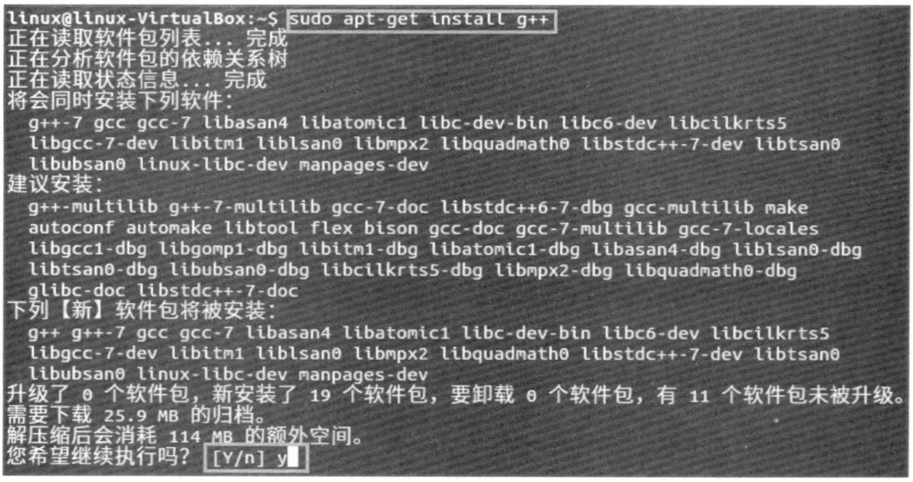

```
linux@linux-VirtualBox:~$ sudo apt-get install g++
正在读取软件包列表... 完成
正在分析软件包的依赖关系树
正在读取状态信息... 完成
将会同时安装下列软件:
  g++-7 gcc gcc-7 libasan4 libatomic1 libc-dev-bin libc6-dev libcilkrts5
  libgcc-7-dev libitm1 liblsan0 libmpx2 libquadmath0 libstdc++-7-dev libtsan0
  libubsan0 linux-libc-dev manpages-dev
建议安装:
  g++-multilib g++-7-multilib gcc-7-doc libstdc++6-7-dbg gcc-multilib make
  autoconf automake libtool flex bison gcc-doc gcc-7-multilib gcc-7-locales
  libgcc1-dbg libgomp1-dbg libitm1-dbg libatomic1-dbg libasan4-dbg liblsan0-dbg
  libtsan0-dbg libubsan0-dbg libcilkrts5-dbg libmpx2-dbg libquadmath0-dbg
  glibc-doc libstdc++-7-doc
下列【新】软件包将被安装:
  g++ g++-7 gcc gcc-7 libasan4 libatomic1 libc-dev-bin libc6-dev libcilkrts5
  libgcc-7-dev libitm1 liblsan0 libmpx2 libquadmath0 libstdc++-7-dev libtsan0
  libubsan0 linux-libc-dev manpages-dev
升级了 0 个软件包，新安装了 19 个软件包，要卸载 0 个软件包，有 11 个软件包未被升级。
需要下载 25.9 MB 的归档。
解压缩后会消耗 114 MB 的额外空间。
您希望继续执行吗? [Y/n] y
```

图 1－48　安装 GCC 编译器

GCC 编译器安装完成后，还需要安装 Qt 依赖库。在“终端”命令窗口输入命令“sudo

apt-get install libx11-dev libxext-dev libxtst-dev”，命令窗口提示是否需要安装，从键盘上输入“Y”确认安装，如图 1－49 所示。等待一段时间，安装完成即可。

```
linux@linux-VirtualBox:~$ sudo apt-get install libx11-dev libxext-dev libxtst-dev
[sudo] linux 的密码:
正在读取软件包列表... 完成
正在分析软件包的依赖关系树
正在读取状态信息... 完成
将会同时安装下列软件:
  libpthread-stubs0-dev libx11-doc libxau-dev libxcb1-dev libxdmcp-dev
  libxfixes-dev libxi-dev x11proto-core-dev x11proto-dev x11proto-fixes-dev
  x11proto-input-dev x11proto-record-dev x11proto-xext-dev xorg-sgml-doctools
  xtrans-dev
建议安装:
  libxcb-doc libxext-doc
下列【新】软件包将被安装:
  libpthread-stubs0-dev libx11-dev libx11-doc libxau-dev libxcb1-dev libxdmcp-dev
  libxext-dev libxfixes-dev libxi-dev libxtst-dev x11proto-core-dev x11proto-dev
  x11proto-fixes-dev x11proto-input-dev x11proto-record-dev x11proto-xext-dev
  xorg-sgml-doctools xtrans-dev
升级了 0 个软件包，新安装了 18 个软件包，要卸载 0 个软件包，有 11 个软件包未被升级。
需要下载 3,467 kB 的归档。
解压缩后会消耗 16.9 MB 的额外空间。
您希望继续执行吗? [Y/n]
```

图 1－49　安装 Qt 依赖库

按照以上方法，再执行命令“sudo apt-get install build essential”“sudo apt-get install libcanberra-gtk-module”和“sudo apt-get install libqt4-dev”，注意保持网络连通，等待一段时间，安装完成后即可。

知识链接

Qt 编程软件安装完成后，还不能正确编译 Qt GUI 程序。

解决问题：在 Ubuntu 操作系统中安装 Qt Creator 软件后，由于缺少基于 Linux 系统的核心编译组件，并不能编译 Qt GUI 程序。此时，需要首先使用 sudo apt-get install g++命令安装 GCC 编译器，该编译器为标准的编译器。然后，使用 sudo apt-get install libx11-dev libxext-dev libxtst-dev 安装编译 Qt 程序所需要的依赖库。依赖库中封装了编译 Qt 程序所必须的组件、方法与函数。

任务拓展

◎ 任务描述

不同的编译方式决定了智能家居系统运行于何种类的操作系统，现需设置 Qt Creator 编译组件，使智能家居系统能运行于 Ubuntu 操作系统。

◎ 任务分析

智能家居系统由基于 Linux 系统的 Qt Creator 设计开发，系统将发布到智能家居网关，该网关也是基于 Linux 系统的，故需要将 Qt Creator 的编译组件设置为基于 Linux

操作系统的编译器,包括C语言和C++两个版本的GCC编译器。

◎ 任务实施

在Qt Creator开发环境中,点击菜单【工具】|【选项】,在弹出的界面中,选择左侧列表中的"Kits",右侧界面中点击"编译器"选项卡,出现"Auto-detected"和"Manual"两类编译器,均包含C语言和C++两个版本,如图1-50所示。

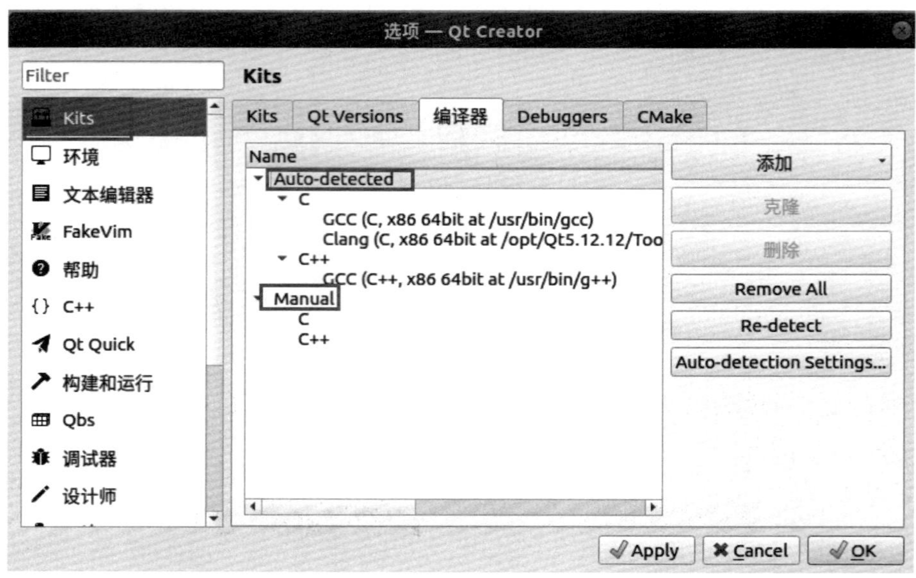

图1-50 Qt Creator编译器

若在开发环境中,没有检测到编译器,则需要点击右侧的"添加"按钮,以手动方式添加GCC编译器,如图1-51所示。

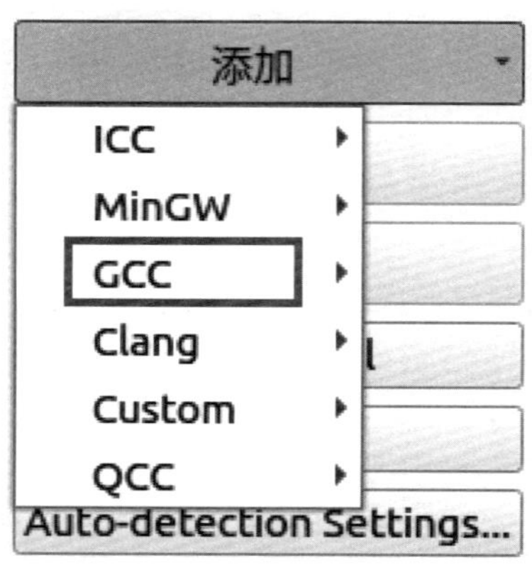

图1-51 添加GCC编译器

任务小结

在本任务中,学习了以下内容:

1. 在 Linux 操作系统中安装 Qt5.6.3。
2. 配置 Qt5.6.3 开发环境。

任务3 创建第一个 Qt GUI 项目

任务描述

在本任务中,利用 Qt5.6.3 创建一个图形化窗口项目,在窗口中显示"Qt 智能家居项目",如图 1-52 所示。

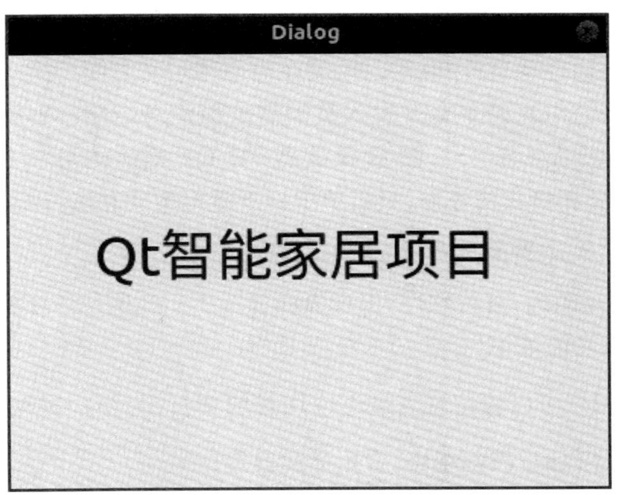

图 1-52 运行效果

任务目标

1. 掌握 Qt 窗口项目的创建过程。
2. 掌握在窗口中显示字符的方法。

知识准备

1. Qt Creator 简介

Qt Creator 是跨平台的 Qt IDE,Qt Creator 是 Qt 被 Nokia 收购后推出的一款新的轻量级集成开发环境(IDE)。此 IDE 能够跨平台运行,支持的系统包括 Linux(32 位及 64 位)、Mac OS X 以及 Windows。根据官方描述,Qt Creator 的设计目标是使开发人员能够利用 Qt 这个应用程序框架更加快速轻易地完成开发任务。Qt Creator 包括项目生成向导、高级的 C++代码编辑器、浏览文件及类的工具、集成了 Qt Designer、Qt Assistant、Qt Linguist、图形化的 GDB 调试前端,集成 qmake 构建工具等。

2. Qt Creator 功能

(1) Qt Creator 主要是为了帮助新 Qt 用户更快速入门并运行项目,还可提高有经验的 Qt 开发人员的工作效率。

(2) Qt Creator 使用强大的 C++代码编辑器可快速编写代码。语法标识和代码完成功能;输入时进行静态代码检验以及提示样式;上下文相关的帮助;代码折叠;括号匹配和括号选择模式高级编辑功能。

(3) Qt Creator 使用浏览工具管理源代码。集成了领先的版本控制软件,包括 Git、Perforce 和 Subversion;开放式文件,无须知晓确切的名称或位置;搜索类和文件;跨不同位置或文件沿用符号;在头文件和源文件,或在声明和定义之间切换。

(4) Qt Creator 为 Qt 跨平台开发人员的需求而量身定制。集成了特定于 Qt 的功能,如信号与槽(Signals&Slots);图示调试器,对 Qt 类结构可一目了然;集成了 Qt Designer 可视化布局和格式构建器;只需单击一下就可生成和运行 Qt 项目。

3. Qt Creator 软件界面布局

单击 Qt Creator 图标,运行软件,出现界面如图 1-53 所示。在界面的最左侧,有一列按钮,该栏按钮的功能如下:

欢迎 (欢迎):用户可以快速打开最近使用过的项目,为用户提供了方便。同时自带为数不少的实例程序,如记事本程序、音乐播放器等。

编辑 (编辑):单击此按钮可以进行项目中各类代码文件的编辑。

设计 (设计):单击此按钮可进行图形化界面的设计,包括控件的创建、属性的设置、信号与槽的设置等。

Debug (调试):单击此按钮可以对项目进行调试,跟踪程序的运行情况。

项目 (项目):单击此按钮可以对项目的开发环境和调试目录等信息进行相关配置。

（帮助）：单击此按钮可以显示 Qt Creator 的帮助文档，包括如何开始一个新的项目，如何管理项目，如何编辑代码等。

（运行）：单击此按钮可以运行当前项目。

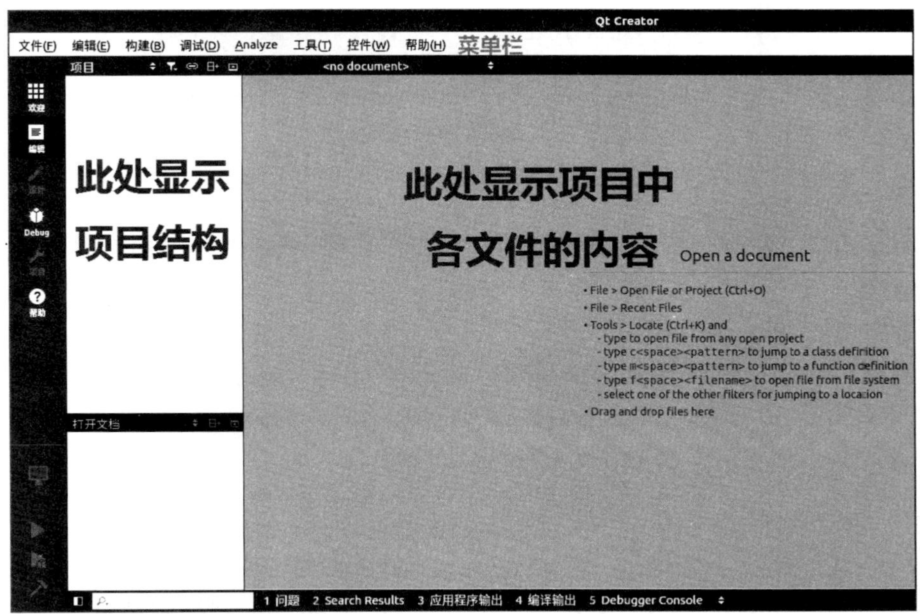

图 1－53　Qt Creator 软件界面

4. Qt 程序结构

一个完整的 Qt GUI 项目由项目文件(. pro)、头文件(. h)、源文件(. cpp)和界面文件(. ui)构成，如图 1－54 所示。其中，界面文件中所包含对象的层次结构对于程序设计来说是非常重要的，如图 1－55 所示。对象 MainWindow 包含 centralWidget(中心组件，即窗体中可拖放控件的区域)、menuBar(菜单栏)、mainToolBar(工具栏)、statusBar(状态栏)四个部分，界面对象与界面布局的对应关系如图 1－56 所示。

图 1－54　Qt GUI 项目结构

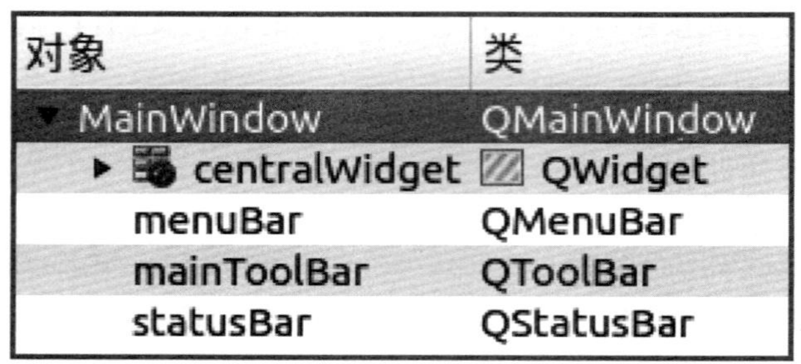

对象	类
MainWindow	QMainWindow
centralWidget	QWidget
menuBar	QMenuBar
mainToolBar	QToolBar
statusBar	QStatusBar

图 1-55　Qt 界面对象层次结构

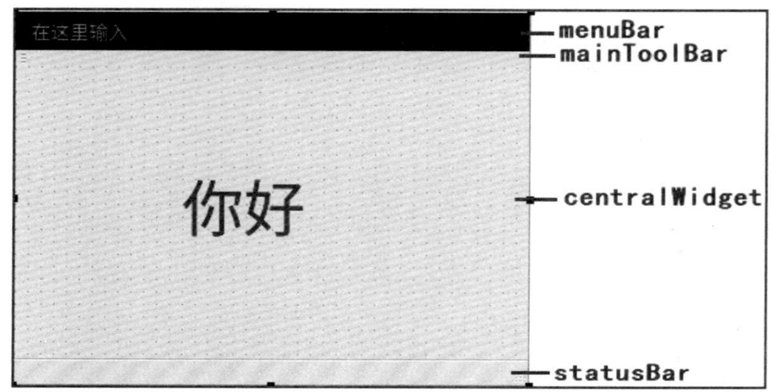

图 1-56　界面对象对应关系

创建 Qt 图形化界面项目后，会在 Qt Creator 工作界面的左侧项目列表中自动生成许多文件，主要包括项目文件(. pro)、头文件(. h)、源文件(. cpp)和界面文件(. ui)，各文件含义及说明如下：

① 项目文件(. pro)：由 qmake 指令进行编译的文件，其中常用的变量如下：

- QT：指定工程所需使用的 Qt 模块，如"Qt+=sql"表示使用数据库模块。
- TARGET：指定编译后生成的可执行文件名，默认为当前目录的名称。
- LIBS：指定工程要链接的库文件，如"LIBS+=. /lib-X86. so"表示链接了构建目录下的"lib-X86. so"库文件。
- HEADERS：注册项目的头文件，如"HEADERS+=dialog. h"表示项目包含"dialog. h"头文件。
- SOURCES：注册项目的源文件，如"SOURCES+=dialog. cpp"表示项目包含"dialog. cpp"源文件。
- FORMS：注册项目的界面文件，如"FORMS+=dialog. ui"表示项目包含"dialog. ui"界面文件。
- RESOURCES：指定需要处理的资源文件。

② 头文件(. h)：用于进行变量和方法的声明。例如，"public"区域用于声明公共的

属性和方法。"signal"区域用于声明自定义信号方法。"private slots"用于声明自定义的槽方法。

③ 源文件(.cpp):对头文件声明的方法进行实现。源文件中有一个名为"main.cpp"的文件,是整个项目的入口文件,每个项目只能有一个"main.cpp"文件。

④ 界面文件(.ui):用于对项目进行界面设计。

知识链接

Qt Creator 新建的项目没有图形化界面。

Qt Creator 开发环境可以编译控制台程序(无界面)和具有可视化界面的应用程序。在新建项目时,选择"Qt Widgets Application",可以创建一个具有图形化界面的 Linux 桌面应用程序,其中包含一个 Qt 主窗体,在该窗体中可以添加文本框、标签、按钮等图形化界面组件。

5. Qt 项目优化

Qt 项目完成后,在正式上线运行之前,应对项目进行优化,包括界面优化和代码优化两个方面。其中,界面优化包括添加背景图片、更改组件样式、窗体属性设置、添加窗体至托盘区域 4 个方面。代码优化包括:优化系统性能、优化 GUI 性能、优化输入输出性能、优化数据库性能 4 个方面。

软件项目的不断优化、改善,使之更加符合人们的需求,不仅体现出程序员的基本素养,更体现出新时代科技工作者的使命感与责任感。无锡市劳动模范、十佳项目经理姜少伟,十年如一日,带领项目团队,为无锡市各民生部门、办事机构优化信息系统软件,精简业务流程,提升办事效率,保障系统安全、稳定地运行。姜少伟精益求精的工匠精神和全心全意为人民服务的劳模精神非常值得我们学习。关于 Qt 项目优化的方法与步骤,请参考配套资料中"视频"文件夹下的"Qt 软件项目优化之工匠精神.mp4",或扫描下方的二维码。

工匠精神

任务实施

1. 创建项目

(1) 运行 Qt Creator,执行菜单【文件】→【新建文件或项目】,打开项目创建导航对话框。在左侧的"项目"列表框中选择"Application",中间的列表框选择"Qt Widgets Application",如图 1-57 所示。单击"选择"按钮,进入下一个步骤。

(2) 定义项目名称并选择保存路径(建议项目的保存路径不要使用中文)。这里将项目命名为"App1",并保存在 Linux 系统的"/home/linux"文件夹下,勾选"设为默认的项目路径”,如图 1-58 所示。单击“下一步”按钮进入下一个步骤。

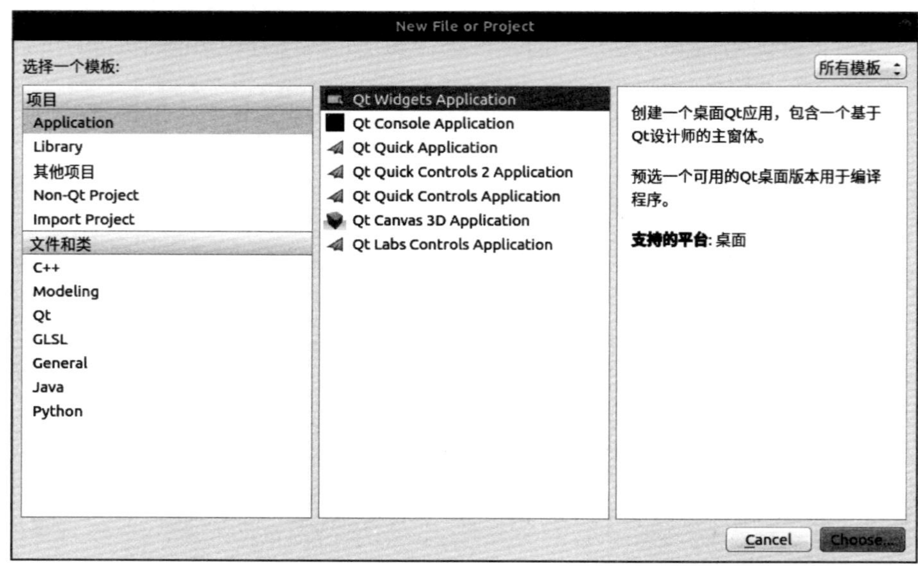

图 1-57　创建 Qt 项目

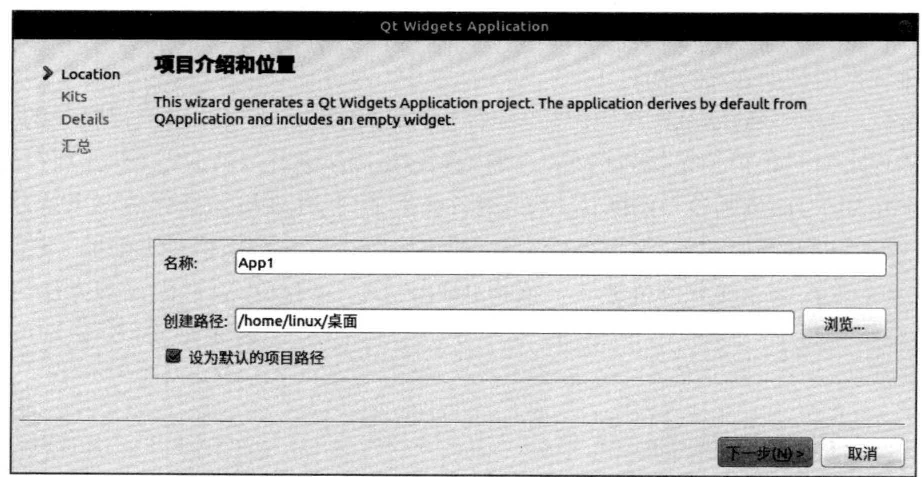

图 1-58　项目存储位置

(3) 在“目标”向导中保持系统默认的设置即可，单击“下一步”按钮进入下一个操作步骤。

(4) 在“类信息”向导中，根据需要选择一个“基类”。这里选择“QDialog”(对话框类)作为基类，定义类名，建议第一个字母大写。修改类名后，头文件名、源文件名和界面文件名都会自动更新，如图 1-59 所示。单击“下一步”按钮进入下一个操作步骤。

(5) 在“项目管理”向导中，保持系统默认设置即可。单击“完成”按钮完成项目创建。项目创建完成后，如图 1-60 所示。

Qt Widgets Application

Location
Kits
Details
汇总

类信息

指定您要创建的源码文件的基本类信息。

类名(C): Dialog
基类(B): QDialog
头文件(H): dialog.h
源文件(S): dialog.cpp
创建界面(G):
界面文件(F): dialog.ui

< 上一步(B)　下一步(N) >　取消

图 1－59　设置类信息

项目

App1
App1.pro
头文件
dialog.h
源文件
dialog.cpp
main.cpp
界面文件
dialog.ui

dialog.cpp

```
#include "dialog.h"
#include "ui_dialog.h"

Dialog::Dialog(QWidget *parent) :
    QDialog(parent),
    ui(new Ui::Dialog)
{
    ui->setupUi(this);
}

Dialog::~Dialog()
{
    delete ui;
}
```

图 1－60　项目结构图

2. 界面设计

(1) 在项目的树型列表中，找到“界面文件”中的“dialog. ui”文件，双击打开。

(2) 在左侧的组件箱中，找到“Label”控件，将其拖动到窗体上。双击该控件，使其变为可编辑状态，输入要显示的文字“Qt 智能家居项目”，适当调整 Label 控件的大小，如图 1－61 所示。

也可以采取另一种方法，选中 Label 控件，在右侧的属性列表中找到“text”属性，在右侧的框中输入“Qt 智能家居项目”，如图 1－62 所示。

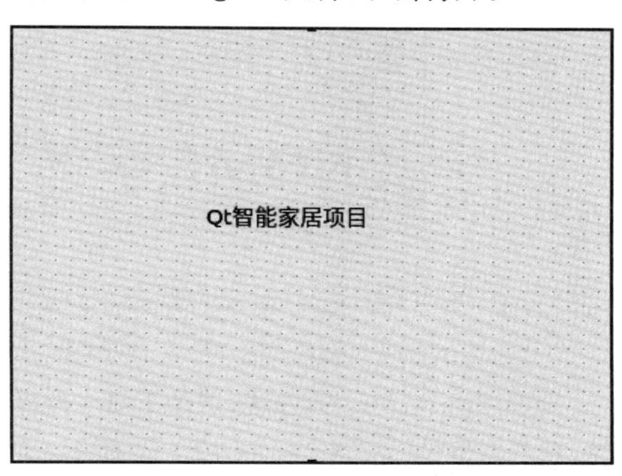

图 1－61　Label 控件设置

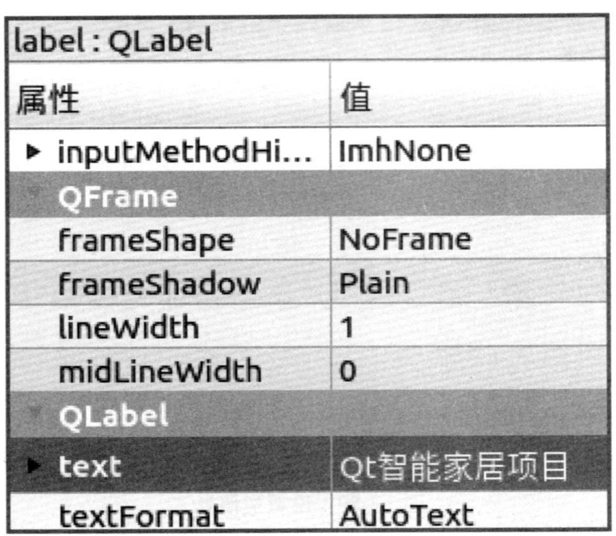

图 1-62　设置 Label 控件的 text 属性

(3) 右键单击 Label 控件，在弹出的快捷菜单中选择"改变样式表"命令，在编辑样式表中单击"添加字体"按钮，在"设置字体"对话框中设置字体为"Ubuntu"（可设置为其他字体），大小为 28，如图 1-63 所示。点击 2 次"确定"按钮，适当调整 Label 的大小。

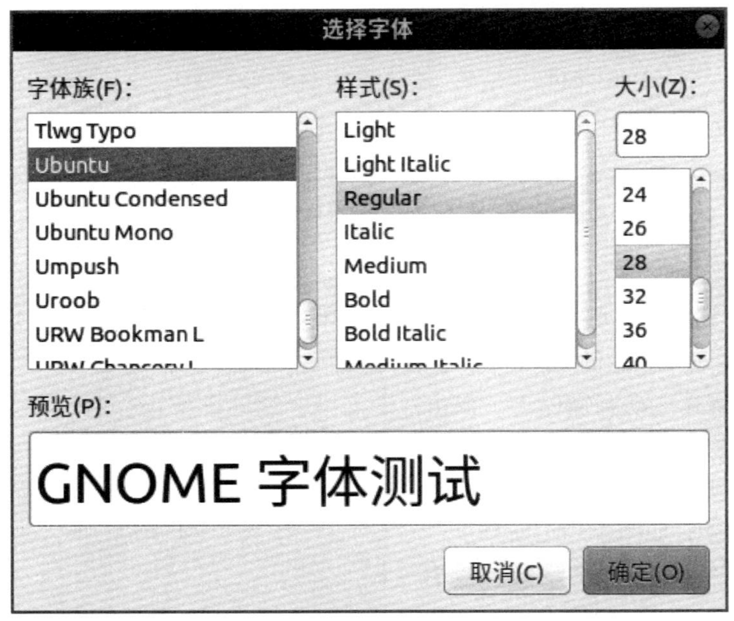

图 1-63　设置字体

也可以采取另一种方法，选中 Label 控件，在右侧的属性列表中找到"styleSheet"属性，点击右侧的"…"按钮，如图 1-64 所示，弹出设置对话框，再按照步骤(3)执行即可，字体设置效果如图 1－65 所示。

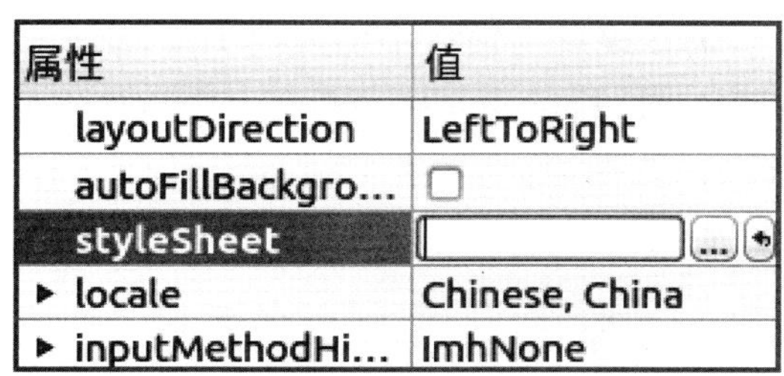

属性	值
layoutDirection	LeftToRight
autoFillBackgro...	☐
styleSheet	
▸ locale	Chinese, China
▸ inputMethodHi...	ImhNone

图 1－64　设置 styleSheet 属性

图 1－65　字体设置效果

（4）单击左侧的运行按钮，完成对项目的编译和运行，如图 1－66 所示。

图 1－66　程序运行效果

任务拓展

◎ 任务描述

采用 Qt Creator 开发的软件通常包含多个界面，现需在智能家居项目中添加一个界面，用于验证用户登录信息。

◎ 任务分析

在使用 Qt Creator 软件开发桌面应用时，开发环境提供了多种界面类型，每种界面对应一个 Qt 类。其中，“Qt 设计师界面类”是 Qt 中最常用的界面类型。可以将该界面类文件加入到已经存在的 Qt 项目中。

◎ 任务实施

在 Qt Creator 开发环境中，点击菜单【文件】|【建新文件或项目】，首先，在弹出的对话框中，在左下角的“文件和类”列表中，选择“Qt”，然后，在中间的列表中选择“Qt 设计师界面类”；接下来，界面模板选择“Widget”，即在现有的项目中加入一个空白窗体；最后，在该空白窗体中加入标签、文本框、按钮等组件，构建用户登录界面。在智能家居项目中添加 Qt 设计师界面类如图 1－67 所示。

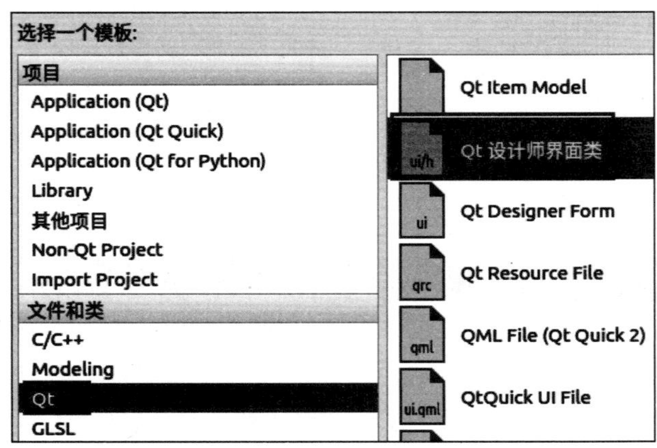

图 1－67　Qt 设计师界面类

任务小结

在本任务中，主要学习了以下内容：

1. Qt Creator 软件的界面布局、框架结构。
2. 新建 Qt 应用程序的方法与步骤。
3. Qt 应用程序界面设计与控件设置。

项目总结

在本项目中学习了以下内容：

(1) 在 Windows 操作系统中安装 VirtualBox 虚拟机软件。VirtualBox 软件可以从官方网站 https://www. virtualbox. org/wiki/Downloads 下载安装包。进入网站后，点击 Windows hosts 链接，下载版本为 6.0.4 的安装程序。

VirtualBox 的安装比较简单，用鼠标双击安装文件，出现安装界面。在弹出的安装界面上单击"下一步"按钮或"安装"按钮进行安装，然后等待一段时间即可完成。在安装过程中如果出现有驱动程序的安装提示，选择"允许安装"，如果出现更新网络连接的警告，选择"是"即可。

(2) 在 VirtualBox 虚拟机软件中新建 Linux 虚拟计算机。在 VirtualBox 软件运行界面中，选择【控制】→【新建】菜单项，或在界面中单击"新建"按钮，添加一台虚拟计算机，此时，在 VirtualBox 软件中会弹出一个"新建虚拟电脑"的对话框，在此对话框中输入要新建的虚拟计算机的名称，例如 LinuxOS。然后选择虚拟计算机介质文件保存的路径，在本项目中采用默认路径。再选择虚拟计算机要安装的操作系统的类型与版本，在本项目中选择 Linux 操作系统，版本为 Ubuntu(64-bit)。

(3) 安装 Qt5.6.3。Qt Creator 的安装程序可以在官方网站 https://download. qt. io/official_releases/qt/中下载，选择 5.6 版本，再选择 5.6.3 版本，点击"qt-opensource-linux-x64-5.6.3.run"超链接，将安装包下载到 Ubuntu 与 Windows 的共享目录 C:\SmartHome 中。

启动虚拟机，进入 Ubuntu 系统，按组合键 Ctrl+Alt+T 键打开"终端"命令窗口，在命令提示符后输入命令"cd /mnt/shared"进入共享目录，再输入命令"ls"查看下载的 Qt 安装程序是否存在于此目录中。

在命令提示符后输入命令"sudo ./qt-opensource-linux-x64-5.6.3.run"，输入密码，开始安装 Qt。点击"Next"按钮，进入设置界面后，无须设置 Qt，点击"Skip"按钮跳过此步骤。点击"下一步"按钮，选择要安装 Qt 的目录，本项目中保持默认目录。点击"下一步"按钮，点击"全选"按钮，选中所有的 Qt 组件。点击"下一步"按钮，点击"安装"按钮开始安装进度。安装完成后点击"完成"按钮退出安装程序即可。

(4) 应用 Qt Creator 开发嵌入式程序。在 Qt Creator 中新建应用程序，将控件拖放到界面上，将提供的嵌入式库文件复制到指定的目录中，在 Qt Creator 中将构建目录指向此目录。

项目评价

1. 考核评价表

考核指标	目标	标准	考核方式	权重	自评	评价
出勤与安全	让学生养成良好的工作习惯	100	考核总分为100分，按照6个项目的权重比例给分，其中“项目展示汇报”的具体评价方式参见“任务完成度评价表”	0.10		
工程实践表现	学生参与工作的态度与能力			0.15		
回答问题	学生掌握知识与技能的程度			0.15		
团队合作情况	小组团队合作情况			0.10		
项目展示汇报	任务完成及汇报情况			0.40		
拓展能力	能力提升状态，任务完成情况			0.10		
创造性学习（附加分）	考核学生的创新意识	10	教师以10分为上限，对项目实践过程中有突出表现和创新做法的学生予以奖励。	1.00		
学习成绩＝出勤情况×0.1＋项目实践表现×0.15＋回答问题×0.15＋团队合作情况×0.1＋项目汇报展示×0.4＋拓展能力×0.1＋附加分						

2. 任务完成度评价表

任务	分值	得分
任务1：Linux操作系统与虚拟机	30	
任务2：Qt的安装与配置	40	
任务3：创建第一个Qt GUI项目	30	

3. 项目总结

项目学习情况：
心得与反思：

项目2

智能家居软件系统界面设计

项目概述

本项目主要利用 Qt Creator 工具完成对智能家居系统图形化界面的设计。对于软件开发而言，良好的图形化界面制作是程序设计的前提，也是影响软件质量的重要因素。本项目利用 Linux 平台作为系统开发环境，通过实例演示，完成对 Qt GUI(Qt 图形化用户界面)项目的创建、常用控件的使用、信号和槽机制的学习。

本项目分为 9 个学习任务。任务 1 阐述了运用界面布局方式设计智能家居项目主界面的方法；任务 2 阐述了运用数据框、列表、按钮等组件设计环境数据检测的方法；任务 3 阐述了运用图片框、图片按钮设计控制界面的方法；任务 4 阐述了运用工具条、双态按钮设计空调控制界面的方法；任务 5 阐述了利用选项卡组件、复选框组件设计工作模式界面的方法；任务 6 阐述了利用单选按钮组件、组合框、标签设计单控模式界面的方法；任务 7 阐述了利用下拉列表框、组合框、按钮设计联动模式界面的方法；任务 8 阐述了利用文本框、标签、按钮、设计用户自定义模式界面的方法；任务 9 主要阐述了利用信号和槽机制编写界面中各组件响应事件的方法。

项目目标

≺ 知识目标

(1) 掌握 Qt 应用程序界面布局方式；

(2) 掌握 Qt 开发环境中各组件的特点；

(3) 掌握 Qt 开发环境中设置组件属性的方法；
(4) 掌握 Qt 应用程序的信号和槽机制的工作原理。

能力目标

(1) 能熟练运用 Qt 应用程序的界面布局方式；
(2) 能正确选用 Qt 应用程序的各类界面组件；
(3) 能正确设置各组件的属性；
(4) 能正确运用信号和槽实现响应事件。

素养目标

(1) 培养学生熟练运用基于 Linux 操作系统的 Qt 软件开发工具；
(2) 培养界面美化的意识，提升审美能力；
(3) 培养学生利用信息化工具查阅资料解决问题的意识与能力；
(4) 培养学生的沟通能力、表达能力、团队协作能力。

任务1　设计智能家居软件背景界面

任务描述

在智能家居系统软件中，为了使背景界面更加美观，可以设计一个带图片背景的 Label 控件，如图 2-1 所示。

图 2-1　智能家居软件背景界面的设计

任务目标

1. 掌握 Label 控件的常用属性。
2. 掌握 Label 控件的常用方法。
3. 掌握设置 Label 控件样式的方法。

知识准备

1. 显示控件组(Display Widgets)

Label 标签控件是显示控件组中的一个控件，如图 2-2 所示，常用来显示一行文本信息，但文本信息不能编辑，也可以用于显示图像作为界面背景。显示控件组中各控件说明如表 2-1 所示。

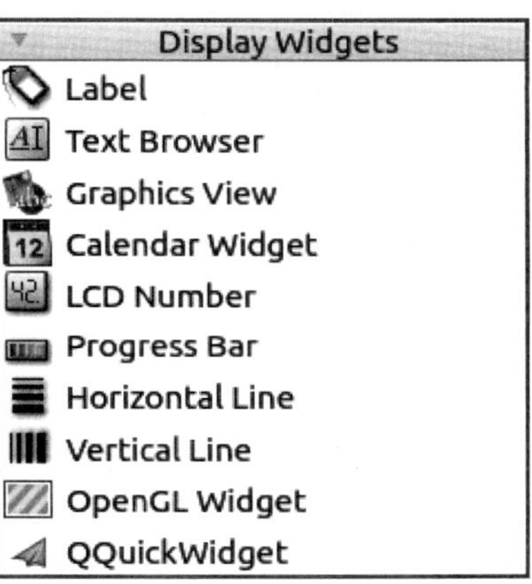

图 2-2　显示控件组

表 2-1　显示控件组各控件说明

序号	控件名称	含义
1	Label	标签
2	Text Browser	文本浏览器
3	Graphics View	图形视图
4	Calendar Widget	日历
5	LCD Number	LCD 数字
6	Progress Bar	进度条
7	Horizontal Line	水平线
8	Vertical Line	垂直线
9	OpenGL Widget	OpenGL 组件
10	QQuickWidget	快速布局组件

2. Label 控件的常用属性

Label 控件的常用属性如表 2-2 所示。

表 2-2　Label 控件常用属性

序号	属性名称	属性说明
1	objectName	Label 控件的名称
2	Text	Label 控件中显示的文本
3	X	Label 控件顶点的 X 坐标
4	Y	Label 控件顶点的 Y 坐标
5	宽度	Label 控件的宽度
6	高度	Label 控件的高度

3. Label 控件的常用方法

(1) void setText(const QString &):设置 Label 控件的显示文字。例如,在任务 1 的 Dialog.cpp 文件的构造方法中加入代码,如图 2-3 所示,表示在 Label 中显示“Qt 智能家居项目”的文本。

```
Dialog::Dialog(QWidget *parent) :
    QDialog(parent),
    ui(new Ui::Dialog)
{
    ui->setupUi(this);
    ui->label->setText("Qt智能家居项目");
}
```

图 2-3　setText 方法使用示例

知识链接

界面显示中文时乱码的问题

在项目的设计过程中,有时需要应用函数 setText(QString)来设置 Label 控件中的中文文本,例如“ui->label->setText("你好");”,但在运行项目时,中文部分会显示为乱码。在 Qt4 时代,我们需要在代码文件的头部引入库文件#include “QTextCodec”,并在代码文件中编写语句“QTextCodec::setCodecForCStrings(QTextCodec::codecForName("UTF-8"));”将编码格式设置为 UTF-8。

但在 Qt5 版本后，放弃了 QTextCodec::setCodecForCStrings()函数，再如此设置便没有效果。在 Qt5 及以后的版本中，应将 Qt Creator 编辑器的编码格式修改为 UTF-8 格式，步骤如下：

① 选择菜单【工具】→【选项】。

② 在弹出的"选项"对话框中，左侧选择"文本编辑器"，再选择右侧的"行为"选项卡。

③ 在"行为"选项卡的"文件编码"部分，默认编码选择 UTF-8，UTF-8 BOM 选择"如果编码是 UTF-8 则添加"，如图 2－4 所示。

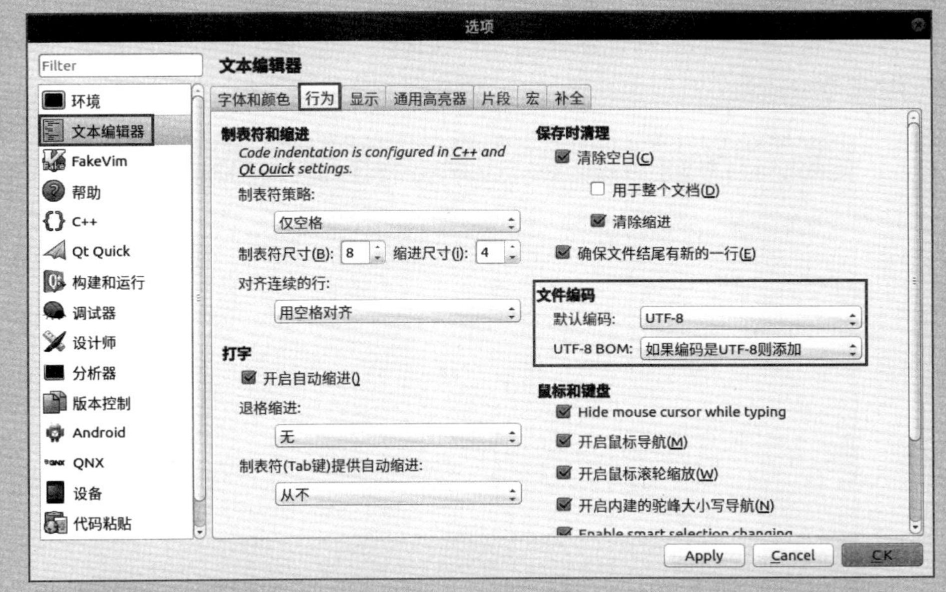

图 2－4 设置 UTF-8 格式

也可以采用第二种方法，在源文件中加入预处理命令 # pragma execution_character_set("utf-8")，如图 2－5 所示，同样可以正确显示中文字符。

```
#include "mainwindow.h"
#include "ui_mainwindow.h"

#pragma execution_character_set("utf-8")
```

图 2－5 加入预处理命令

(2) void setVisible (bool visible)：设置 Label 是否为可见，如图 2－6 所示。在 Qt 中，多数控件拥有 setVisible(bool visible)方法，该方法的默认值为 true，即可见。若参数为 false，则表示该 Label 在界面中不可见。

```
MainWindow::MainWindow(QWidget *parent) :
    QMainWindow(parent),
    ui(new Ui::MainWindow)
{
    ui->setupUi(this);
    ui->label->setText("你好");

    ui->label->setVisible(false);
}
```

图 2－6　setVisible 方法

4. 设置 Label 控件的样式

(1) 方法 1：右键单击 Label 控件，在弹出的快捷菜单中选择“改变样式表”命令进行编辑，如图 2－7 所示。

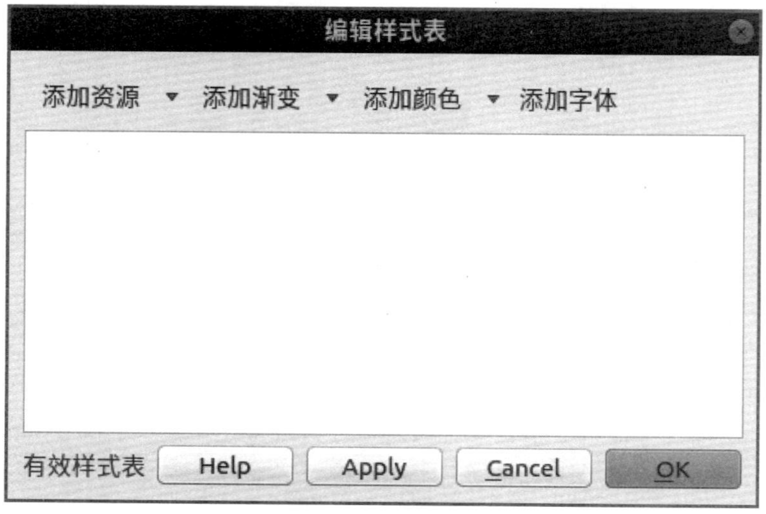

图 2－7　编辑样式表对话框

利用“编辑样式表”对话框，可以对 Label 控件进行字体和背景效果等设置。字体设置的方法请参见项目 1 任务 3 中 Label 控件字体的设置。改变 Label 控件字体颜色的步骤如下：

① 点击“编辑样式表”中“添加颜色”右侧的下拉箭头，选择“color”，在弹出的“选择颜色”对话框中，选择需要的颜色，或修改红(R)、绿(G)、蓝(B)的值，此处修改为(255,0,0)，Label 显示为红色，如图 2－8、图 2－9 所示。运行效果如图 2－10 所示。

图 2-8 设置 Label 控件样式

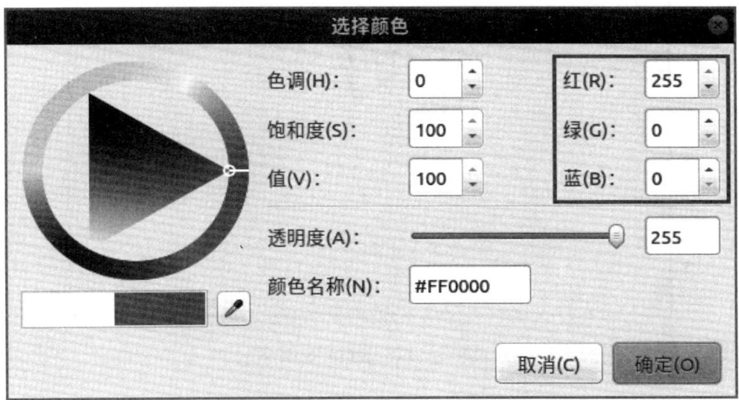

图 2-9 设置 Label 控件的颜色

图 2-10 运行效果 1

(2) 方法 2:利用 Label 控件的 setStyleSheet(QString)方法,也可对控件样式进行设置。设置方法效果如图 2－11 和图 2－12 所示。

```
MainWindow::MainWindow(QWidget *parent) :
    QMainWindow(parent),
    ui(new Ui::MainWindow)
{
    ui->setupUi(this);
    ui->label->setText("你好");
    ui->label->setStyleSheet("font: 36pt Ubuntu;color:rgb(0,0,255);");

}
```

图 2－11 设置 Label 控件样式 2

图 2－12 运行效果 2

任务实施

(1) 运行 Qt Creator,执行菜单【文件】→【新建文件或项目】,打开项目创建导航对话框。在左侧的“项目”列表框中选择“Application”,中间的列表框选择“Qt Widgets Application”,项目名称为 SmartHome,其余项目信息保持默认,将项目保存在“home/linux/Qt”文件夹中。生成后的项目结构如图 2－13 所示。

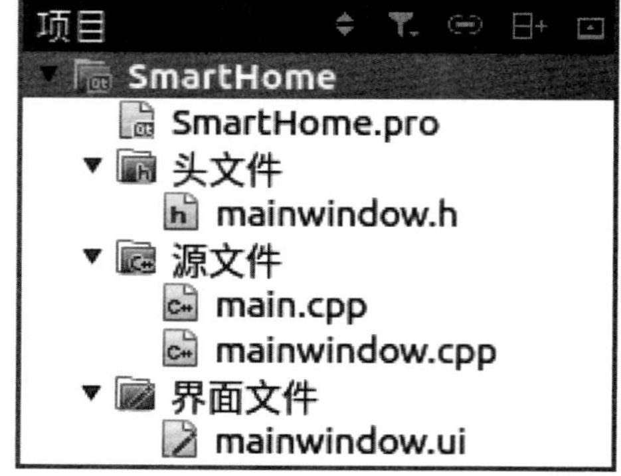

图 2－13 新建 SmartHome 项目

(2) 项目生成后,在工程目录中新建一个“Debug”文件夹,用于构建项目时存放缓存文件。

(3) 将图片文件导入项目,步骤如下:

① 将需要的素材图片文件夹“images”复制到项目文件夹“SmartHome”中，注意，文件夹和图片的名称都不能出现中文，否则在编译项目时会产生错误。

② 执行菜单【文件】→【新建文件或项目】，打开项目创建导航对话框。在左侧“文件和类”列表中选择“Qt”，中间的列表中选择“Qt Resource File”，如图 2 - 14 所示。点击“选择”按钮进入下一步。

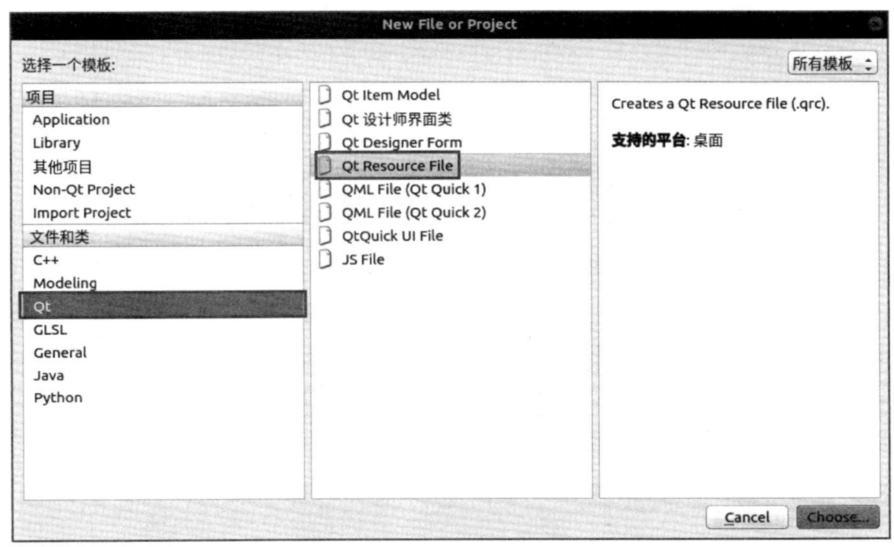

图 2 - 14　新建资源文件

③ 在“新建 Qt 资源文件”对话框的“位置”向导中输入资源名称“images”，路径保持默认设置，如图 2 - 15 所示。点击“下一步”按钮进入下一步骤。

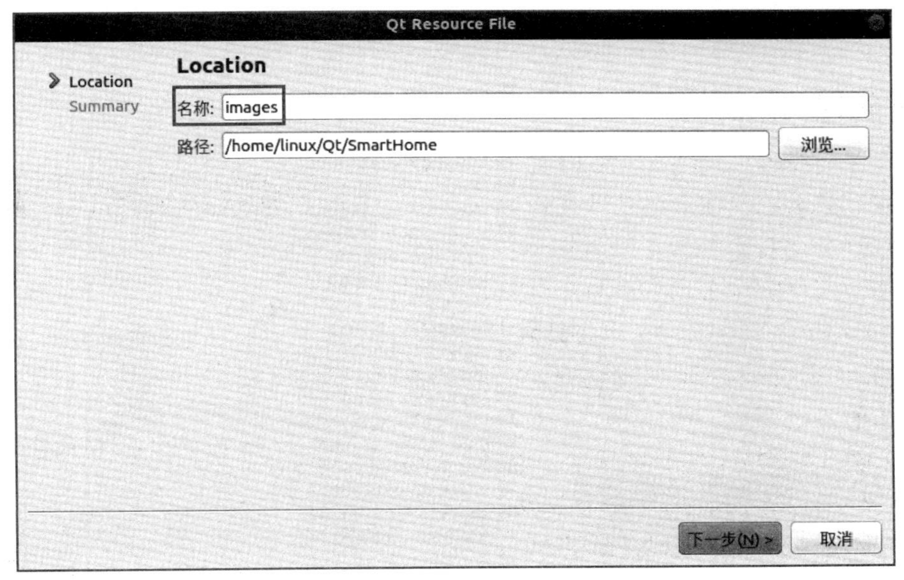

图 2 - 15　设置资源文件名称和路径

图 2－16　打开资源文件

④ 在“汇总”向导中无须设置，单击“完成”按钮即可完成资源文件的创建。此时，在项目目录下会产生一个“资源”目录，展开此目录有一个名为“images. qrc”的资源文件，如图 2－16 所示。

⑤ 选中“images. qrc”文件，在右侧下方的“添加”下拉框中选择“添加前缀”选项，输入前缀名为“/”，如图 2－17 所示。

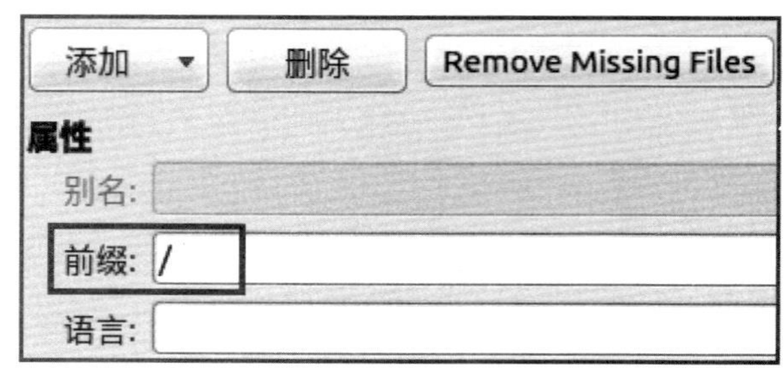

图 2－17　设置文件前缀

⑥ 在“添加”下拉框中选择“添加文件”选项，弹出“打开文件”对话框，将步骤① 中复制的 images 文件夹中的所有图片文件选中并导入，如图 2－18 所示。

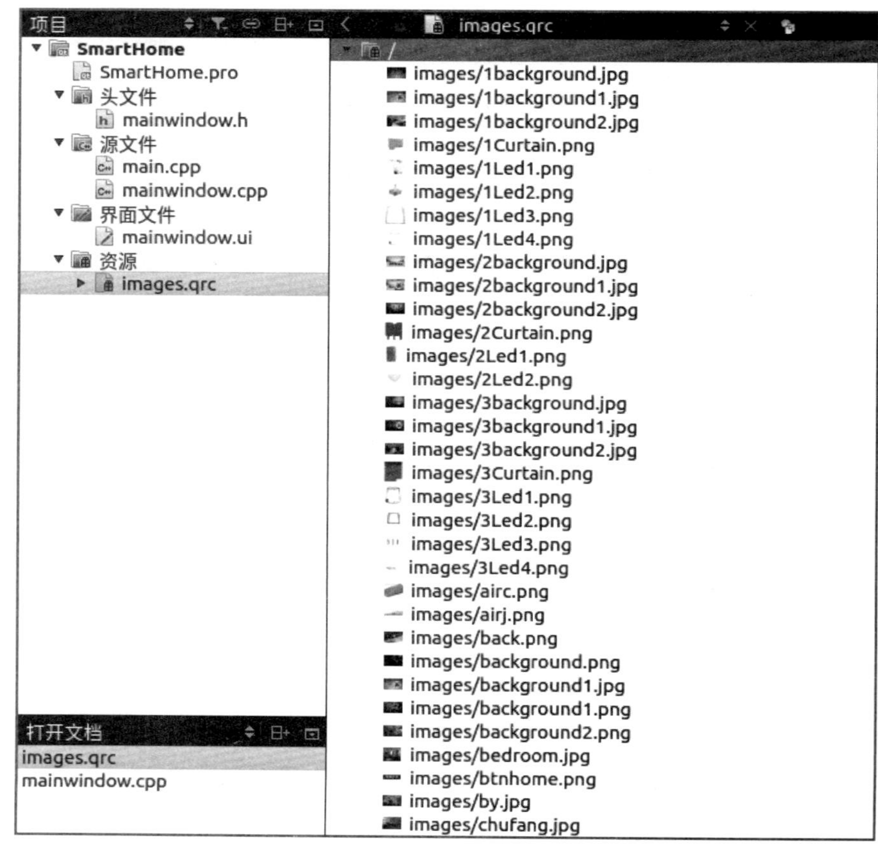

图 2－18　导入图片文件

⑦ 保存所有文件并重新启动 SmartHome 项目，图片文件便可使用。

(4) 双击打开界面文件“mainwindow. ui”，设置“MainWindow”对象的属性，宽度为 800，高度为 480(6410 或 A9 网关默认分辨率为 800 px×480 px)，如图 2－19 所示。在 SmartHome 项目中，界面无须菜单栏、工具栏和状态栏，可在对象浏览器(Object Inspector)中将其移除，以移除菜单栏为例，方法是在对象浏览器中右键点击“menuBar”，在弹出的快捷菜单中点击“移除菜单栏”，移除工具栏和状态栏的方法相同，如图 2－20 所示。

▼ geometry	[(0, 0), 800 x 480]
X	0
Y	0
宽度	800
高度	480

图 2－19　设置 MainWindow 对象的宽度和高度

图 2－20　移除菜单栏

(5) 在界面中拖入一个 Label 控件，设置其控件名(objectName)为 lblBg。设置其属性 X(geometry 中的属性)为 0，属性 Y 为 0，宽度为 800，高度为 480，text 属性为空，如图 2－21、图 2－22 所示。

objectName	lblBg
QWidget	
enabled	☑
▼ geometry	[(0, 0), 800 x 480]
X	0
Y	0
宽度	800
高度	480

图 2－21　设置 Label 控件的属性 1

QLabel	
text	
textFormat	AutoText
pixmap	
scaledContents	☐

图 2-22　设置 Label 控件的属性 2

知识链接

控件的命名规则(驼峰命名法)

在一个项目中,会用到多个控件。程序员为了很好地区分不同的控件,一般会给这些控件定义具有实际意义的名字。对于控件的命名,目前较通用的方法是驼峰命名法,即首字母以小写开头,每个单词的首字母大写(第一个单词除外)。例如,本项目中的 lblBg,lbl 为单词 Label 的简写,表示为 Label 控件,Bg 为单词 background 的简写,表示背景。标准规范地命名控件,可以较大程度提升代码的可读性,有利于后期对项目的维护。养成规范命名控件的习惯,是成为一名优秀程序员的前提。

(6) 右键单击界面中的 Label 控件,在弹出的快捷菜单中选择"改变样式表"命令,在"添加资源"下拉列表中选择"background-image"选项,弹出"选择资源"对话框,选择图片背景后单击"确定"按钮,如图 2-23 所示。

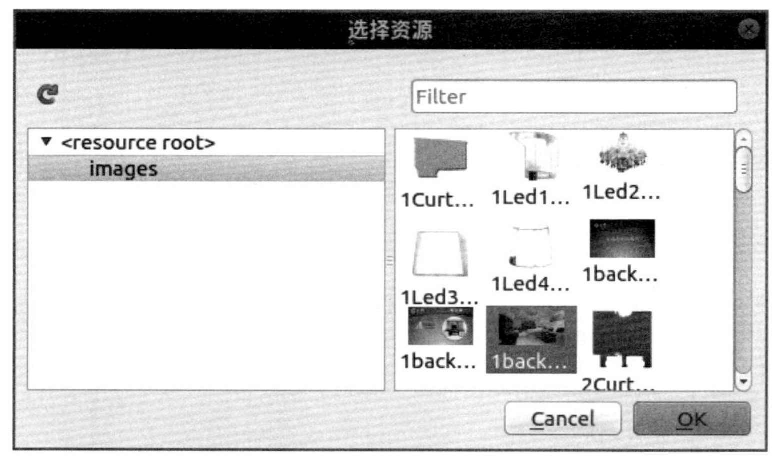

图 2-23　设置背景图片

(7) 设置完成,运行程序,如图 2-1 所示。

任务拓展

◎ 任务描述

对于桌面软件而言，界面在屏幕中合理的显示位置有利于提升用户体验，增加软件的使用率。现需在智能家居系统启动时，将登录界面显示于屏幕的正中间位置。

◎ 任务分析

使用 Qt Creator 软件开发桌面应用时，可以通过组件的 geometry 属性中的 X 和 Y 属性设置组件的位置，但该属性并未提供水平方向和垂直方向的居中位置，故设置 geometry 属性并不能将窗体显示在屏幕的正中间位置。应调用 Qt 中关于屏幕类和桌面类的库文件，以代码的方式将窗体显示在屏幕正中间的位置。

◎ 任务实施

在 Qt Creator 开发环境中，选中需要居中显示的窗体，切换到代码编辑器，首先引入桌面显示类的头文件，然后输入程序代码：

```
#include <QDesktopWidget>
QDesktopWidget *desktop = QApplication::desktop();
QWidget w;
w.resize(800,800);
w.move((desktop->width() - w.width()) / 2,(desktop->height() - w.height()) / 2);
w.show();
```

任务小结

在本任务中，主要学习了以下内容：

1. Label 控件的常用属性。
2. Label 控件的常用方法。
3. 设置 Label 控件样式的方法。
4. 智能家居系统软件背景界面的设计方法。

任务2　设计环境数据检测界面

任务描述

使用 Label 和 LCD Number 控件进行环境数据检测部分界面的设计，如图 2－24 所示。其中，温度值和湿度值为十进制显示，保留两位小数。光照值和烟雾值为十六进制显示。

图 2－24　环境数据检测界面的设计

任务目标

1. 掌握 LCD Number 控件的常用属性。
2. 掌握 LCD Number 控件的常用方法。
3. 掌握设置 LCD Number 控件样式的方法。

知识准备

LCD Number 控件是显示控件组(Display Widgets)中的常用控件，用于显示一个和 LCD 液晶数字形态一样的数字，如图 2－25 所示。它可以显示任意大小的数字，可以显示二进制、八进制、十进制、十六进制的数字。

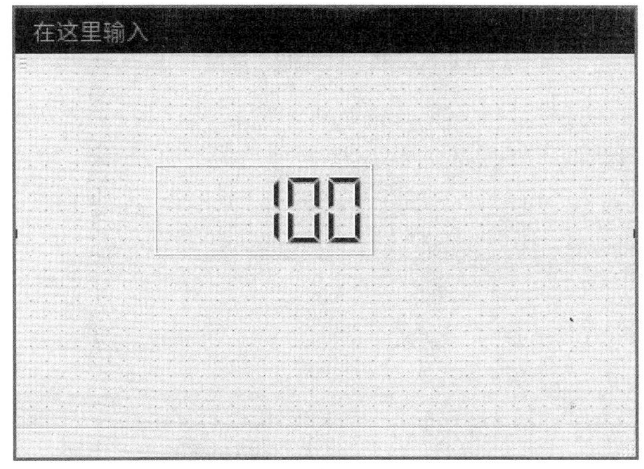

图 2-25 LCD Number 控件

1. LCD Number 控件的常用属性

(1) value：LCD Number 控件显示的值。

(2) mode：LCD Number 控件的显示模式。其中 Dec 为十进制，Hex 为十六进制，Bin 为二进制，Oct 为八进制。例如，将 LCD Number 控件的值设置为 10，在 Dec 模式下显示为“10”，在 Hex 模式下显示为“A”，在 Bin 模式下显示为“1010”，在 Oct 模式下显示为“12”。

(3) digitCount：LCD Number 控件显示的数据位数(包括小数点)。例如，将 LCD Number 控件的值设置为 10.1，则应将 digitCount 的值设置为 4。

(4) SegmentStyle：显示数字的外观。如果需要改变数字的颜色，则需要将此项改为“Flat”。

2. LCD Number 控件的常用方法

(1) void display(int num/double num/const QString &str)：设置 LCD Number 控件显示的值。该方法中的参数可以为整数、浮点数或字符串。例如“ui->lcdNumber->display(10);”，“ui->lcdNumber->display(10);”，“ui->lcdNumber->display(“10”);”。

(2) void setDecMode()/setHexMode()/setBinMode()/setOctMode()：将 LCD Number 控件设置为对应的显示模式。例如，“ui->lcdNumber->setHexMode()”表示设置该 LCD Number 控件的显示模式为十六进制。

(3) void setNumDigits(int nDigits)：设置 LCD Number 控件显示的数据位数。例如“ui->lcdNumber->setDigitCount(5)”，表示设置该 LCD Number 控件的显示位数为 5 位。

知识链接

LCD Number 控件的显示位数

如果 LCD Number 控件设置的值超出了显示的数据位数，则控件只显示该值的整数部分。例如，LCD Number 控件的 digitCount 属性设置为 3，若设置其值为 10.25，则界面中只显示 10（10.25 占 5 位数字）。若设置 LCD Number 控件的设置模式为非十进制模式，则显示时只显示该值的整数部分。

3. 设置 LCD Number 控件样式

(1) 修改文本和背景颜色

与 Qt 中大部分控件一样，使用样式表中的“color”修改文本颜色，使用“background-color”修改背景颜色。在修改前需要将 LCD Number 控件的“segmentStyle”属性设置为“Flat”，否则文本颜色将不能修改，如图 2－26 所示。本例中设置“color：rgb(255,0,0);”，“background-color：rgb(255,255,255);”，表示 LCD Number 控件显示内容为红色，背景为白色。

QLCDNumber	
smallDecimalPo...	☐
digitCount	5
mode	Dec
segmentStyle	Flat
value	100.000000
intValue	100

图 2－26　LCD Number 控件的 segmentStyle 属性

(2) 设置边框

使用样式表中的“border”对 LCD Number 控件的边框进行设置，在“编辑样式表”中输入“border：2px solid rgb(0,255,0);”，其中，2px 表示 LCD Number 控件边框的宽度为 2 像素（1 像素约等于 0.357 毫米），solid 表示边框为实线显示，rgb(0,255,0)表示边框为绿色。设置方法和运行效果如图 2－27 和图 2－28 所示。

图 2－27　设置 LCD Number 控件样式

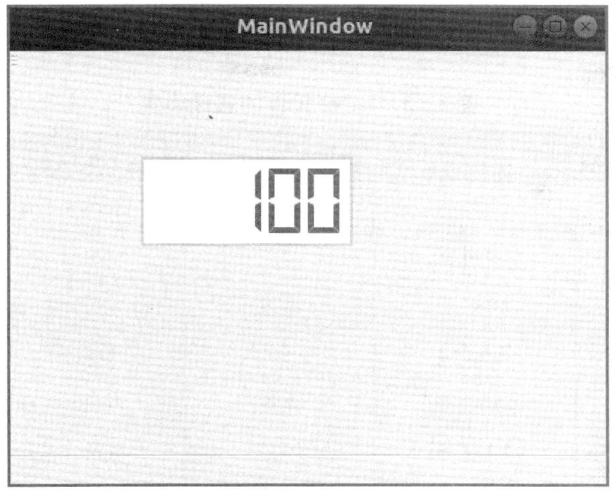

图 2 - 28　运行效果

任务实施

(1) 打开项目“SmartHome”，进入界面文件“mainwindow. ui”。

(2) 在界面中放入 12 个 Label 控件和 4 个 LCD Number 控件，为了代码编写方便，其中的“求助按钮”“有人求助”“人体感应”“有人”是由 4 个不同的 Label 控件控制的，4 个 LCD Number 控件用于显示 4 组液晶数字。界面布局如图 2 - 29 所示。

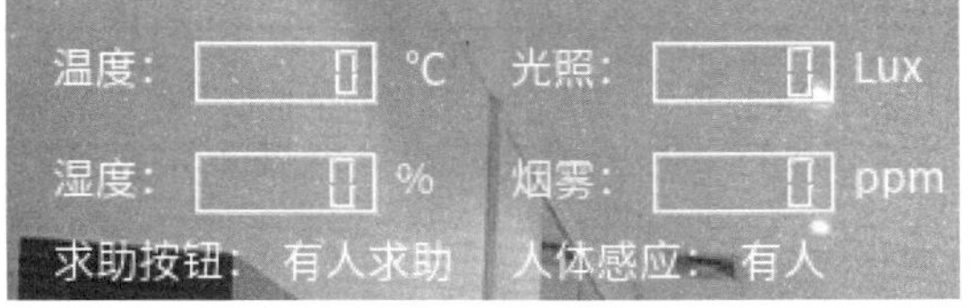

图 2 - 29　Label 控件和 LCD Number 控件布局

(3) 设置各控件的属性。Label 控件中的“有人求助”和“有人”，其 objectName 属性分别设置为“lblHB”和“lblHI”。LCD Number 控件中，表示温度和湿度控件的 mode 属性设置为 Dec(十进制)，保留 2 位小数，表示光照和烟雾控件的 mode 属性设置为 Hex(十六进制)，如图 2 - 30、图 2 - 31 所示。

QLCDNumber	
smallDecimalP...	☑
digitCount	5
mode	Dec
segmentStyle	Filled
value	0.000000
intValue	0

图 2 - 30　温度和湿度控件的设置

QLCDNumber	
smallDecimalPo...	☐
digitCount	5
mode	Hex
segmentStyle	Filled

图 2 - 31　光照和烟雾控件的设置

Label 控件的属性设置如表 2 - 3 所示，LCD Number 控件的属性设置如表 2 - 4 所示。

表 2 - 3　Label 控件的属性设置

序号	控件	objectName	text	styleSheet
1	QLabel	label	温度	color：rgb(255,255,255)；
2	QLabel	label_2	℃	color：rgb(255,255,255)；
3	QLabel	label_3	湿度	color：rgb(255,255,255)；
4	QLabel	label_4	%	color：rgb(255,255,255)；
5	QLabel	label_5	光照	color：rgb(255,255,255)；
6	QLabel	label_6	LUX	color：rgb(255,255,255)；
7	QLabel	label_7	烟雾	color：rgb(255,255,255)；
8	QLabel	label_8	ppm	color：rgb(255,255,255)；
9	QLabel	label_9	求助按钮	color：rgb(255,255,255)；
10	QLabel	label_10	人体感应	color：rgb(255,255,255)；
11	QLabel	lblHB	有人求助	color：rgb(255,255,255)；
12	QLabel	lblHI	有人	color：rgb(255,255,255)；

表 2 - 4　LCD Number 控件的属性设置

序号	控件	objectName	styleSheet	mode	说明
1	QLCDNumber	lcdTemp	font：11pt“文泉驿正黑” color：rgb(255,0,0)；	Dec	温度
2	QLCDNumber	lcdHumidity	font：11pt“文泉驿正黑” color：rgb(255,0,0)；	Dec	湿度
3	QLCDNumber	lcdIllumination	font：11pt“文泉驿正黑” color：rgb(255,0,0)；	Hex	光照
4	QLCDNumber	lcdSmoke	font：11pt“文泉驿正黑” color：rgb(255,0,0)；	Hex	烟雾

(4) 设置完成，运行程序，效果如图 2 - 24 所示。

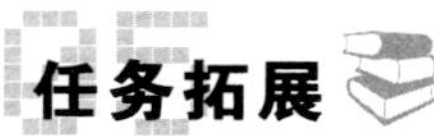

任务拓展

◎ 任务描述

Qt Creator 开发环境中的 LCD Number 组件提供了多种显示模式，智能家居系统需要显示的时间格式为“年—月—日　时:分:秒”，且需以液晶数字模式显示时间与日期。

◎ 任务分析

LCD Number 组件可以显示十进制、十六进制、八进制或二进制数，使用 display()槽连接到数据源，这个槽可以被任何五个参数类型的数据源重载。QLCDNumber 组件的内容是无法读取的，但可以通过 value()方法结合接口函数来获取，见表 2-5。

表 2-5　LCD Number 组件接口函数

接口函数	函数说明
setDigitCount(int numDigits)	设置所显示的位数
setBinMode()	以二进制形式显示
setOctMode()	以八进制形式显示
setHexMode()	以十六进制形式显示
setDecMode()	以十进制形式显示(默认)
setSmallDecimalPoint(bool)	小数点单独站一位空间还是在两个位之间
setSegmentStyle(SegmentStyle)	改变显示数字的外观
checkOverflow(double num)	检查给定值是否可以在区域内显示

◎ 任务实施

在 Qt Creator 开发环境中，选中 LCD Number 组件，切换到代码编辑器，首先引入表示日期与时间的头文件，然后输入程序代码：

```
#include <QMainWindow>
#include <QDate>
void MainWindow::on_lcdNumber_overflow()
{
    QDateTime date_t = QDateTime::currentDateTime();
    this->ui->lcdNumber->setDigitCount(29);
    this->ui->lcdNumber->setSegmentStyle(QLCDNumber::Flat);
    this->ui->lcdNumber->setStyleSheet("border: 2px solid green;
color: green; background: red;");
    this->ui->lcdNumber->display(date_t.toString("yyyy-MM-dd HH:
mm:ss.zzz"));
}
```

任务小结

在本任务中，主要学习了以下内容：

1. LCD Number 控件的常用属性。
2. LCD Number 控件的常用方法。
3. 设置 LCD Number 控件样式的方法。
4. 智能家居环境数据检测界面的设计方法。

任务3　设计图片按钮控制界面

任务描述

在智能家居软件系统中，为了让用户更加直观地对家居设备进行控制，加入了一些图片控制按钮，如 LED 灯、报警灯、电动窗帘等。用户可以通过单击这些图片来更新界面中对应设备的状态，如图 2 - 32 所示。

图 2 - 32　图片按钮控制界面的设计

任务目标

1. 掌握 Push Button 控件的常用属性。
2. 掌握 Push Button 控件的常用方法。

3. 掌握设置 Push Button 控件样式的方法。

知识准备

Push Button 控件是按钮控件组(Buttons)中的一个常用控件。利用该控件的单击事件进行动作响应,从而实现用户的互动效果,如图 2-33 所示。

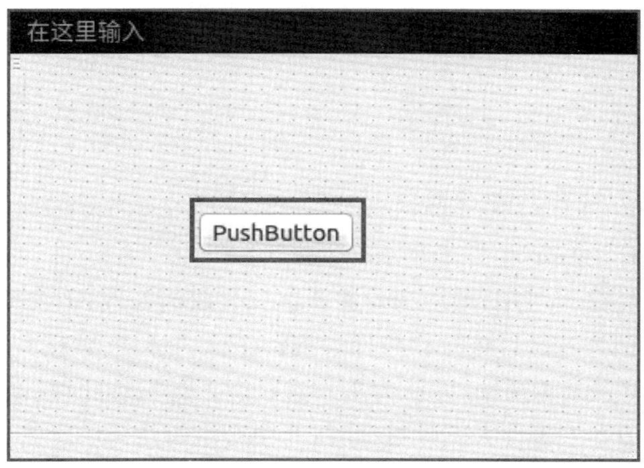

图 2-33 Push Button 控件

按钮控件组(Buttons)

Qt 中的按钮控件组如图 2-34 所示,控件组中各控件的名称及含义如表 2-6 所示。

图 2-34 按钮控件组

表 2-6　按钮控件组各控件说明

序号	控件名称	含义
1	Push Button	按钮
2	Tool Button	工具按钮
3	Radio Button	单选按钮
4	Check Box	复选按钮
5	Command Link Button	命令链接按钮
6	Button Box	按钮盒子

1. Push Button 控件的常用属性

(1) text：Push Button 控件的显示文本。

(2) enable：按钮是否可用，默认为勾选状态。若取消勾选，则此按钮不可用。

(3) cursor：鼠标指针经过该按钮控件时指针图标的样式，默认为箭头样式。

(4) flat：设置背景是否透明，默认为未勾选状态。若勾选此项，则此按钮设置为背景透明。当 Push Button 控件作为图片按钮时，此项必须勾选。

2. Push Button 控件的常用方法

(1) QString text()：返回 Push Button 控件的显示文本。

(2) void setText(const QString &text)：设置 Push Button 控件的显示文本。例如，"ui－>pushButton－>setText("打开");"，表示设置该按钮的文本为"打开"。

(3) void setEnabled(bool)：设置 Push Button 控件是否可用。例如，"ui－>pushButton－>setEnabled("false");"，表示设置该按钮为不可用。

3. 设置 Push Button 控件样式

(1) 修改文本和背景颜色

与 Qt 中大部分控件一样，使用样式表中的"color"修改按钮文本颜色，使用"background-color"修改按钮背景颜色。本例中设置"color：rgb(255,0,0);"，"background-color：rgb(0,255,0);"，表示 Push Button 控件显示内容为红色，背景为绿色，如图 2-35 所示。

(2) 设置边框

使用样式表中的"border"对 Push Button 控件的边框进行设置，在"编辑样式表"中输入"border：2px solid rgb(0,0,255);"，其中，2px 表示 Push Button 控件边框的宽度为 2 像素(1 像素约等于 0.357 毫米)，solid 表示边框为实线显示，rgb(0,0,255)表示边框为蓝色。设置方法和运行效果如图 2-36 和图 2-37 所示。

图 2-35 修改 Push Button 控件的文本和背景颜色

图 2-36 设置 Push Button 控件样式

图 2-37 运行效果

知识链接

如何让按钮获得焦点?

Qt 项目运行时,会默认某个按钮为选中(即获得焦点)状态,被选中的按钮内部将显示红色边框,如图 2-38 所示。为了不影响显示效果,可以设置按钮为非焦点状态,方法是选中按钮控件,设置其 focusPolicy 属性为 Nofocus。

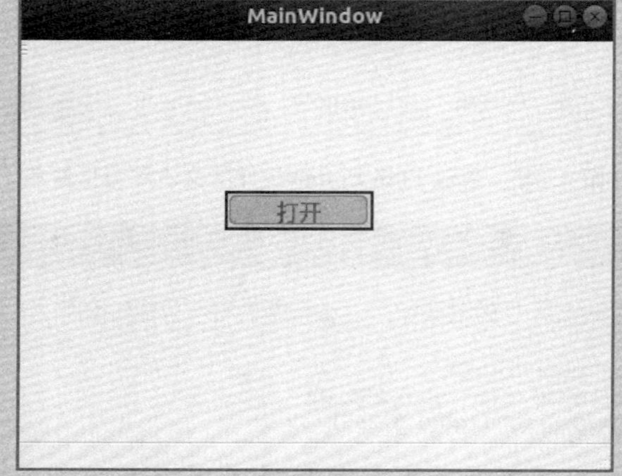

图 2-38　按钮焦点

任务实施

(1) 打开项目“SmartHome”,进入界面文件“mainwindow. ui”。

(2) 拖动一个 Push Button 控件到界面中,放置到 LED 灯的位置,如图 2-39 所示。

图 2-39　将 Push Button 拖入界面

（3）修改 Push Button 控件的名称（objectName）为“btnLED1”，将其 text 属性设置为空。

（4）右键单击“btnLED1”，在弹出的快捷菜单中选择“改变样式表”命令。在“添加资源”下拉列表中选择“border-image”选项，弹出“选择资源”对话框，选择图片后单击“确定”按钮，如图 2-40 所示。

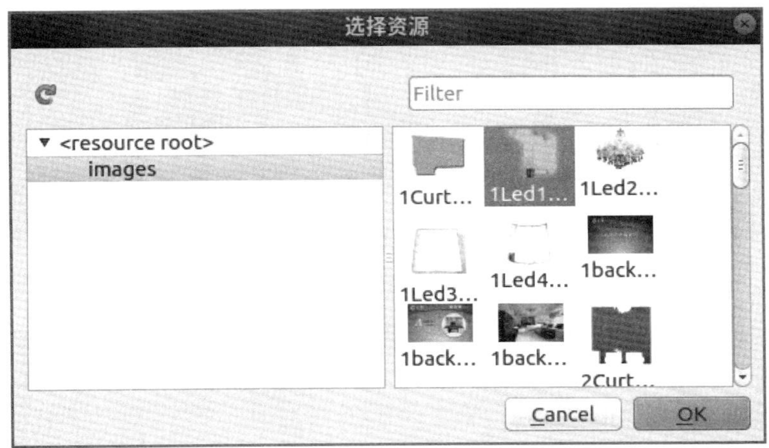

图 2-40　设置按钮图片

（5）用鼠标将“btnLED1”按钮调整到合适的大小，如图 2-41 所示。

图 2-41　调整按钮大小

（6）使用相同的方法，完成“btnLED2”“btnLED3”“btnLED4”“btnStepMotor”“btnBuzz”控件的设置，如图 2-42 所示。

图 2－42　设置其余按钮

(7) 将所有的按钮控件的 focusPolicy 属性设置为 Nofocus，flat 属性设置为 true。设置完成后运行程序，如图 2－43 所示。

图 2－43　程序运行效果

任务拓展

◎ 任务描述

智能家居系统界面中用于控制各设备的按钮，其显示方式需按照设备的状态，如打开状态、关闭状态等。现需对界面中各组件的样式进行设置，包括字体、颜色、边框。

◎ 任务分析

Qt Creator 开发环境提供的组件样式表与其他软件开发工具不同，包括组件背景颜色、前景颜色、字体、弧度设置等样式。在具体使用时，应调用 StyleSheet 方法设置各组件的样式，并在代码编辑器编写相应的程序代码。

◎ **任务实施**

在 Qt Creator 开发环境中，选中需要设置样式的组件，切换到代码编辑器，首先引入该组件所在类的头文件，然后输入程序代码：

```
QPushButton
{
    background-color:rgb(255,255,255);
    color:rgb(6,168,255);
    border:2px solid rgb(6,168,255);
    font-size:14px;
    border-radius:10px;
}
```

任务小结

在本任务中，主要学习了以下内容：

1. PushButton 控件的常用属性。
2. PushButton 控件的常用方法。
3. 设置 PushButton 控件样式的方法。
4. 智能家居图片按钮控制界面的设计方法。

任务4　设计空调控制界面

任务描述

在智能家居软件系统中，为了让用户更加方便地操作空调设备，使用 Push Button 控件和 Spin Box 控件对空调控制界面进行设计，如图 2-44 所示，利用 Spin Box 控件调节空调温度，设定温度范围为 16 ℃至 32 ℃。

图 2-44　空调控制界面的设计

任务目标

1. 掌握 Spin Box 控件的常用属性。
2. 掌握 Spin Box 控件的常用方法。
3. 掌握设置 Spin Box 控件样式的方法。

知识准备

Spin Box 控件是输入控件组(Input Widgets)用于进行整数数据输入的控件。与其功能相近的控件还有 Double Spin Box 控件,用于输入带有小数的数据,如图 2-45 所示。

图 2-45　Spin Box 控件

Qt 的输入控件组(Input Widgets)

Qt 中的输入控件组如图 2-46 所示,控件组中各控件的名称及含义如表 2-7 所示。

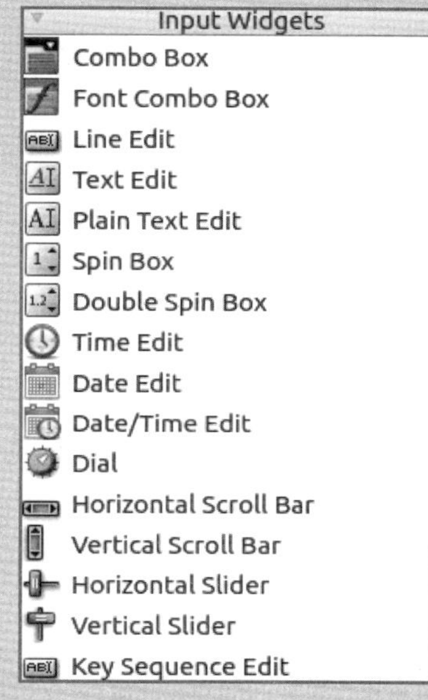

图 2-46 输入控件组

表 2-7 输入控件组各控件说明

序号	控件名称	含义
1	Combo Box	组合框
2	Font Combo Box	字体组合框
3	Line Edit	行文本编辑器
4	Text Edit	文本编辑器
5	Plain Text Edit	纯文本编辑器
6	Spin Box	整数数字盒子
7	Double Spin Box	浮点数数字盒子
8	Time Edit	时间编辑器
9	Date Edit	日期编辑器
10	Date/Time Edit	日期/时间编辑器

续表

序号	控件名称	含义
11	Dial	拨号器
12	Horizontal Scroll Bar	水平滚动条
13	Vertical Scroll Bar	垂直滚动条
14	Horizontal Slider	水平滑块
15	Vertical Slider	垂直滑块
16	Key Sequence Edit	快捷键编辑器

1. Spin Box 控件的常用属性

(1) minimum：设置 Spin Box 控件的最小值。

(2) maximum：设置 Spin Box 控件的最大值。

(3) value：设置 Spin Box 控件的当前值。注意，该值必须在最小值和最大值之间。

(4) singleStep：设置 Spin Box 控件的单次步进值，默认值为 1。

(5) buttonSymbols：设置 Spin Box 控件右侧按钮的样式。

例如，设置 Spin Box 控件范围在 1～100 之间，单次步进值为 2，当前值为 10，设置方法如图 2－47 所示。

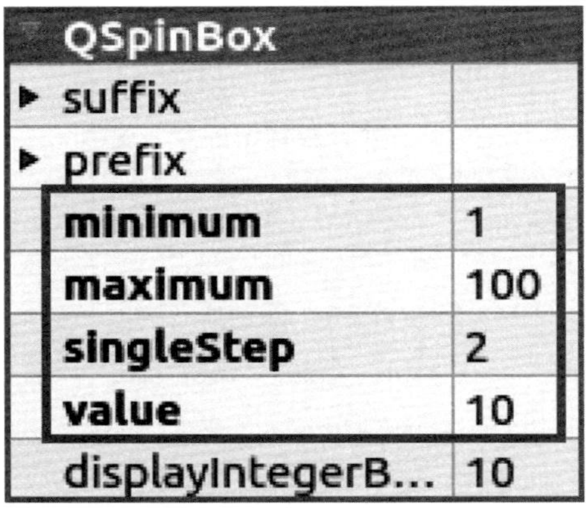

QSpinBox	
▶ suffix	
▶ prefix	
minimum	1
maximum	100
singleStep	2
value	10
displayIntegerB...	10

图 2－47　Spin Box 控件的属性设置

2. Spin Box 控件的常用方法

(1) int value()：返回 Spin Box 控件的当前值。

(2) void setValue(int val)：设置 Spin Box 控件的当前值，该值必须在 Spin Box 控件的范围内，如“ui－＞spinBox－＞setValue(50)；”。

知识链接

Spin Box 控件属性的设置技巧

Qt 中控件属性的设置一般都有对应的方法，如设置 Spin Box 控件当前值的属性为“value”，设置当前值的方法为“setValue(int)”，设置最小值的属性为“minimum”，设置最小值的方法为“setMinimum(int)”，在属性名前加入“set”(设置)即可。这种方法不仅适用于 Spin Box 控件，也适用于 Qt 中其他控件。因此，在以后的学习中只要掌握了控件的属性，也就掌握了该控件的使用方法。

3. 设置 Spin Box 控件样式

(1) 修改文本和背景颜色

与 Qt 中大部分控件一样，使用样式表中的“color”修改按钮文本颜色，使用“background-color”修改按钮背景颜色。本例中设置“color : rgb(0, 0, 255);”，“background-color : rgb(255,0,0);”，表示 Spin Box 控件显示内容为蓝色，背景为红色，如图 2－48 所示。

图 2－48　修改 Spin Box 控件的文本和背景颜色

(2) 设置边框

使用样式表中的“border”对 Push Button 控件的边框进行设置，在“编辑样式表”中输入“border : 6px solid rgb(0,255,0);”，其中，6px 表示 Push Button 控件边框的宽度为 6 像素(1 像素约等于 0.357 毫米)，solid 表示边框为实线显示，rgb(0,255,0)表示边框为绿色。设置方法和运行效果如图 2－49 和图 2－50 所示。

图 2-49　设置 Push Button 控件样式

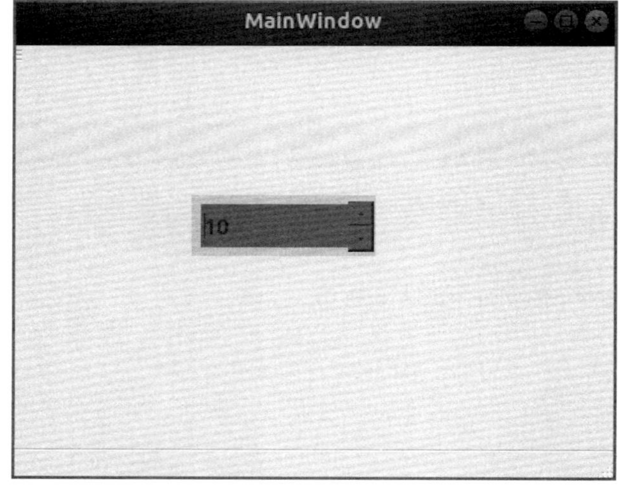

图 2-50　运行效果

任务实施

（1）打开项目“SmartHome”，进入界面文件“mainwindow. ui”。

（2）拖动一个 Push Button 控件到界面中，将其“objectName”属性设置为“btnAir”，“text”属性设置为空，“focusPolicy”属性设置为“NoFocus”，勾选“flat”属性，设置控件样式的“border-image”为空调图片，如图 2-51 所示。

图 2-51 设置 Push Button 控件样式

(3) 再拖入 2 个 Push Button 控件和 1 个 Spin Box 控件，布局如图 2-52 所示，设置 2 个 Push Button 控件的名称分别为“btnAirjKg”和“btnAirjSz”，“text”属性分别为“开”和“设置”。设置 Spin Box 控件的名称为“spAirj”，“minimum”属性设置为 16，“maximum”属性设置为 32。

图 2-52 界面布局

(4) 设置完成，运行效果如图 2-44 所示。

任务拓展

◎ 任务描述

智能家居中的各类智能化设备，如智能窗帘、智能空调、智能灯光等，均需要以图片的形式展示，以便触摸点击，实现相对应的功能。现需设置智能窗帘的图片按钮，当点击窗帘图片时可以实现打开或关闭。

◎ 任务分析

在 Qt Creator 开发环境中，可以使用样式表中的 background-image，设置图片的背景。对于智能窗帘图片按钮的需求而言，可以将该按钮的背景设置为窗帘的图片，然后在按钮的点击事件中加入代码。

◎ 任务实施

在 Qt Creator 开发环境中，选中需要设置背景图片的按钮组件，切换到代码编辑器，首先引入该组件所在类的头文件，然后输入程序代码：

```
void setButtonImage(QPushButton *button, QString image)
{
    button->setText("");
    QPixmap pixmap(image);
    QPixmap fitpixmap = pixmap.scaled(30, 30, Qt::IgnoreAspectRatio, Qt::
SmoothTransformation);
    button->setIcon(QIcon(fitpixmap));
    button->setIconSize(QSize(30, 30));
    button->setFlat(true);
    button->setStyleSheet("border: 0px");
}
```

任务小结

在本任务中，主要学习了以下内容：

1. Spin Box 控件的常用属性。
2. Spin Box 控件的常用方法。
3. 设置 Spin Box 控件样式的方法。
4. 智能家居空调控制界面的设计方法。

任务5　设计工作模式界面

任务描述

在智能家居软件系统中，设置了 3 种工作模式：单控模式、联动模式和自定义模式。为了消除模式间的相互干扰，将这 3 种模式放入不同的容器中，如图 2－53 所示。

图 2－53　工作模式界面的设计

任务目标

1. 掌握 tabWidget 控件的常用属性。
2. 掌握 tabWidget 控件的常用方法。
3. 掌握设置 tabWidget 控件样式的方法。

知识准备

tabWidget 是 Qt 的容器控件组（Containers）中常用的控件之一，由选项卡和显示页面组成，主要功能是可以在同一界面框架中切换不同的界面，如图 2－54 所示。

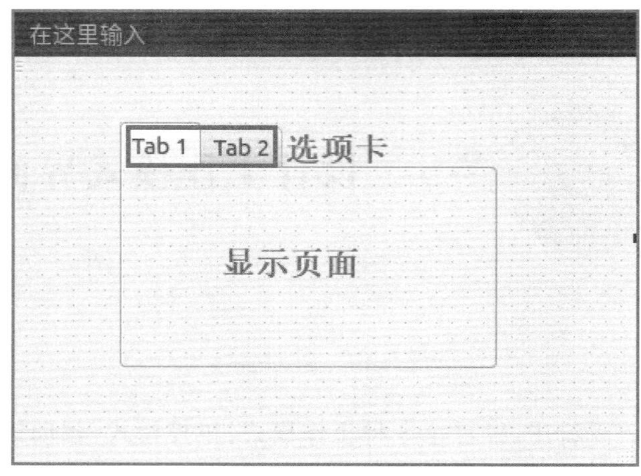

图 2-54　tabWidget 控件

容器控件组(Containers)

Qt 中的容器控件组包括 9 种容器控件。其中，较为常用的有 Tool Box(工具箱)控件、tabWidget(切换卡)控件、Widget(组件)控件等，其使用方法基本相同，这里以 tabWidget 控件为例进行讲解。容器控件组如图 2-55 所示，组中各控件的名称及含义如表 2-8 所示。

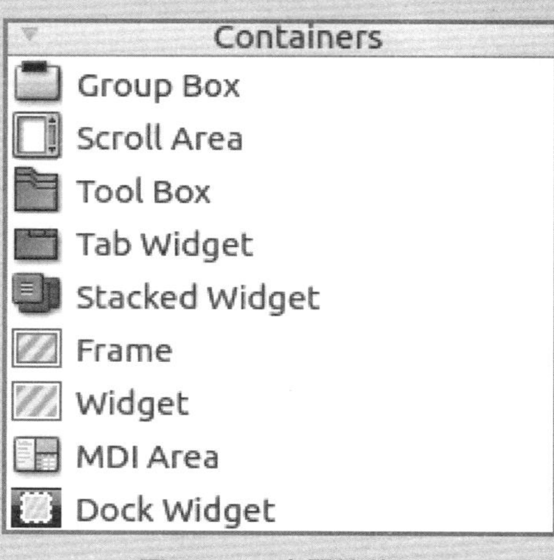

图 2-55　容器控件组

表 2-8 容器控件组各控件说明

序号	控件名称	含义
1	Group Box	组合框
2	Scroll Area	滚动区域
3	Tool Box	工具箱
4	Tab Widget	标签部件
5	Stacked Widget	堆叠部件
6	Frame	帧
7	Widget	部件
8	MDI Area	多文档窗口部件区域
9	Dock Widget	停靠窗体部件

1. tabWidget 控件的常用属性

(1) currentIndex：tabWidget 控件当前标签的索引值，索引值从 0 开始计数。在本项目中，“单控模式”的索引值为 0，“联动模式”的索引值为 1，“自定义模式”的索引值为 2。

(2) currentTabText：tabWidget 控件当前标签的文本。

(3) tabPosition：tabWidget 控件的标签显示位置。标签显示位置为 4 种：North(上部)、South(下部)、West(左部)、East(右部)，默认值为 North(上部)。

例如，设置一个 tabWidget 控件，索引 0 的标签文本为“A”，索引 1 的标签文本为“B”，标签的显示位置在控件的左侧，设置方法和运行效果如图 2-56、图 2-57 所示。

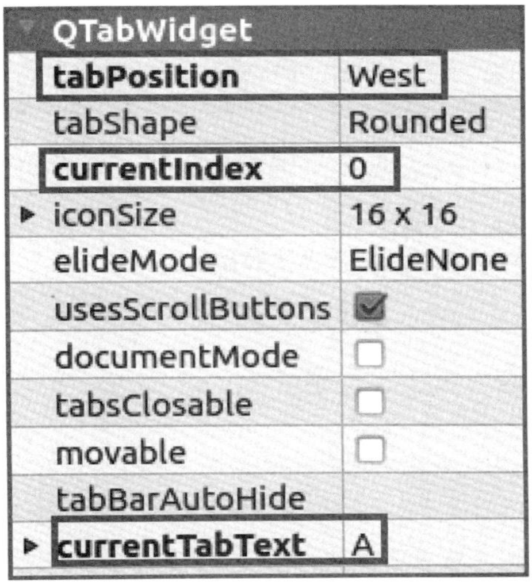

QTabWidget	
tabPosition	West
tabShape	Rounded
currentIndex	0
▸ iconSize	16 x 16
elideMode	ElideNone
usesScrollButtons	☑
documentMode	☐
tabsClosable	☐
movable	☐
tabBarAutoHide	
▸ currentTabText	A

图 2-56 tabWidget 控件属性设置

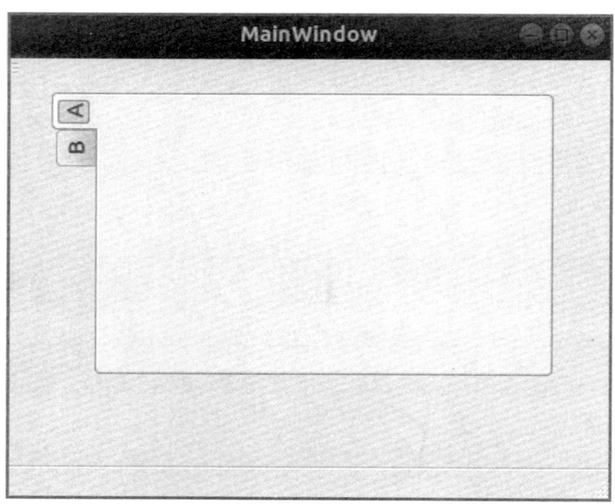

图 2－57　运行效果

2. tabWidget 控件的常用方法

(1) int currentIndex()：返回当前标签的索引号。

(2) void setCurrentIndex(int index)：设置 Widget 当前标签的索引号，如“ui－>tabWidget－>setCurrentIndex(0)；”。

3. 设置 tabWidget 控件样式

(1) 修改文本和背景颜色

与 Qt 中大部分控件一样，使用样式表中的“color”修改按钮文本颜色，使用“background-color”修改按钮背景颜色。本例中设置“color：rgb(255，0，255)；”，“background-color：rgb(0，255，255)；”，表示 tabWidget 控件标签颜色为洋红色，背景为青绿色，如图 2－58 所示。

图 2－58　修改 tabWidget 控件的文本和背景颜色

(2) 设置边框

使用样式表中的"border"对 tabWidget 控件的边框进行设置，在"编辑样式表"中输入"border：4px dashed rgb(0,0,255);"，其中，4px 表示 tabWidget 控件边框的宽度为 4 像素(1 像素约等于 0.357 毫米)，dashed 表示边框为虚线显示，rgb(0,0,255)表示边框为蓝色。设置方法和运行效果如图 2-59 和图 2-60 所示。

图 2-59　设置 tabWidget 控件样式

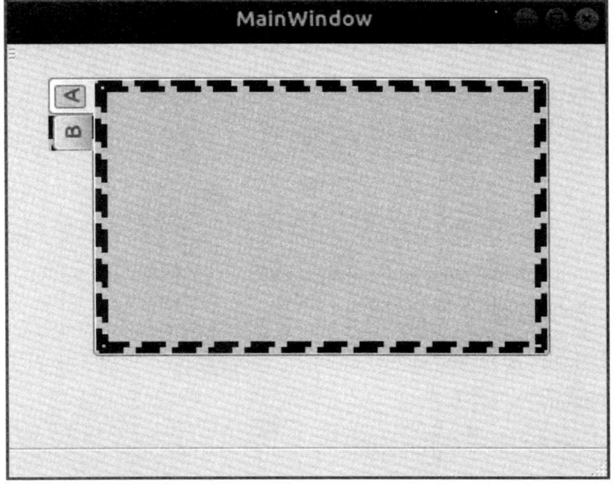

图 2-60　运行效果

任务实施

(1) 打开项目"SmartHome"，进入界面文件"mainwindow.ui"。

(2) 将 tabWidget 控件插入界面并调整到合适的位置。设置该控件的 objectName 属性为“tbMode”。

(3) 设置标签 0 的文本为“单控模式”,标签 1 的文本为“联动模式”。

(4) 在标签 1 状态下单击鼠标右键,在弹出的快捷菜单中选择“插入页”→“在当前页之后”命令,修改标签的文本为“自定义模式”。

(5) 设置完成,运行效果如图 2－53 所示。

任务拓展

◎ 任务描述

智能家居系统在进行系统设置时,一般采用选项卡形式的设置方式,如设备参数设置、系统用户设置等。现需在工作模式界面中采用选项卡组件,且选项卡标题位于左侧。

◎ 任务分析

Qt Creator 开发环境提供了选项卡组件是 tabWidget,位于容器类(Container)组件中。tabWidget 组件选项卡的位置,要可以使用右键菜单,也可以通过代码的方式设置。

◎ 任务实施

在 Qt Creator 开发环境中,选中需要设置选项卡位置的 tabWidget 组件,切换到代码编辑器,首先引入该组件所在类的头文件,然后输入程序代码:

```
ui->tabWidget->setTabEnabled(0,false);
ui->tabWidget->setTabEnabled(1,false);
ui->tabWidget->setTabToolTip(2,tr("Beautiful"));
ui->tabWidget->usesScrollButtons();
```

任务小结

在本任务中,主要学习了以下内容:

1. tabWidget 控件的常用属性。
2. tabWidget 控件的常用方法。
3. 设置 tabWidget 控件样式的方法。
4. 智能家居系统工作模式界面的设计方法。

任务6 设计单控模式界面

任务描述

图 2-61 单控模式界面的设计

本任务进行单控模式界面的设计，如图 2-61 所示。在界面中，使用 Radio Button 控件和 Push Button 控件控制 LED 灯的闪烁和跑马灯效果。使用 Date/Time Edit 控件显示当前系统时间，使用 Radio Button 控件和 Push Button 控件可以进行时间设置。使用 Label 控件显示最高温度和最低温度。

任务目标

1. 掌握 Radio Button 控件和 Date/Time Edit 控件的常用属性。
2. 掌握 Radio Button 控件和 Date/Time Edit 控件的常用方法。
3. 掌握设置 Radio Button 控件和 Date/Time Edit 控件样式的方法。

知识准备

1. Radio Button 控件

Radio Button(单选按钮)是 Buttons 控件组中常用的控件之一,用于进行单项选择,如图 2－62 所示。为了防止冲突,该控件要配合 Widget 控件进行使用。

(1) Radio Button 控件的常用属性

① text:设置 Radio Button 控件的显示文本。

② checked:设置 Radio Button 控件是否被选中。

例如,设置一个 Radio Button 控件的显示文本为"打开",默认为选中状态,设置方法如图 2－63 所示。

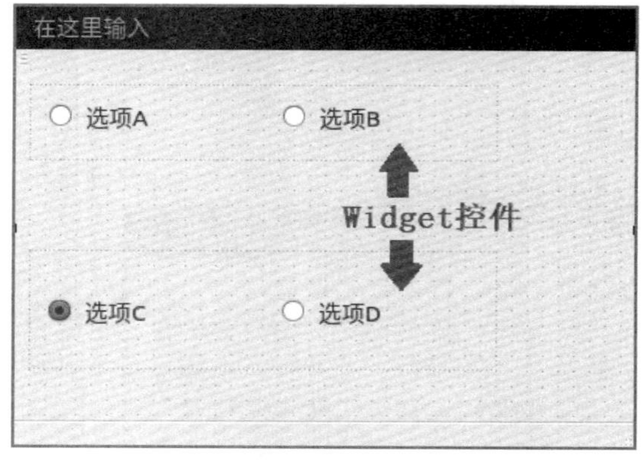

图 2－62　Radio Button 控件

QAbstractButton	
▸ text	打开
▸ icon	
▸ iconSize	16 x 16
▸ shortcut	
checkable	☑
checked	☑
autoRepeat	☐
autoExclusive	☑

图 2－63　Radio Button 控件属性设置

知识链接

Radio Button 控件和 Widget 控件配合使用

在 Qt 控件中,有一些控件是需要配合使用的,如 Radio Button 控件需要与容器控件配合使用。在本项目中,风扇和射灯两组单选按钮本来应该是互不干扰的,但在未设置容器控件时,系统默认 4 个 Radio Button 控件为一组,因此本项目中的风扇和射灯 4 个单选按钮一次只能选一个,如图 2－64 所示。

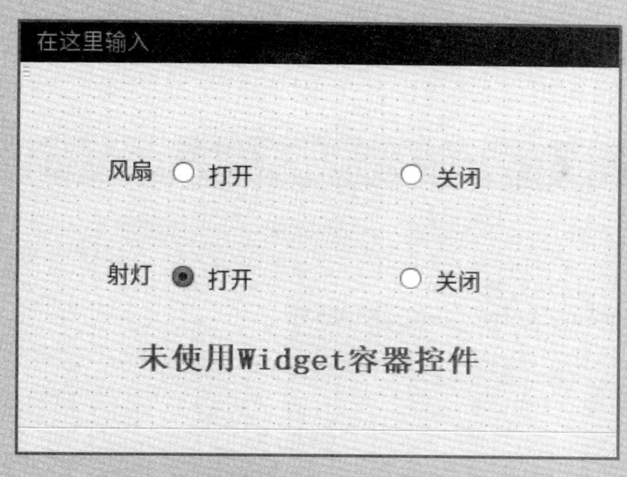

图 2-64 未使用容器的 Radio Button 控件

使用 Widget 控件将两组 Radio Button 控件放入 2 个不同的容器中，即可实现两组单选按钮相互不影响，如图 2-65 所示。

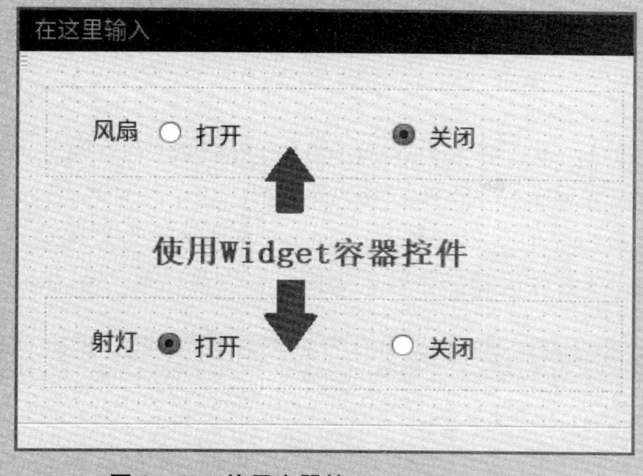

图 2-65 使用容器的 Radio Button 控件

(2) Radio Button 控件的常用方法

① bool isChecked()：返回 Radio Button 控件是否被选中，若选中，则返回 true，否则返回 false。

② void setChecked(bool)：设置 Radio Button 控件的选中状态，如"ui->radioButton->setChecked(true);"。

(3) 设置 Radio Button 控件样式

① 修改文本和背景颜色

与 Qt 中大部分控件一样，使用样式表中的"color"修改按钮文本颜色，使用

“background-color”修改按钮背景颜色。本例中设置“color ： rgb(255，255，0)；”，“background-color ： rgb(0，255，255)；”，表示 Radio Button 控件标签颜色为黄色，背景为青绿色，如图 2－66 所示。

图 2－66　修改 Radio Button 控件的文本和背景颜色

② 设置边框

使用样式表中的“border”对 Radio Button 控件的边框进行设置，在“编辑样式表”中输入“border ： 3px dotted rgb(255，0，255)；”，其中，3px 表示 Radio Button 控件边框的宽度为 3 像素(1 像素约等于 0.357 毫米)，dotted 表示边框为点线显示，rgb(255，0，255)表示边框为洋红色。设置方法和运行效果如图 2－67 和图 2－68 所示。

图 2－67　设置 Radio Button 控件样式

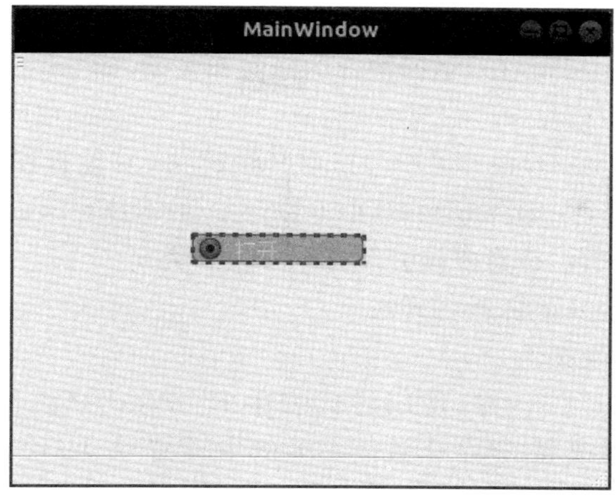

图 2-68　运行效果

2. Date/Time Edit 控件

Date/Time Edit(日期/时间编辑)控件是 Input Widgets 控件组的控件,用于进行时间和日期的编辑,与其功能类似的控件还有 Date Edit(日期编辑)控件和 Time Edit(时间编辑)控件。

(1) Date/Time Edit 控件的常用属性

① date:设置 Date/Time Edit 控件的显示日期,如“19—01—01”。

② time:设置 Date/Time Edit 控件的显示时间,如“PM 2 时 30 分 30 秒”。

③ displayFormat:设置 Date/Time Edit 控件的显示格式。其中,“y”表示年,“M”表示月,“d”表示日,“H/h”表示 24/12 小时制,“m”表示分,“s”表示秒,如“yyyy－MM－dd HH∶mm∶ss”。

例如,设置 Date/Time Edit 控件的显示“2019 年 6 月 30 日 12 时 00 分 00 秒”,设置方法如图 2-69 所示。

QDateTimeEdit	
dateTime	19/6/30 CST 上午12:00:00
date	19/6/30
time	CST 上午12:00:00
maximumDateT...	99/12/31 CST 下午11:59:59
minimumDateTi...	52/9/14 CST 上午12:00:00
maximumDate	99/12/31
minimumDate	52/9/14
maximumTime	CST 下午11:59:59
minimumTime	CST 上午12:00:00
currentSection	YearSection
displayFormat	yyyy-MM-dd HH:mm:ss

图 2-69　Date/Time Edit 控件属性设置

(2) Date/Time Edit 控件的常用方法

① QDateTime dateTime()：返回控件的时间和日期，如“ui->dateTimeEdit->dateTime();”。

② void setDateTime(const QDateTime &dateTime)：设置控件的日期和时间，如“ui->dateTimeEdit->setDateTime(QDateTime::currentDateTime());”，表示设置该控件的时间为当前系统时间，注意要先引入 QDateTime 类。

(3) 设置 Date/Time Edit 控件样式

① 修改文本和背景颜色

与 Qt 中大部分控件一样，使用样式表中的“color”修改按钮文本颜色，使用“background-color”修改按钮背景颜色。本例中设置“color：rgb(255,255,0);”，“background-color：rgb(255,0,0);”，表示 Date/Time Edit 控件标签颜色为黄色，背景为红色，如图 2-70 所示。

图 2-70　修改 Date/Time Edit 控件的文本和背景颜色

② 设置边框

使用样式表中的“border”对 Date/Time Edit 控件的边框进行设置，在“编辑样式表”中输入“border：6px groove rgb(0,0,255);”，其中，6px 表示 Radio Button 控件边框的宽度为 6 像素(1 像素约等于 0.357 毫米)，groove 表示边框为 3D 显示，rgb(0,0,255)表示边框为蓝色。设置方法和运行效果如图 2-71 和图 2-72 所示。

图 2-71　设置 Date/Time Edit 控件样式

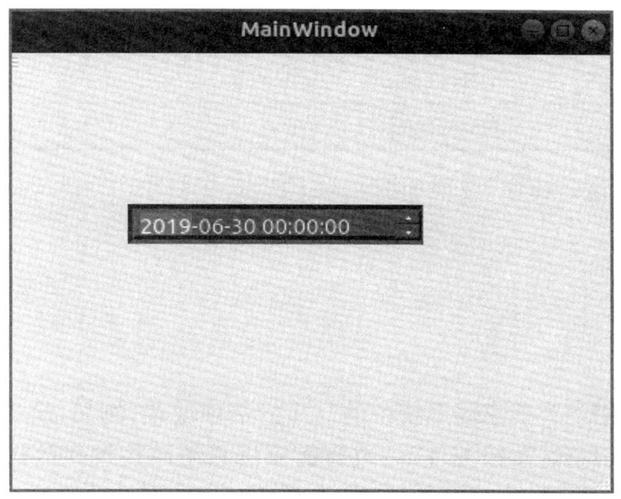

图 2-72　运行效果

任务实施

(1) 打开项目“SmartHome”,进入界面文件“mainwindow. ui”。

(2) 按照图 2-61 所示的布局,将相应的控件拖动至界面中,注意,要拖入两个 Widget 控件,分别存放两组 Radio Button 控件(“闪烁”和“跑马灯”,“小时”和“分钟”)。各控件属性设置如表 2-9 所示。

表 2-9 单控模式控件属性设置

控件类型	控件名	属性设置
QPushButton	btnLED	text：LED 开
QRadioButton	rbLEDShan	text:闪烁。checked：true
QRadioButton	rbLEDPao	text:跑马灯
QLabel	默认	text:当前时间
QDateTimeEdit	dtEdit	displayFormat:“yyyy—MM—dd HH：mm：ss”
QRadioButton	rbChgHour	text:小时。checked：true
QRadioButton	rbChgMin	text:分钟
QCheckBox	chkDtSys	text:系统时间
QPushButton	btnAddTime	text:加
QPushButton	btnSubTime	text:减
QLabel	默认	text:最高温度
QLabel	默认	text:最低温度
QLabel	lblMaxTemp	text：0
QLabel	lblMinTemp	text：0

(3) 设置完成,运行程序,效果如图 2-61 所示。

任务拓展

◎ 任务描述

单选按钮控件用于智能家居系统中的互斥的选项设置,例如,设备参数设置、环境变量设置等。现需使用单选按钮控件,完成智能家居系统单控模式的选项设置,要求点击选中某个选项后,再点击可以取消选择。

◎ 任务分析

Qt Creator 开发环境中提供的单选控制按钮是 Radio Button 控件,该控件在默认状态下与其他单选控件是互斥的,选中以后是无法取消的。可以通过 RadioGroup. getChildAt(i)的方式设置所有 Radiobutton 的 setOnClickListener 方法,通过取消所有 RadioButton 的选中状态达到取消选择的效果。

◎ 任务实施

在智能家居系统的单控模式界面中,选中选项设置单选控件的命令和槽方式,在代码编辑器中输入以下代码:

```
for (int i = 0; i < mRgHstj.getChildCount(); i++) {
    private void setHcfs(View view, String hcfs) {
    if (hcfs.equals(mHsfs)) {
        mRgHstj.clearCheck();
        mHsfs = "";
    } else {
        mHsfs = hcfs;
        mRgHstj.check(view.getId());
    }
}}
```

任务小结

在本任务中，主要学习了以下内容：

1. Radio Button 控件和 Date/Time Edit 控件的常用属性。
2. Radio Button 控件和 Date/Time Edit 控件的常用方法。
3. 设置 Radio Button 控件和 Date/Time Edit 控件样式的方法。
4. 智能家居系统单控模式界面的设计方法。

任务7 设计联动模式界面

任务描述

本任务进行智能家居软件系统联动模式的设计，如图 2-73 所示。在界面中使用 Date Edit 控件进行查询，Time Edit 控件控制联动模式，Label 控件用于查询结果显示和当前模式显示，Combo Box 控件用于智能家居器件和控制方式的选择。

图 2-73　联动模式界面的设计

任务目标

1. 掌握 Combo Box 控件的常用属性。
2. 掌握 Combo Box 控件的常用方法。
3. 掌握设置 Combo Box 控件样式的方法。

知识准备

Combo Box(下拉列表框)控件是 Input Widgets 控件组中常用的控件之一，用户通过选择下拉列表中的项目，完成数据输入，如图 2-74 所示。

图 2-74　Combo Box 控件

1. Combo Box 控件的常用属性

(1) currentIndex：Combo Box 控件当前选项的索引。

(2) maxCount：Combo Box 控件最大下拉列表项的数量。

2. Combo Box 控件的常用方法

(1) void setCurrentIndex(int index)：设置 Combo Box 控件当前选索引，如“ui－＞comboBox－＞setCurrentIndex(0);”。

(2) void clear()：清空 Combo Box 控件列表项，如“ui－＞comboBox－＞clear();”。

(3) void QComboBox::addItem(const QString &atext)：为 Combo Box 控件添加一个列表项，如“ui－＞comboBox－＞addItem(“联动模式”);”。添加选项的位置由该控件的“insertPolicy”属性决定，如“InsertAtBottom”表示在该控件的底部插入列表项。

3. 设置 Combo Box 控件样式

(1) 修改文本和背景颜色

与 Qt 中大部分控件一样，使用样式表中的“color”修改按钮文本颜色，使用“background-color”修改按钮背景颜色。本例中设置“color：rgb(255,0,255);”，“background-color：rgb(255,255,0);”，表示 Combo Box 控件列表项的字体颜色为粉红色，背景为黄色，如图 2－75 所示。关于 Combo Box 组件设置字体和颜色的方法，请参考配套资料中“视频”文件夹中的“Qt 程序员基本素养之设置字体与颜色.mp4”，或扫描下方的二维码。

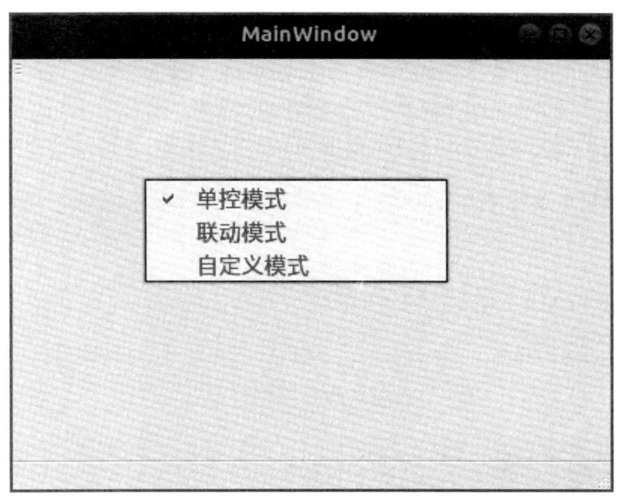

设置字体与颜色

图 2－75 修改 Combo Box 控件的文本和背景颜色

(2) 设置边框

使用样式表中的“border”对 Combo Box 控件的边框进行设置，在“编辑样式表”中输入“border：4px solid rgb(255,0,255);”，其中，4px 表示 Combo Box 控件边框的宽度为

4 像素(1 像素约等于 0.357 毫米),solid 表示边框为实线显示,rgb(255,0,255)表示边框为紫色。设置方法和运行效果如图 2 - 76 和图 2 - 77 所示。

图 2 - 76　设置 Combo Box 控件样式

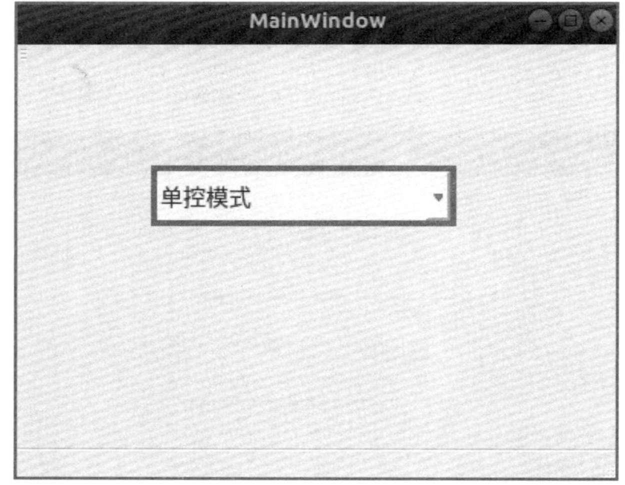

图 2 - 77　运行效果

任务实施

(1) 打开项目“SmartHome”,进入界面文件“mainwindow. ui”。

(2) 按照图 2 - 73 所示的布局,将相应的控件拖动至界面中,各控件属性设置如表 2 - 10 所示。

表 2-10 联动模式控件属性设置

控件类型	控件名	属性设置
QLabel	默认	text:日历查询
QDateEdit	dateEdit	displayFormat : yyyy—MM—dd
QLabel	默认	text:现在是
QLabel	lblSea	text:冬季
QLabel	默认	text:时间设置
QTimeEdit	timeEdit	displayFormat : HH : mm
QLabel	默认	text:联动模式
QLabel	lblMode	text:无模式
QLabel	默认	text:器件
QComboBox	cbQj	默认
QLabel	默认	text:控制
QComboBox	cbKz	默认

(3) 双击“cbQj”控件,弹出“编辑组合框”对话框,点击“+”符号添加智能家居器件列表项,修改“text”属性,显示文本,如图 2-78 所示。

图 2-78 “cbQj”控件编辑组合框设置

(4) 双击“cbKz”控件,弹出“编辑组合框”对话框,点击“+”符号添加控制列表项,修改“text”属性,显示文本,如图 2-79 所示。

图 2-79 “cbKz”控件编辑组合框设置

(5) 设置完成,运行程序,如图 2-73 所示。

任务拓展

◎ 任务描述

在智能家居系统中,通常需要对设备进行联动控制,例如,当温度到达一定范围后,打开或关闭风扇。现需在联动模式界面中,添加下拉列表框,存储设备名称,实现在下拉列表框中选中一项设备后,显示该设备的运行状态。

◎ 任务分析

Qt Creator 开发环境提供的下拉列表框控件是 QComboBox,可以通过 insertItem 方法,在该控件中添加设备的名称,再通过 currentIndexChanged 方法,实现联动控制。

◎ 任务实施

在智能家居系统的联运模式界面中,选中下拉列表框控件的命令和槽方式,在代码编辑器中输入以下代码:

```
void SmartHomeClass::on_comboBox_A_currentIndexChanged(int index)
{
    if (sender() == ui->comboBox_A)
    {
        ui->comboBox_B->blockSignals(true);
```

```
        ui->comboBox_B->setCurrentIndex(index);
        ui->comboBox_B->blockSignals(false);
    }
    else if (sender() == ui->comboBox_B)
    {
        ui->comboBox_A->blockSignals(true);
        ui->comboBox_A->setCurrentIndex(index);
        ui->comboBox_A->blockSignals(false);
    }
}
```

任务小结

在本任务中，主要学习了以下内容：

1. Combo Box 控件的常用属性。
2. Combo Box 控件的常用方法。
3. 设置 Combo Box 控件样式的方法。
4. 智能家居系统联动模式界面的设计方法。

任务8 设计自定义模式界面

任务描述

本任务进行智能家居软件系统自定义控制模式的设计，如图 2-80 所示。在界面中使用 Combo Box 控件和 Spin Box 控件对自定义条件进行设置，使用 Check Box 控件进行设备的控制，使用 Push Button 控件控制自定义模式的开启和关闭。

图 2－80　自定义模式界面的设计

任务目标

1. 掌握 Check Box 控件的常用属性。
2. 掌握 Check Box 控件的常用方法。
3. 掌握设置 Check Box 控件样式的方法。

知识准备

Check Box(复选框按钮)控件是 Buttons 控件组中常用的控件之一,用户通过选择多个选项,完成数据输入,如图 2－81 所示。

图 2－81　Check Box 控件

1. Check Box 控件的常用属性

(1) text：设置 Check Box 控件的显示文本。

(2) checked：设置该 Check Box 控件是否被勾选。

例如，设置一个 Check Box 控件的显示文本为“空调”，默认为勾选状态，设置方法如图 2－82 所示。

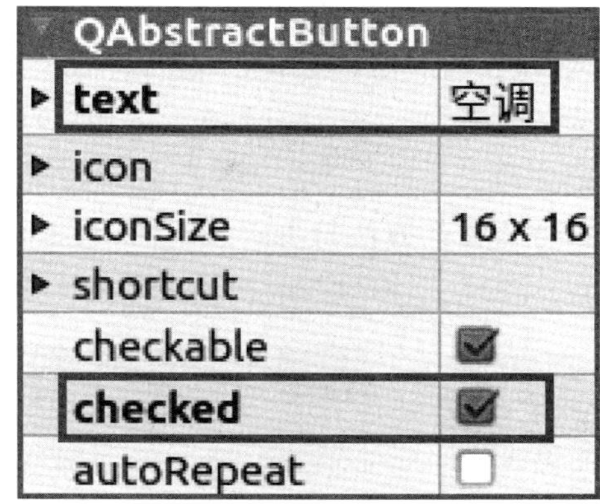

图 2－82　Check Box 控件属性设置

2. Check Box 控件的常用方法

(1) bool isChecked()：返回 Check Box 控件是否被勾选，若勾选则返回 true，否则返回 false。

(2) void setChecked(bool)：设置 Check Box 控件的勾选状态，如“ui－>checkBox－>setChecked(true)；”。

3. 设置 Check Box 控件样式

(1) 修改文本和背景颜色

与 Qt 中大部分控件一样，使用样式表中的“color”修改按钮文本颜色，使用“background-color”修改按钮背景颜色。本例中设置“color：rgb(255，0，0)；”，“background-color：rgb(0，0，0)；”，表示 Check Box 控件列表项的字体颜色为红色，背景为黑色，如图 2－83 所示。

图 2－83　修改 Check Box 控件的文本和背景颜色

（2）设置边框

使用样式表中的“border”对 Check Box 控件的边框进行设置，在“编辑样式表”中输入“border：4px dashed rgb(255,255,0);”，其中，4px 表示 Check Box 控件边框的宽度为 4 像素（1 像素约等于 0.357 毫米），dash 表示边框为虚线显示，rgb(255,255,0)表示边框为黄色。设置方法和运行效果如图 2－84 和图 2－85 所示。关于 Qt 中应用不同样式设置边框的方法与步骤，请参照配套资料中“视频”文件夹中的“Qt 程序员基本素养之设置边框样式.mp4”，或扫描下方的二维码。

设置边框样式

图 2－84　设置 Check Box 控件边框样式

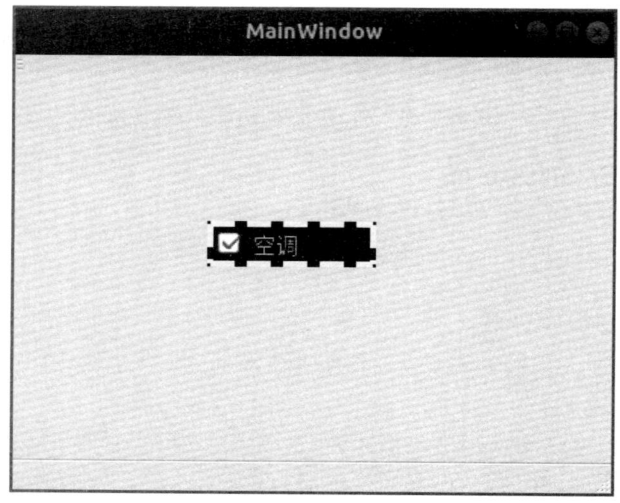

图 2－85　运行效果

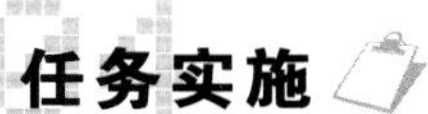

（1）打开项目“SmartHome”，进入界面文件“mainwindow. ui”。

（2）按照图 2－80 所示的布局，将相应的控件拖动至界面中，各控件属性设置如表 2－11 所示。

表 2－11　联动模式控件属性设置

控件类型	控件名	属性设置
QLabel	默认	text：对象
QLabel	默认	text：条件
QLabel	默认	text：阈值
QComboBox	cbDx	默认
QComboBox	cbTj	默认
QSpinBox	spYz	默认
QCheckBox	cbFs	text：风扇
QCheckBox	cbSd	text：射灯
QCheckBox	cbLED	text：LED
QCheckBox	cbCl	text：窗帘
QCheckBox	cbSmg	text：数码管
QCheckBox	cbFmq	text：蜂鸣器
QPushButton	btnZdy	text：自定义模式开启
QComboBox	cbMode	选项：模式 1、模式 2、模式 3
QPushButton	btnSave	text：保存
QPushButton	btnRead	text：读取

（3）设置完成，运行程序，如图 2－80 所示。

任务拓展

◎ 任务描述

在智能家居系统中，复选框在一般情况下，可以同时保持选中状态。但有时出于系统控制的需求，需要禁止两个复选框同时选中。现在自定义模式界面中，当需要设置 LED 灯工作状态时，不能将数字量方式和模拟量方式同时选中。

◎ 任务分析

Qt Creator 开发环境提供的复选框组件是 QCheckBox，该组件默认状态下未提供同时禁用两个复选框选中状态的属性或方法，需要首先调用 Checkable 方法，然后在信号与槽中编写代码，通过 if 语句设置两个复选框组件的状态。

◎ 任务实施

在智能家居系统的自定义模式界面中，选中表示 LED 灯工作状态的 QCheckBox 组件，在信号与槽中编写代码：

```
connect(ui->A, SIGNAL(toggled(bool)),this, SLOT(setBCheckable(bool)));
void MyClass::setBCheckable(bool AChecked)
{
    if(AChecked)
    {
        ui->B->setCheckable(false);
    }
    else
    {
        ui->B->setCheckable(true);
    }
}
```

任务小结

在本任务中，主要学习了以下内容：

1. Check Box 控件的常用属性。
2. Check Box 控件的常用方法。
3. 设置 Check Box 控件样式的方法。
4. 智能家居系统自定义控制模式界面的设计方法。

任务9 利用信号和槽机制实现设备状态切换

任务描述

使用 Qt 的信号和槽机制实现智能家居系统软件界面中 LED 灯、蜂鸣器、窗帘等设备状态的切换。例如，通过单击界面中的“btnLED1”按钮控件，实现 LED 灯由打开状态到关闭状态的切换，如图 2－86 所示。

图 2－86　设备状态切换

任务目标

1. 掌握 Qt 中信号和槽的工作原理。
2. 掌握信号和槽的设置方法。

知识准备

1. Qt 中信号(Signal)和槽(Slot)机制

在 Qt 中使用信号和槽机制完成用户对界面操作的响应，是一种程序对象之间的通信机制。其中，信号是在某种情况或动作下被触发，槽则是用于执行信号的控制方法，如

图 2－87 所示，用户单击了界面中的按钮控件，标签控件就会显示“你单击了一下按钮”，其中，按钮控件作为被触发的控件，是信号的对象，触发动作“单击”是信号的执行方法。在信号和槽机制中，由窗口对象接收和处理信号，使用槽方法执行相应的动作(方法或函数)。

图 2－87　单击按钮操作

2. 信号和槽的设置方法

在 Qt Creator 中创建一个应用程序，利用信号和槽机制实现图 2－87 所示的功能。

(1) 方法 1

① 在界面中，右键单击按钮控件，在弹出的快捷菜单中选择“转到槽”命令，进入下一个步骤，如图 2－88 所示。

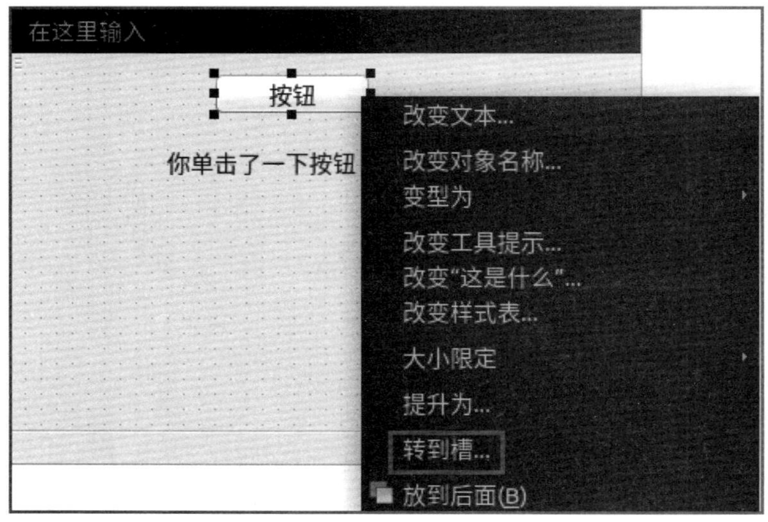

图 2－88　按钮对象转到槽

② 在“转到槽”对话框的“选择信号”列表中选择“clicked()”(单击事件)信号，单击“确定”按钮进入下一个步骤，如图 2－89 所示。

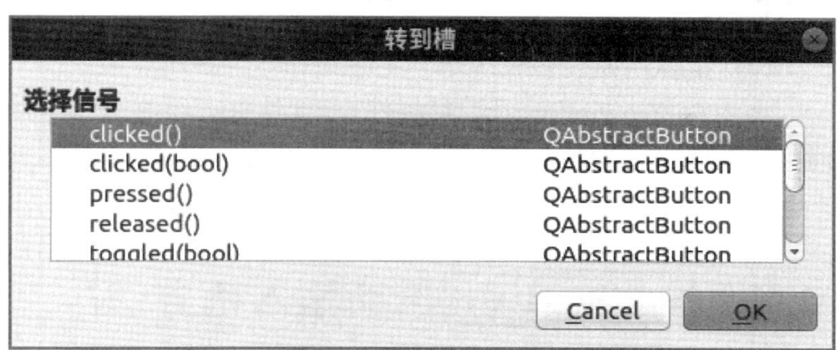

图 2－89　选择信号

③ 页面自动跳转至“mainwindow. cpp”源文件，在此文件中同时会自动添加一个“void MainWindow::on_pushButton_clicked()”的槽方法。另外，还会在“mainwindow. h”头文件中的“private slots”(槽方法)区域声明“on_pushButton_clicked()”这个方法，如图 2－90 所示。

```
mainwindow.h    on_pushButton_clicked(): void
#ifndef MAINWINDOW_H
#define MAINWINDOW_H

#include <QMainWindow>

namespace Ui {
class MainWindow;
}

class MainWindow : public QMainWindow
{
    Q_OBJECT

public:
    explicit MainWindow(QWidget *parent = 0);
    ~MainWindow();

private slots:
    void on_pushButton_clicked();    声明槽方法

private:
    Ui::MainWindow *ui;
};

#endif // MAINWINDOW_H
```

图 2－90　自动声明槽方法

④ 在槽方法中输入“ui－>label－>setText(“你单击了一下按钮”);”，如图 2－91 所示。

```
void MainWindow::on_pushButton_clicked()
{
    ui->label->setText("你单击了一下按钮。");
}
```

图 2－91　槽方法设计

Qt 信号与槽机制

⑤ 设置完成，运行测试。关于 Qt Creator 开发环境中，信号和槽的设置方法，请参照本书配套资料中“视频”文件夹中的“Qt 程序员基本素养之 Qt 信号与槽机制. mp4”，或扫描下方的二维码。

(2) 方法 2

① 在“mainwindow. h”头文件中先声明一个自定义的槽方法“void onclick()”，如图 2 - 92 所示。

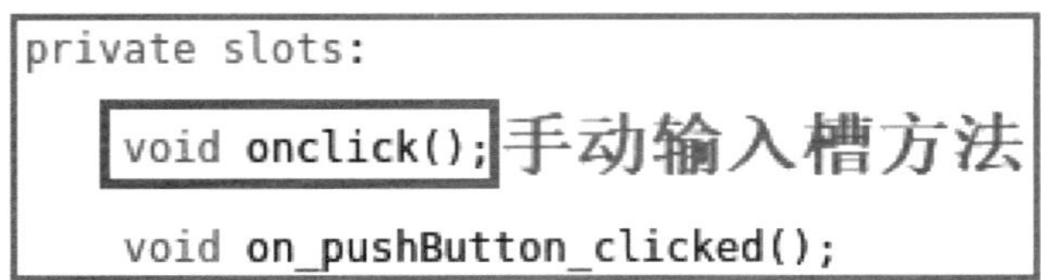

图 2 - 92　手动声明槽方法

② 在“mainwindow. cpp”源文件的构造方法(源文件中的第一个方法)中输入“connect(ui—>pushButton,SIGNAL(clicked()),this,SLOT(onclick()));”，将信号和槽连接起来，如图 2 - 93 所示。其中，“connect”是 Qt 提供的将信号和槽连接起来的方法；“ui—>pushButton”是指信号对象为按钮控件；“SIGNAL(clicked())”是设置信号方法为“clicked()”，这是 Push Button 控件自带的信号方法；“this”是信号的接收对象，指的是 MainWindow 窗口对象本身；“SLOT(onclick())”是指设置槽方法为“onclick()”，这是在头文件中自定义的槽方法。

```
mainwindow.cpp                    MainWindow::onclick(): void
#include "mainwindow.h"
#include "ui_mainwindow.h"

//#pragma execution_character_set("utf-8")

MainWindow::MainWindow(QWidget *parent) :
    QMainWindow(parent),
    ui(new Ui::MainWindow)
{
    ui->setupUi(this);
    connect(ui->pushButton,SIGNAL(clicked()),this,SLOT(onclick()));
}
```

图 2 - 93　连接信号和槽

③ 在“mainwindow. cpp”源文件的底部写入“onclick()”槽方法，如图 2 - 94 所示。

```
void MainWindow::onclick()
{
    ui->label->setText("你单击了一下按钮。");
}
```

图 2 - 94　写入槽方法

④ 选择 Qt Creator 菜单【工具】→【选项】，在弹出的“选项”对话框左侧选择“文本编

辑器”，在右侧“行为”选项卡的“文件编码”部分选择默认编码为“UTF-8”，点击“确定”按钮，如图 2－95 所示。

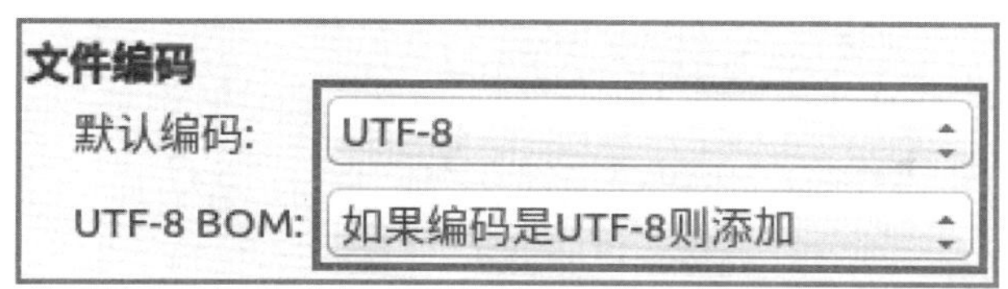

图 2－95　设置编码格式

⑤ 设置完成，运行测试。

3. Qt 中常用控件的信号方法与槽方法

下面介绍几种在本项目中经常用到的控件的信号方法与槽方法。

(1) Combo Box 控件

Combo Box 控件常用的信号方法为“currentIndexChanged(int/QString)”，表示下拉列表框的当前索引改变时触发某个事件，此方法传递的参数是下拉列表框当前选项的索引(int)或文本(QString)。

例如，在智能家居系统软件的“联动模式”中选择“器件”下拉列表框，自动更改动作选项，即当选择左侧下拉列表框中的“灯”时，右侧的下拉列表框中会自动添加“全开”和“全关”两个选项，“器件”下拉列表框和“控制”下拉列表框的选项设置如表 2－12 所示。

表 2－12　联动模式器件选项设置

器件列表	控制列表
灯	全开、全关
射灯	打开、关闭
蜂鸣器	开、关
步进电机	正转、反转、停止
风扇	打开、关闭
数码管	开、关

实例分析：本实例是通过“器件”下拉列表框的选项切换，实现在“控制”下拉列表框中添加相关的选项，因此，信号对象是“cbQj”(“器件”下拉列表框)。具体操作步骤如下：

① 右键单击“cbQj”控件，在弹出的快捷菜单中选择“转到槽”命令，进入下一个步骤。

② 选择“currentIndexChanged(int)”信号，单击“确定”按钮进入下一个步骤。

③ 在“void MainWindow::on_cbQj_currentIndexChanged(int index)”槽方法中加入如下代码：

```
void MainWindow::on_cbQj_currentIndexChanged(int index)
{
    ui->cbKz->clear();//清空控制列表
    if(index==0){//当器件列表下标为0时
        ui->cbKz->addItem("全开");
        ui->cbKz->addItem("全关");
    }
    if(index==1||index==4){//当器件列表下标为1或4时
        ui->cbKz->addItem("打开");
        ui->cbKz->addItem("关闭");
    }
    if(index==2||index==5){//当器件列表下标为2或5时
        ui->cbKz->addItem("开");
        ui->cbKz->addItem("关");
    }
    if(index==3){//当器件列表下标为3时
        ui->cbKz->addItem("正转");
        ui->cbKz->addItem("反转");
        ui->cbKz->addItem("停止");
    }
}
```

④ 设置完成,运行测试。

(2) Time Edit 控件

Time Edit 控件的常用信号方法为“timeChanged(QTime)”,表示当前时间改变时触发某个事件,传递的参数为当前时间。

例如,在本项目中,实现智能家居应用的 3 种模式,即“日间模式”“夜间模式”和“安防模式”。设置时间,当时间介于 6:00 至 18:00 区间时,进入日间模式;当时间介于 18:00 至 00:00 区间时,进入夜间模式;当时间介于 00:00 至 6:00 区间时,进入安防模式。

实例分析:本项目通过修改“timeEdit”控件的时间实现智能家居模式的切换,对应的模式显示在标签控件“lblMode”中,因此,信号对象是“timeEdit”控件,具体操作步骤如下:

① 右键单击“timeEdit”控件,在弹出的快捷菜单中选择“转到槽”命令,进入下一个步骤。

② 选择“timeChanged(QTime)”信号,单击“确定”按钮进入下一个步骤。

③ 在“void MainWindow::on_timeEdit_timeChanged(const QTime &time)”槽方法中加入如下代码：

```
void MainWindow::on_timeEdit_timeChanged(const QTime &time)
{
    QString time1 = time.toString("HH : mm");//将 time1Edit 控件的时间转为字符串,格式为:“小时:分钟”
    if(time1>="06 : 00"&&time1<="18 : 00"){//当时间介于 6:00~18:00 之间时
        ui->lblMode->setText("日间模式");
    }
    if((time1>="18:00"&&time1<="23:59")||(time1>="00 : 00"&&time1<="00 : 10")){//当时间介于 18:00~00:00 之间时
        ui->lblMode->setText("夜间模式");
    }
    if(time1>="23:59"&&time1<="06:00"){//当时间介于 00:00~06:00 之间时
        ui->lblMode->setText("安防模式");
    }
}
```

④ 设置完成,运行测试。

(3) Date Edit 控件

Date Edit 控件的常用信号方法为“dateChanged(QDate)”,表示当前日期改变时触发某个事件,传递的参数为当前日期。

例如,在智能家居系统软件中,利用日历控件查询显示当天日期,并判断季节,更改日期时,自动判断季节(假设春季为 3 月至 5 月)。

实例分析:本项目通过修改“dateEdit”控件的日期,实现对应季节的变化。季节变化显示在“lblSea”标签控件中,因此,信号对象是“dateEdit”控件,具体操作步骤如下:

① 右键单击“dateEdit”控件,在弹出的快捷菜单中选择“转到槽”命令,进入下一个步骤。

② 选择“dateChanged(QDate)”信号,单击“确定”按钮进入下一个步骤。

③ 在“void MainWindow::on_dateEdit_dateChanged(const QDate &date)”槽方法中加入如下代码:

```
void MainWindow::on_dateEdit_dateChanged(const QDate &date)
{
    int month = date.month();//获取 dateEdit 控件月份
    if(month> = 3&&month< = 5){//当月分介于 3~5 月时
        ui->lblSea->setText("春季");
    }
    if(month> = 6&&month< = 8){//当月分介于 6~8 月时
        ui->lblSea->setText("夏季");
    }
    if(month> = 9&&month< = 11){//当月分介于 9~11 月时
        ui->lblSea->setText("秋季");
    }
    if(month = = 12||month< = 2){//当月分介于 12~2 月时
        ui->lblSea->setText("冬季");
    }
}
```

④ 设置完成,运行测试。

任务实施

(1) 打开项目“SmartHome”,进入界面文件“mainwindow. ui”。在界面中,右键单击 btnLED1 按钮控件,在弹出的快捷菜单中选择“转到槽”命令,进入下一个步骤。

(2) 选择“click()”信号,单击“确定”按钮进入下一个步骤。

(3) 在槽方法中输入如下代码,此代码的功能是点击 LED1 灯的图标,关闭 LED1 灯。

```
void MainWindow::on_btnLED1_clicked()
{
    ui->btnLED1->setStyleSheet("border-image: url();");
}
```

(4) 使用相同的方法,完成“btnLED2”“btnLED3”“btnLED4”“btnStepMotor”“btnBuzz”控件的设置,代码如下:

```
void MainWindow::on_btnLED2_clicked()
{
    ui->btnLED2->setStyleSheet("border-image: url();");
}
```

```
void MainWindow::on_btnLED3_clicked()
{
    ui->btnLED3->setStyleSheet("border-image: url();");
}
void MainWindow::on_btnLED4_clicked()
{
    ui->btnLED4->setStyleSheet("border-image: url();");
}
void MainWindow::on_btnStepMotor_clicked()
{
    ui->btnStepMotor->setStyleSheet("border-image: url();");
}
void MainWindow::on_btnBuzz_clicked()
{
    ui->btnBuzz->setStyleSheet("border-image: url(:/images/red.png);");
}
```

(5) 运行测试,如图 2-96 所示,单击各图片按钮控件可实现设备状态的切换。

图 2-96 运行效果

任务拓展

◎ 任务描述

智能家居系统中,通过点击按钮控制设备的运行状态。现需设置各按钮的点击事件,控制对应的智能家居设备,执行相关的功能。

◎ 任务分析

Qt Creator 开发环境提供了 5 种信号与槽的连接方式：

1. 默认连接：如果事件位于同一个线程中，则等价于直连，在不同线程等价于队列连接。

2. 直连：信号和槽在同一线程中用。

3. 队列连接：槽函数不会立刻执行，等到接受者函数执行完才会执行槽函数。

4. 阻塞队列连接：槽函数调用时机和队列连接一样，只是会在发送者所在的线程会阻塞，直到槽函数运行完，发送者和接受者绝对不能在同一个线程。

5. Qt::UniqueConnect 唯一连接：一个信号只能有一个槽连接。

◎ 任务实施

进入 QT Designer 界面，点击信号槽编辑按钮，进入信号槽编辑界面，拖动按钮，对按钮的信号槽进行编辑，可以选用已有的槽，或者点击编辑按钮，新增自定义槽，如图 2-97 所示。关联之后，在 ui_ * . h 中会自动添加一行，QObject::connect(BtnStart, SIGNAL(clicked()), AlarmCenterClass, SLOT(sbclslot()));然后在 dialog 类的文件中实现该槽。

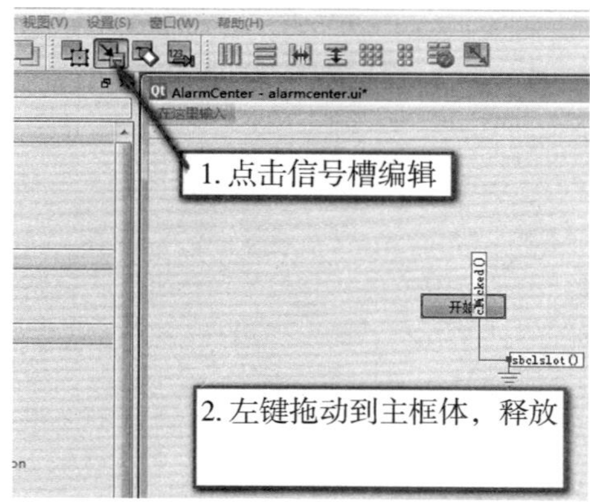

图 2-97　智能家居信号和槽设置

任务小结

在本任务中，主要学习了以下内容：

1. Qt 中的信号和槽机制。
2. Qt 中信号方法和槽方法的设置步骤。
3. Qt 中常用控件的信号和槽方法。
4. Qt 中控件联动设置的方法。

项目总结

在本项目中学习了以下内容：

(1) Qt GUI 项目的创建。在创建项目向导中应注意项目名称首字母要大写，并选择合适的“基类”。项目创建完成后要对项目的构建目录进行设置。

(2) Qt 图形化界面中控件的创建和设置。用户可以直接使用拖动控件的方式完成控件的创建。对于控件的设置，可以利用控件的“属性”窗口进行设置，也可以在源文件中使用“ui－＞控件名－＞set属性名(属性值)”的方式进行设置。控件的样式可以通过“编辑样式表”对话框进行设置。

(3) 控件的命名尽量使用有意义的英文或拼音，命名时要使用“驼峰命名法”。

(4) 使用信号和槽机制进行控件状态的切换。信号和槽的建立可以使用右键单击信号对象控件，在弹出的快捷菜单中选择“转到槽”命令方法，也可以使用“connect(信号对象,SIGNAL(信号方法),槽对象,SLOT(槽方法))”的方法来实现。一般信号方法是系统提供的方法，不需要用户自行定义，而槽方法是用户自定义的方法，需要先在头文件的“private slots”区域部分声明该方法。

项目评价

1. 考核评价表

<table>
<tr><th>考核指标</th><th>目标</th><th>标准</th><th>考核方式</th><th>权重</th><th>自评</th><th>评价</th></tr>
<tr><td>出勤与安全</td><td>让学生养成良好的工作习惯</td><td rowspan="6">100</td><td rowspan="6">考核总分为 100 分，按照 6 个项目的权重比例给分，其中“项目展示汇报”的具体评价方式参见“任务完成度评价表”</td><td>0.10</td><td></td><td></td></tr>
<tr><td>工程实践表现</td><td>学生参与工作的态度与能力</td><td>0.15</td><td></td><td></td></tr>
<tr><td>回答问题</td><td>学生掌握知识与技能的程度</td><td>0.15</td><td></td><td></td></tr>
<tr><td>团队合作情况</td><td>小组团队合作情况</td><td>0.10</td><td></td><td></td></tr>
<tr><td>项目展示汇报</td><td>任务完成及汇报情况</td><td>0.40</td><td></td><td></td></tr>
<tr><td>拓展能力</td><td>能力提升状态，任务完成情况</td><td>0.10</td><td></td><td></td></tr>
<tr><td>创造性学习（附加分）</td><td>考核学生的创新意识</td><td>10</td><td>教师以 10 分为上限，对项目实践过程中有突出表现和创新做法的学生予以奖励。</td><td>1.00</td><td></td><td></td></tr>
<tr><td colspan="5">学习成绩＝出勤情况×0.1＋项目实践表现×0.15＋回答问题×0.15＋团队合作情况×0.1＋项目展示汇报×0.4＋拓展能力×0.1＋附加分</td><td></td><td></td></tr>
</table>

2. 任务完成度评价表

任务	分值	得分
任务 1:设计智能家居软件背景界面	10	
任务 2:设计环境数据检测界面	10	
任务 3:设计图片按钮控制界面	10	
任务 4:设计空调控制界面	10	
任务 5:设计工作模式界面	10	
任务 6:设计单控模式界面	10	
任务 7:设计联动模式界面	10	
任务 8:设计自定义模式界面	10	
任务 9:利用信号和槽机制实现设备状态切换	20	

3. 项目总结

项目学习情况:
心得与反思:

项目3

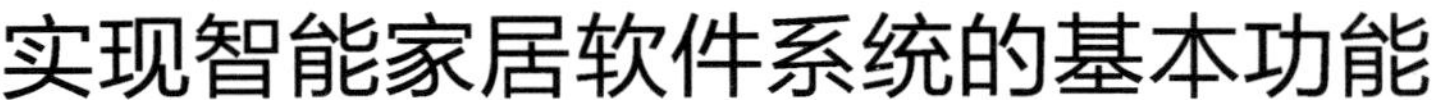

实现智能家居软件系统的基本功能

项目概述

本项目主要介绍实现智能家居软件系统基本功能的方法与步骤，如环境检测数据的获取，LED灯、蜂鸣器、窗帘等电器的控制，联动模式、自定义模式功能的实现。通过实现智能家居软件系统的功能，掌握Qt程序设计的基本语法。

学习目标

- 掌握Qt GUI项目的结构和库文件的引入方法。
- 掌握Qt中变量和运算符的类型及使用方法。
- 掌握程序设计的3种基本结构，掌握Qt中分支结构的语法规范。
- 掌握“宏”的概念，使用宏定义简化代码的书写量，提升代码的书写效率。
- 掌握Qt中方法（函数）的定义和调用方法。

任务1　引入库和必要的文件

任务描述

对运行于 PC 端的智能家居软件所需的库文件“lib-X86. so”进行加载，使用“＃include”命令，导入智能家居软件系统所需的必要文件。

任务目标

1. 掌握 Qt 中库文件的概念。
2. 掌握在 Qt 程序中添加库文件的方法。

知识准备

1. 库文件概述

库文件是将属性和方法封装在一个文件中供程序调用，封装后的库文件无法直接查看源代码，也无法对库中的方法和属性进行修改，提升了代码的安全性，也便于程序员对代码进行维护。库文件通常有静态库文件和动态库文件两种，Windows 操作系统中的静态库文件就是. lib 文件，动态库文件就是. dll 文件。Linux 操作系统的静态库文件是. a 文件，动态库文件是. so 文件。这两种库文件的区别在于，静态库文件被调用时直接加载到内存中，而动态库文件是在需要的时候加载到内存中，不需要的时候就从内存中释放。

2. 在 Qt 中添加库文件

库文件要在. pro 文件中添加，在文件中加入“LIBS＋＝库文件路径/库文件名”。智能家居软件系统需要加载两个库文件，“lib-X86. so”是运行于 Linux 操作系统 PC 端的软件所需要的动态链接库文件，“lib-ARM. so”是在网关中运行程序所需要的动态链接库。

3. 文件包含命令

Qt 中的文件包含是指将另一个库文件或头文件的内容全部合并到本程序中。在

C++语言中使用“#include”命令进行文件包含的操作，命令格式如下：

```
#include <文件名/类名>或者#include “文件名/类名”
```

“文件包含”的两种格式都可以引入指定的类或文件。通常，第1种格式是将文件名或类名用尖括号标记起来，用于包含由系统提供的并存放在指定子目录中的头文件或类，如“#include<QDialog>”。第2种格式是将文件名或类名用双引号标记，用于包含由用户自定义的存放在当前目录或其他目录下的头文件或类，如#include “smartHome.h”。

4. 条件编译命令

在程序运行前，所有的语句必须先由编译系统完成编译，但有时也希望编译器根据一定的条件去编译源文件不同的部分，即“条件编译”。条件编译使得同一源程序在不同的编译条件下得到不同的目标代码。C++中常用的条件编译命令格式如下：

```
#ifdef(ifndef)<标识符>
    <程序段1>
[#else
    <程序段2>
]
```

其中，ifdef(ifndef)表示如果标记已(或未)被#define命令定义过，则编译程序段1。中括号里面的内容为可选项，表示否则编译程序段2。例如，在头文件的顶部经常会有如下代码：

```
#ifndef DIALOG_H
#define DIALOG_H
```

任务实施

(1) 连接协调器。使用RS-232串口线的USB端连接计算机，串口端连接协调器，协调器使用DC 5V供电，注意不能使用DC 12V供电，否则会将协调器烧毁。连接完成后在虚拟机的右下角出现已连接图标，并提示“Future Devices USB Serial Converter”表示连接成功，否则单击图标，选择“连接”选项连接串口。

(2) 将智能家居软件系统所需的必要文件“command.h”“posix_qexterialport.h”“qextserialbase.h”“qextserialport.h”“serialThread.h”“serialThread.cpp”复制到“SmartHome”项目目录中，如图3-1所示。

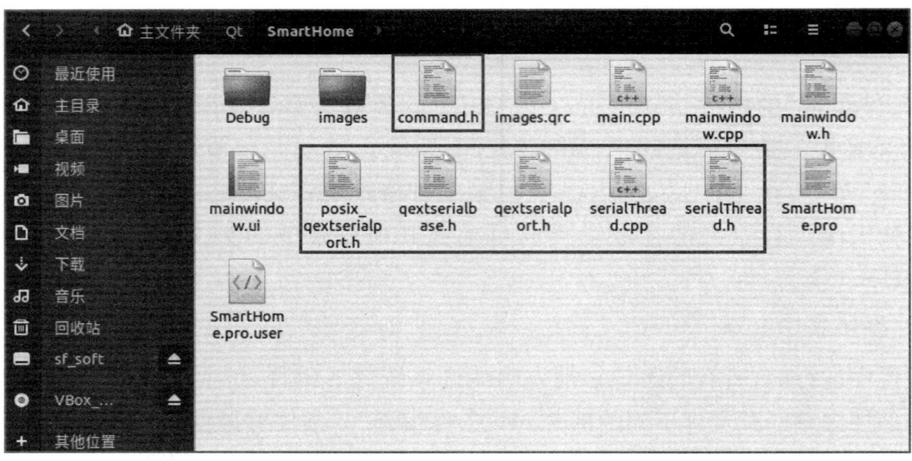

图 3-1　必要的头文件

(3) 创建“Debug1”和“Debug2”两个文件夹分别作为 PC 端和网关端的构建目录，将“lib-X86. so”库文件放入“Debug1”文件夹中，将“lib-ARM. so”文件放入“Debug2”文件夹中。

(4) 打开“SmartHome”项目，设置构建目录为“Debug1”文件夹，如图 3-2 所示。

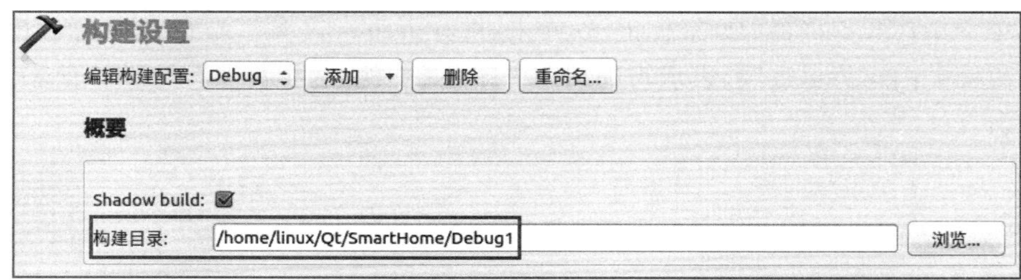

图 3-2　项目构建目录设置

(5) 打开“SmartHome. pro”文件，添加“LIBS+=. /lib-X86. so”，如图 3-3 所示。

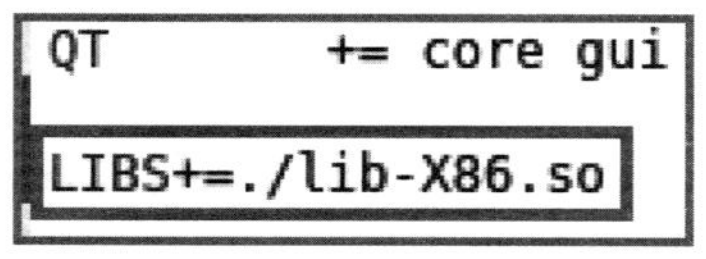

图 3-3　添加库文件

(6) 右键单击“SmartHome”项目，在弹出的快捷菜单中选择“添加现有文件”命令，如图 3-4 所示。

图 3-4　添加现有文件

(7) 选择要添加的头文件，按＜Ctrl＞键可以对多个文件进行选择。单击“打开”按钮完成头文件的添加，如图 3-5 所示。

图 3-5　添加头文件

（8）在“mainwindow. h”头文件中引入“command. h”文件，如图 3-6 所示。

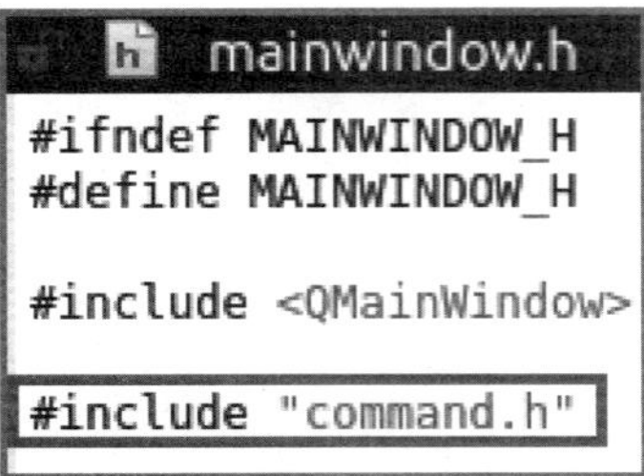

```
mainwindow.h
#ifndef MAINWINDOW_H
#define MAINWINDOW_H

#include <QMainWindow>

#include "command.h"
```

图 3-6　引入 command. h 文件

（9）在“mainwindow. h”头文件的“public”区域声明一个 command 类的对象，如图 3-7 所示。

```
public:
    explicit MainWindow(QWidget *parent = 0);
    ~MainWindow();

    command DataHandle;
```

图 3-7　声明 command 类对象

（10）在“mainwindow. cpp”源文件的构造方法中输入打开串口的方法“DataHandle. SerialOpen()；”。

（11）设置完成，编译运行。若在“应用程序输出”窗口中出现“open File success”则表示串口打开成功。

Qt 串口编程常出现的错误

（1）“. lib-X86. so No such file or directory”，没有找到“lib-X86. so”这个库文件，出现这个错误的原因有以下几种情况：

① 项目的构建目录设置错误。构建目录一定要指向含有“lib-X86. so”库文件的文件夹。

② 没有把“lib-X86. so”库文件复制到构建目录中。

③ 项目中的 pro 文件设置“LIBS”路径错误。

（2）“could not open File! Error code：5”，不能打开文件，并出现错误代码 5。出现这个问题的原因有以下几种情况：

① 没有连接 RS-232 串口线。

② 串口资源的使用权被 Windows 操作系统占用，可以在虚拟机的 Linux 操作系统中重新连接串口。

③ 连接的协调器停止工作。这是本项目后续代码调试时经常会出现的错误，重新启动协调器即可。

任务拓展

◎ 任务描述

在智能家居系统中,大多数情况下,界面上应显示中文汉字。但是,通过串口发送及接收的数据,对于中文汉字很容易出现乱码。现需对字符编码进行适当的设置,使得显示的数据是中文时,也不会出现乱码。

◎ 任务分析

Qt Creator 开发环境提供的字符编码格式,对于英文、数字等字符的支持较好,但并不包含中文编码格式,可以调用 fromLocal8Bit()方法实现该功能。

◎ 任务实施

在智能家居系统的数据发送和接收界面中,切换到代码模式,输入以下程序代码:

```
//串口接收到数据
void ComNetTool::sls_serialRecvMsg()
{
    QByteArray recvBuffer = m_serial->readAll();
    if (! recvBuffer.isEmpty())
    {
        //显示数据
        ui->textEdit_recText->append(QString::fromLocal8Bit(recvBuffer));
    }
}
```

任务小结

在本任务中,主要学习了以下内容:

1. Qt 中库文件的概念。
2. Qt 中添加库文件的方法和步骤。
3. Qt 中的文件包含命令和条件编译命令。
4. 智能家居系统软件引入库文件的方法。

任务2 设置设备板号

任务描述

本任务是对智能家居设备的板号变量进行声明和赋值，其中温湿度传感器、灯光模块(LED)、求助按钮、蜂鸣器(板载)与结点板1的连接；光照传感器、空调模块(数码管)、射灯(继电器)与结点板2的连接；烟雾传感器、窗帘模块(步进电机)、风扇模块(直流电机)、人体红外模块与结点板3的连接。板号变量的配置如表3-1所示。

表3-1 板号变量的设置

变量名	作用	板号
configboardnumbertemp	温度传感器板号	1
configboardnumberHumidity	湿度传感器板号	1
configboardnumberIllumination	光照度传感器板号	2
configboardnumberSmoke	烟雾传感器板号	3
StateHumanInfrared	人体红外传感器板号	3
StateHelpButton	求助按钮传感器板号	1
configboardnumberStepMotor	步进电机板号	3
configboardnumberDCMotor	直流电机板号	3
configboardnumberDigital	数码管板号	2
configboardnumberLED	LED灯板号	1
configboardnumberRelay	继电器板号	2
configboardnumberBuzz	蜂鸣器板号	1

任务目标

1. 掌握Qt中变量的声明与赋值方法。
2. 掌握Qt程序调试的方法。

知识准备

变量即在程序运行过程中其值允许改变的量，存放于内存的一块区域中。

1. 变量的数据类型

变量必须有特定的数据类型，不同的数据类型表示不同的数据存储结构。Qt 中常用的数据类型如表 3 - 2 所示。

表 3 - 2 Qt 中常用的数据类型

变量类型	字节空间	类型说明
int	4B(4 个字节，32 位)	存储整数，如 1
float	4B(4 个字节，32 位)	存储浮点数，如 2.0
double	8B(8 个字节，64 位)	存储双精度浮点数，如 3.141592654
char	2B(2 个字节，16 位)	存储一个字符，如'a'
bool	1B(1 个字节，8 位)	存储逻辑变量，如 true，false

2. 变量的声明

变量使用前必须先声明，而且在同一代码范围内，一个变量名只允许声明一次。声明变量的格式为"数据类型 变量名;"。例如，"int a;"，表示声明了一个整型变量 a。

3. 变量的赋值

变量在声明时或声明后就可以赋值了，赋值符号为"＝"号，一个变量可以进行多次赋值，例如，"double pi＝3.14;"。

实例：观察图 3 - 8 中的 4 种变量赋值方式是否正确。

图 3 - 8a 是先声明一个整型变量 a，再对其赋值为 20，图 3 - 8b 是声明变量 a 的同时赋值为 10，然后对变量 a 进行重新赋值为 20，这两种方法都是正确的。图 3 - 8c 是在没有声明变量类型的情况下直接赋值，是错误的。图 3 - 8d 重复声明了同一变量，也是错误的。

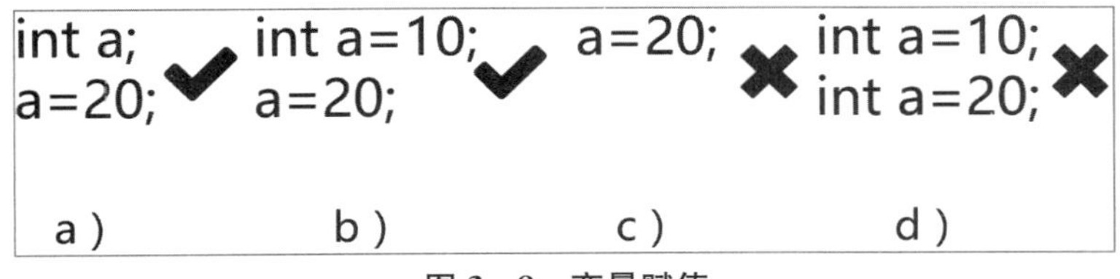

图 3 - 8 变量赋值

4. 变量的作用域

变量有其存在的范围，当程序运行超出这个范围后，这个变量将被收回。同名变量作用域不能重叠。一般来说，变量存在的作用域为离变量声明最近的一对大括号。

实例：观察图 3－9 中两种变量的赋值方法是否正确。

图 3－9a 中变量 a 的作用域出现重叠，会出现编译错误，图 3－9b 中变量 a 的作用域没有出现重叠，则编译正确。

```
int a=10;
for(int i=0;i<=100;i++)
{
    int a=20;
}
```

✖

a）

```
for(int i=0;i<=100;i++)
{
    int a=20;
}
int a=10;
```

✔

b）

图 3－9　变量的作用域

知识链接

Qt 项目调试

在 Qt 项目的调试过程中，经常会出现一些语法错误，这些错误主要有以下几种类型。

（1）程序在编写代码的过程中由编程软件自动检测错误。这类错误主要是由于代码书写不规范造成的，常见的原因有：

① 代码语句没有使用“;”作为结束符。Qt 应用 C＋＋语法，要求每条指令必须以“;”作为结束符。

② 代码中正反括号不匹配。在代码编写过程中，建议在正括号与反括号成对输入之后，再对括号中的代码进行编辑。这种类型的错误在代码编写过程中是比较容易被发现的，Qt Creator 软件会对出现错误的代码用红色波浪线进行标记，鼠标光标停放在错误代码上时，系统会提示错误原因，代码修改正确后，红色波浪线会自动消失。

（2）程序在编译过程中出现的错误。造成这类错误的常见原因有：

① 指令代码输入错误。

② 变量名或方法名未声明就直接使用。

③ 表达式左右两边的数据类型不匹配等。

这类错误会在用户进行程序编译时报错，并将错误信息显示在“问题”窗口中。用户可以通过双击报错信息自动定位到代码错误的地方，根据报错信息进行修改。修改正确后，程序可以被成功编译。

（3）程序可以成功编译并运行，但无法实现程序功能。造成这类错误的主要原因是代码中存在逻辑错误，由于 Qt Creator 软件不能准确提供具体是哪段代码出现逻辑错误，因此这类错误较难排除。可以使用“QDebug”类的“qDebug()<<”（使用前必须在代码中加入＃include “Qdebug”）方法对程序的执行过程进行跟踪，找出问题代码出现的位置。“qDebug()<<”方法的调度结果会在“应用程序输出”窗口中显示，可以使用多种数据类型的参数，如“qDebug()<<"a"”和“qDebug()<<1”。

任务实施

（1）将智能家居系统的结点板顶板插入协调器，使用配置软件按照要求进行配置。

（2）结点板使用数据线与工作台连接，结点板使用 5V 直流电供电。

（3）在 Qt Creator 中打开项目“SmartHome”，进入头文件“mainwindow. h”。

（4）在“mainwindow. h”文件中类的外部进行板号变量声明，代码如下所示：

```
extern volatile unsigned int configboardnumbertemp; //温度
extern volatile unsigned int configboardnumberHumidity; //湿度
extern volatile unsigned int configboardnumberIllumination; //光照
extern volatile unsigned int configboardnumberSmoke; //烟雾
extern volatile unsigned int configboardnumberHumanInfrared; //人体红外
extern volatile unsigned int configboardnumberHelpButton; //求助按钮
extern volatile unsigned int configboardnumberStepMotor; //步进电机(窗帘)
extern volatile unsigned int configboardnumberDCMotor; //直流电机
extern volatile unsigned int configboardnumberDigital; //数码管(空调)
extern volatile unsigned int configboardnumberLED; //LED 灯
extern volatile unsigned int configboardnumberRelay; //继电器
extern volatile unsigned int configboardnumberBuzz; //蜂鸣器
```

在上述代码中，变量修饰词“extern”表示该变量或函数的定义在其他文件中，提示编译器遇到此变量或函数时在其他模块中寻找定义。“volatile”表示编译器遇到这个关键字声明的变量，对访问该变量的代码就不再进行优化，从而可以提供对特殊地址的稳定访问。unsigned int 表示该变量为无符号型整数（不包含负数）。

（5）打开源文件“dialog. cpp”，在构造方法“MainWindow：：MainWindow（QWidget ＊parent）：QMainWindow(parent)，ui(new Ui：：MainWindow)”中参照表 3－1 对板号变量进行赋值，代码如下：

```
configboardnumbertemp = 1;
configboardnumberHumidity = 1;
configboardnumberIllumination = 2;
configboardnumberSmoke = 3;
configboardnumberHumanInfrared = 3;
configboardnumberHelpButton = 1;
configboardnumberStepMotor = 3;
configboardnumberDCMotor = 3;
configboardnumberDigital = 2;
configboardnumberLED = 1;
configboardnumberRelay = 2;
configboardnumberBuzz = 1;
```

知识链接

本任务调试过程中出现的错误

(1) "'a' was not declared in this scope",'a'这个变量没有声明。变量必须要先声明后使用,直接给变量赋值就会出现这个错误。

(2) "redeclaration of 'int a'",在同一个作用域内重复声明了变量a。

(3) "invalid conversion from 'const char * ' to 'int'",变量类型不一致导致赋值错误,不能将字符型数据赋值给整型变量。

任务拓展

◎ 任务描述

在智能家居系统中,不同进制的数据,在某些特定的条件下需要进行进制转换。例如,网关的标识符是十六进制的数据,在配置网关时,需要将其转换为十进制的数据。

◎ 任务分析

Qt Creator 开发环境提供了各种进制的数据相互转换的方法,可实现二进制、十进制、十六进制、字符串、二十六进制(Excel 的列)的相互转换,函数及方法如下所示:

```
QString decInt2HexStr(int dec);//将十进制 int 转换为十六进制字符串
QByteArray QString2Hex(QString hexStr);//字符串转 Hex(QByteArray)类型
char ConvertHexChar(char c);//将单个字符串转换为 hex 0—F —> 0—15
QString formatInput(QString hexStr);//将输入格式化,补满四位:0XFFFF
```

QString hexToDec(QString strHex); //十六进制转十进制
int hex2(unsigned char ch);//十六进制转换工具
QString decTobin(QString strDec);//十进制转二进制
static QString ConvertFromNumber(int number);//26 进制转换(excel 列转换)

◎ **任务实施**

在智能家居系统的数据处理界面中,切换到代码编辑模式,输入以下程序代码:

```
QString MainWindow::decInt2HexStr(int dec)//将十进制 int 转换为十六进制字符串
{
    if(dec>=0)//无符号十进制数字
    {
      //保证数据在两帧范围内
      if(dec > 65535)
      {
          QMessageBox::information(NULL, "警告", "输入超出规定范围(input < 65535)");
          return "0";
      }
      QString hexStr;
      int temp = dec / 16;
      int left = dec % 16;
      if(temp > 0)
          hexStr += decInt2HexStr(temp);
      if(left < 10)
          hexStr += (left + '0');
      else
          hexStr += ('A' + left - 10);
      return hexStr;
    }
}
```

任务小结

在本任务中,主要学习了以下内容:

1. Qt 中变量的数据类型。

2. Qt 中声明变量的方法。
3. Qt 中给变量赋值的方法。
4. 智能家居系统结点板变量赋值的方法。

任务3　获取环境监测数据

任务描述

本任务利用智能家居中的传感器进行环境数据监测，并将数据显示在软件界面中，如图 3－10 所示。

图 3－10　获取环境监测数据

任务目标

1. 掌握 Qt 中的算数运算符、关系运算符、逻辑运算符、条件运算符和赋值运算符。
2. 掌握 Qt 中字符串类的使用方法。

知识准备

1. Qt 中常用的运算符

(1) 算数运算符

Qt 中的算数运算符用于进行数据运算，主要包括：加法(＋)、减法(－)、乘法(＊)、除法(/)、取余数(％)、自增(＋＋)、自减(－－)。关于 Qt 中的运算方法，请参考配套资料中“视频”文件夹中的“Qt 程序员基本素养之 Qt 四则运算. mp4”，或扫描下方的二维码。

Qt 四则运算

实例：在 Qt Creator 中创建一个 Test 项目，在构造方法中进行运算，并将结果输出在“应用程序输出”窗口中。

① 实例 1：计算“a＋b”的值，代码如下：

```
int a = 1;
int b = 2;
qDebug()<<a + b;
输出结果:3。
```

② 实例 2：计算“a％b”的值，代码如下：

```
int a = 10;
int b = 3;
qDebug()<<a % b;
输出结果:1。
```

③ 实例 3：计算“a＋＋”的值，代码如下：

```
int a = 1;
a + + ;
qDebug()<<a;
输出结果:2。
```

在上述 3 个例子中，例 1 是进行两数相加运算后将结果输出。例 2 是进行取余数运算并将结果输出，用 10 除以 3 得出商为 3 余数为 1，因此运算结果为 1。例 3 为自增运算，“a＋＋”等同于“a＝a＋1”，将变量 a 增加 1 后再赋值给自己，因此结果为 2。

知识链接

赋值表达式"b=a++"与"b=++a"的区别

Qt 中,自增运算符(++)位于变量之前和之后的运算结果是不一样的,如果自增运算符位于变量之前,则该变量的值先增加 1,然后再将结果赋值给其他变量。如果自增运算符位于变量之后,则该变量的值先赋值给其他变量,然后自己再增加 1,例如:

```
int a=1;
int b=++a;
qDebug()<<b;
输出结果:2。
int a=1;
int b=a++;
qDebug()<<b;
输出结果:1。
```

(2) 关系运算符

Qt 中的关系运算符用于判断数据之间的大小关系,主要包括:大于(>)、小于(<)、大于等于(>=)、小于等于(<=)、等于(==)、不等于(! =)。关系运算符的值为布尔类型(bool),常在分支语句或循环语句中作为判断条件,在本项目后续的任务中会经常用到。

实例:在 Qt Creator 中创建项目,输入以下代码,输出 c 的值。

```
int a = 1;
int b = 2;
bool c = a > b;
qDebug()<<c;
输出结果:false。
```

实例分析:整型变量 a 的值为 1,b 的值为 2,因此判断 a>b 不成立,返回值为假,输出值为"false"。

(3) 逻辑运算符

Qt 中的逻辑运算符用于进行逻辑运算,其数据类型必须为布尔型(bool),主要包括:逻辑与(&&)、逻辑或(||)、逻辑非(!)。其运算规则如表 3-3 所示。

表 3-3 逻辑运算符的运算规则

X	Y	X&&Y	X||Y	!X
true	true	true	true	false
true	false	false	true	false
false	true	false	true	true
false	false	false	false	true

(4) 条件运算符

条件运算符又称“三目”运算符，其结构为“bool 表达式？表达式 1：表达式 2”。先计算 bool 表达式的值，若结果为 true，则取表达式 1 的值进行赋值，若结果为 false，则取表达式 2 的值进行赋值。

实例：在 Qt Creator 中创建项目，输入以下代码，输出 c 的值。

```
int a = 10;
int b = 20;
int c = a > b ? 1 : 2;
qDebug()<<c;
输出结果:2。
```

实例分析：整型变量 a 的值为 10，b 的值为 20，在条件运算中 a>b 不成立，布尔表达式返回值为假(false)，因此，将 2 赋值给变量 c，输出值为 2。

(5) 赋值运算符

Qt 中的赋值运算符用于对变量进行赋值，常用的赋值运算符有“=”(直接赋值)、“+=”(先做加法再赋值)、“-=”(先做减法再赋值)、“*=”(先做乘法再赋值)、“/=”(先做除法再赋值)。

实例：在 Qt Creator 中创建项目，输入以下代码，输出 c 的值。

```
int a = 1;
int b = 2;
int c = 3;
c+ = a + b;
qDebug()<<c;
输出结果:6。
```

实例分析：整型变量 a 的值为 1，b 的值为 2，c 的值为 3，语句“c+=a+b;”相当于“c=c+(a+b);”，先执行 a+b，结果为 3，再执行 c+(a+b)，即 c+3，结果为 6，将 6 赋值给变量 c，因此，最终结果为 6。

知识链接

Qt 中运算符的优先级

一个表达式可以包含多个运算符。在这种情况下，运算结果是否正确，取决于正确的“结合率”以及表达式各部分运算符的优先级。例如，按照优先运算规则，表达式中“*”“/”以及“%”的优先级比“+”和“-”高。Qt 中，各运算符的优先级如表 3-4 所示。

表 3-4 Qt 运算符的优先级

<table>
<tr><th>优先级</th><th>运算符</th><th>结合率</th></tr>
<tr><td>1</td><td>后缀运算符：[]、()、·、->、++、--(类型名称){列表}</td><td>从左到右</td></tr>
<tr><td>2</td><td>一元运算符：++、--、!、~</td><td>从右到左</td></tr>
<tr><td>3</td><td>类型转换运算符：(类型名称)</td><td>从右到左</td></tr>
<tr><td>4</td><td>乘除法运算符：*、/、%</td><td>从左到右</td></tr>
<tr><td>5</td><td>加减法运算符：+、-</td><td>从左到右</td></tr>
<tr><td>6</td><td>移位运算符：<<、>></td><td>从左到右</td></tr>
<tr><td>7</td><td>关系运算符：<、<=、>、>=</td><td>从左到右</td></tr>
<tr><td>8</td><td>相等运算符：==、!=</td><td>从左到右</td></tr>
<tr><td>9</td><td>位运算符 AND：&</td><td>从左到右</td></tr>
<tr><td>10</td><td>位运算符 XOR：^</td><td>从左到右</td></tr>
<tr><td>11</td><td>位运算符 OR：|</td><td>从左到右</td></tr>
<tr><td>12</td><td>逻辑运算符 AND：&&</td><td>从左到右</td></tr>
<tr><td>13</td><td>逻辑运算符 OR：||</td><td>从左到右</td></tr>
<tr><td>14</td><td>条件运算符：?:</td><td>从右到左</td></tr>
<tr><td>15</td><td>赋值运算符：=、+=、-=、*=、/=、%=、&=、^=、|=</td><td>从右到左</td></tr>
<tr><td>16</td><td>逗号运算符：,</td><td>从左到右</td></tr>
</table>

在上表中，“优先级”序号越小，表示优先级越高。

2. QString 字符串类的使用

Qt 中使用 QString 类型的变量存放一串由数字、符号等组成的字符，使用双引号对字符串进行标记，如“QString str="abc_#123";”。QString 类提供了丰富的字符串操作方法，如字符串的连接、转换、查找、替换等。

(1) 字符串的连接

① 使用“+”符号进行字符串之间的连接，例如：

```
QString str1 = "Hello ";
QString str2 = "SmartHome";
qDebug()<<str1 + str2;
```

在"应用程序输出"窗口中,输出字符串 str1 与字符串 str2 连接后的值,即"Hello SmartHome"。

② 使用 QString 类的"arg()"方法进行字符串与字符串或非字符串之间的连接,例如:

```
QString name = "Tom";
int age = 18;
qDebug()<<QString("%1 的年龄是 %2 岁。").arg(name).arg(age);
```

在上述语句中,"%1"被替换为 QString 型变量 name 的值"Tom","%2"被替换为 int 型变量 age 的值 18,因此,在"应用程序输出"窗口中,输出"Tome 的年龄是 18 岁。"

(2) 字符串转换

① 字符串类型的数据转换为其他类型的数据。使用 QString 类的"to 数据类型()"方法可以实现字符串类型转换为其他类型,例如:

```
QString str1 = "15";
int age1 = str.toInt();
QString str2 = "23.5";
double temp = str2.toDouble();
```

在上述代码中,"toInt()"方法是将字符串型转换为整数型,"toDouble()"方法是将字符串类型转换为双精度型。

② 数值类型转换为字符串类型。使用 QString 类中的"number()"方法可以将数值类型的数据转换为字符串类型的数据,例如:

```
int age = 15;
qDebug()<<QString::number(age);
qDebug()<<QString::number(age,16);
```

在上述代码中,number()方法默认输出十进制的数据,number(age,16)表示输出结果为十六进制,因此,显示结果分别为 15 和 F。

(3) 字符串的查找和替换

① 字符串查找。使用 QString 类中的"at()"方法,通过下标(Qt 中下标从 0 开始计数)查找匹配的字符,使用"indexOf()"方法查找字符串中各字符的下标,例如:

```
QString str = "我是一名优秀的中职学生";
qDebug()<<str.at(3);
qDebug()<<str.indexOf("优秀");
```

在上述代码中，at(3)表示字符串中第4个字符(下标从0开始)，indexOf("优秀")表示字符串中"优秀"两个字的下标从哪里开始(以第一个字为准)，因此，输出结果分别为"名"和4。

② 字符串的替换。使用QString类中的"replace()"方法进行字符串替换操作，例如：

```
QString str = "我是一名优秀的中职学生";
qDebug()<<str.replace("优秀的","");
```

在上述代码中，""(一对双引号间没有空格)表示替换为空，相当于"优秀的"三个字被删除，输出结果为"我是一名中职学生"。

任务实施

(1) 打开项目"SmartHome"，进入头文件"mainwindow.h"。

(2) 在类的外部进行环境监测数据变量的声明，代码如下：

```
extern QString Extern_Temp; //温度
extern QString Extern_Humidity; //湿度
extern QString Illumination; //光照
extern QString Smoke; //烟雾
extern volatile unsigned int StateHumanInfrared; //人体红外,1:有人。0:无人
extern volatile unsigned int StateHelpButton; //求助按钮,1:按下。0:未按下
```

(3) 在类的"private slots:"区域(若没有需手动输入)自定义监测数据的槽方法"void getStr(QByteArray str);"，如图3-11所示。

```
private slots:
    void getStr(QByteArray str);
```

图3-11　自定义接收数据的槽方法

(4) 打开"mainwindow.cpp"源文件，在构造方法中进行数据接收信号槽的连接，输入"connect(&DataHandle, SIGNAL(serialFinish(QByteArray)), this, SLOT(getStr(QByteArray)));"。其中，第一个参数是前面声明的command对象，第二个参数是command对象传过来的信号，第三个是指的传给本界面，第四个参数表示响应的槽方法。

(5) 在"mainwindow.cpp"源文件中自定义槽方法，代码如下：

```
void MainWindow::getStr(QByteArray str){
    if((str.length()>=10)&&(str.length()<300))//过滤错误帧
    {
        DataHandle.receive(str); //将收到的数据传给 command 类的 receive
(str)成员函数
    }
}
```

(6) 在上述 getStr 方法中将获取的环境监测数据由 QString 型转换为 float 型，并显示在界面对应的控件中。在槽方法"void MainWindow::getStr(QByteArray str)"中加入如下代码：

```
float wd=Extern_Temp.toFloat();//温度
float sd=Extern_Humidity.toFloat();//湿度
float gz=Illumination.toFloat();//光照
float yw=Smoke.toFloat();//烟雾
ui->lcdTemp->display(wd);
ui->lcdHumidity->display(sd);
ui->lcdIllumination->display(gz);
ui->lcdSmoke->display(yw);
```

(7) 设置"人体感应"和"求助按钮"的状态，人体感应是当监测到有人时，变量 StateHumanInfrared 的值为 1，否则为 0；求助按钮是当有人按下按钮时，变量 StateHelpButton 的值为 1，否则为 0。可使用三目运算符实现此功能，在槽方法"void MainWindow::getStr(QByteArray str)"中加入如下代码：

```
ui->lblHI->setText(StateHumanInfrared==1?"有人":"无人");//
ui->lblHB->setText(StateHelpButton==1?"有人按下":"无人按下");
```

(8) 设计完成，运行效果如图 3-10 所示。

任务拓展

◎ 任务描述

在智能家居系统中，由各类设备采集到的数据，通常以字符串的形式保存。在进行数据处理时，需要将字符类型的数据转换成数值类型的数据，以便进行数值运算。

◎ 任务分析

Qt Creator 开发环境提供了字符串与数值类型的数据相互转换的方法。例如，toInt 等、toFloat 方法等，也可以使用百分号(%)表示数值类型。

◎ 任务实施

在需要数值转换的界面中，切换到代码模式，输入以下程序代码：

```
bool ok = false;
QString str1 = "10";
int num1 = str1.toInt(&ok, 16);
int num2 = 0x36;
QString str = QString::number(num2, 16);
QString("%1").arg(i);
```

任务小结

在本任务中，主要学习了以下内容：

1. Qt 中的算数运算符、关系运算符、逻辑运算符、条件运算符和赋值运算符。
2. Qt 中字符串类的使用方法。
3. 获取智能家居环境数据的方法。

任务4　获取环境温度值

任务描述

本任务使用程序设计中的单分支结构，获取家居环境温度的最大值与最小值，如图 3-12 所示。

图 3-12　获取家居环境温度的最大值与最小值

任务目标

1. 掌握 Qt 程序设计的三种基本结构:顺序结构、分支结构、循环结构。
2. 掌握 Qt 代码书写的规范。

知识准备

在程序的设计中有三种基本的程序结构,分别是:顺序结构、分支结构和循环结构,其结构图如图 3-13 所示。其中,分支结构又有单分支结构、双分支结构和多分支结构,本任务主要对分支结构中的单分支结构进行学习。

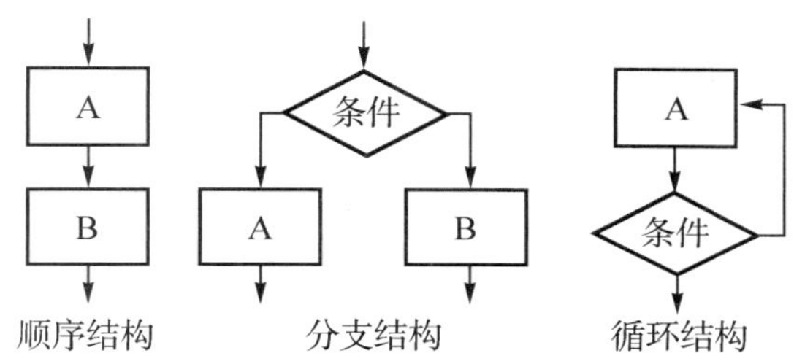

图 3-13 三种基本的程序结构

单分支结构通过“if”语句来实现,其语法如下:

```
if(关系表达式){
    语句块
}
```

当关系表达式结果为 true 时,执行语句块,否则不执行。

实例 1:创建一个 Qt 项目,其运行结果如图 3-14 所示。用户输入 3 个值,单击“判断”按钮,在 Label 控件中显示 3 个数中的最大值。操作步骤如下:

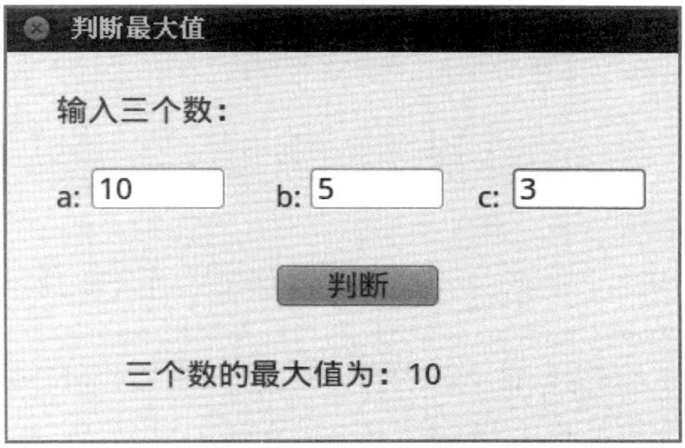

判断最大值

输入三个数:

a: 10 b: 5 c: 3

判断

三个数的最大值为: 10

图 3-14 判断最大值程序

(1) 页面设计

打开“mainwindow. ui”界面文件,拖放合适的控件,控件属性如表 3-5 所示。

表 3-5 控件属性设置

控件类型	控件名称	属性设置
QMainWindow	MainWindow	宽度:400,高度:240,windows Title:判断最大值
QLabel	默认	text:输入三个数:
QLabel	默认	text : a
QLineEdit	le_a	
QLabel	默认	text : b
QLineEdit	le_b	
QLabel	默认	text : c
QLineEdit	le_c	
QPushButton	btnMax	text:判断
QLabel	lblMax	

(2) 右键单击“btnMax”按钮,在弹出的快捷菜单中选择“转到槽”命令,在槽方法中输入以下代码:

```
void Dialog::on_btnMax_clicked()
{
    int a=ui->le_a->text().toInt();
    int b=ui->le_b->text().toInt();
    int c=ui->le_c->text().toInt();
    if(a<b){
        a=b;
    }
    if(a<c){
        a=c;
    }
    ui->lblMax-> setText(QString("三个数的最大值为:%1").arg(a));
}
```

实例分析:先使用 3 个变量 a、b、c 获取 3 个文本框控件(LineEdit 控件)的值,由于文本框中的数据是 QString(字符串)类型的,因此需要使用 toInt()方法转换为 int 类型。这时假设 3 个数的最大值为 a,将 a 分别与 b 和 c 进行比较,当 a 小于 b 时,将 b 赋值给 a,当 a 小于 c 时,将 c 赋值给 a,这样就保证了 3 个数的最大值是 a。最后在“lblMax”控件

(Label 控件)中显示 3 个数的最大值 a。需要注意的是,将 int 类型的数据转换为 QString 类型后才能在 Label 控件中输出。

实例 2:创建一个 Qt 项目,其运行结果如图 3-15 所示。用户输入 3 个值,单击“排序”按钮,将 3 个数按照从大到小的顺序放在 3 个 Label 控件中。操作步骤如下:

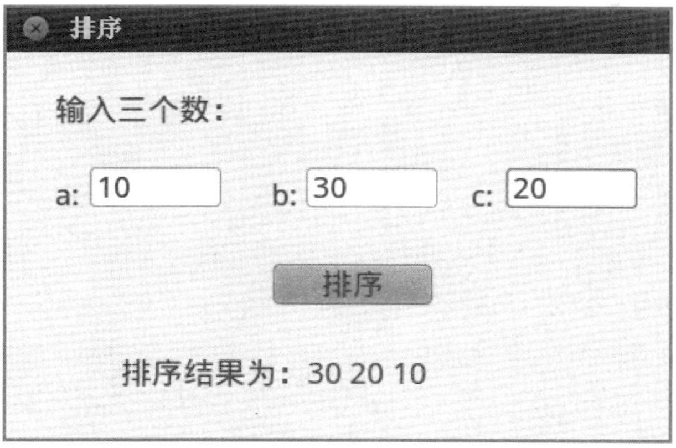

图 3-15 判断最大值程序

(1) 页面设计

打开“mainwindow. ui”界面文件,拖放合适的控件,控件属性如表 3-6 所示。

表 3-6 控件属性设置

控件类型	控件名称	属性设置
QMainWindow	MainWindow	宽度:400,高度:240,windows Title:排序
QLabel	默认	text:输入三个数:
QLabel	默认	text:a
QLineEdit	le_a	
QLabel	默认	text:b
QLineEdit	le_b	
QLabel	默认	text:c
QLineEdit	le_c	
QPushButton	btnSort	text:排序
QLabel	lblSort	

(2) 右键单击“btnSort”按钮,在弹出的快捷菜单中选择“转到槽”命令,在槽方法中输入以下代码:

```
void Dialog::on_btnSort_clicked()
{
    int a = ui->le_a->text().toInt();
    int b = ui->le_b->text().toInt();
    int c = ui->le_c->text().toInt();
    if(a < b){
        int d = a;
        a = b;
        b = d;
    }
    if(a < c){
        int d = a;
        a = c;
        c = d;
    }
    if(b < c){
        int d = b;
        b = c;
        c = d;
    }
    ui->lblSort->setText(QString("排序结果为:%1 %2 %3").arg(a).
arg(b).arg(c));}
```

实例分析:先使用3个变量a、b、c获取3个文本框控件(LineEdit控件)的值,由于文本框中的数据是QString(字符串)类型的,因此需要使用toInt()方法转换为int类型。先将a的值与b、c的值分别进行比较,当a小于b时,将a与b的值进行互换,当a小于c时,将a与c的值进行互换,如此就将3个数中的最大值赋值给a,同理,将第二大值赋值给b,最小值赋值给c,最后显示在Label控件中。需要注意的是,将int类型的数据转换为QString类型后才能在Label控件中输出。

任务实施

(1) 打开项目“SmartHome”,进入头文件“mainwindow.h”。

(2) 在类的public区域声明两个float型变量“wd_Max”(温度最大值)、“wd_Min”(温度最小值)。如图3-16所示。

```
public:

    explicit Dialog(QWidget *parent = 0);
    ~Dialog();
    command DataHandle;
    float wd_Max,wd_Min;
```

图 3-16 定义温度的最大值和最小值变量

(3) 打开"mainwindow.cpp"源文件,在构造方法中定义"wd_Max""wd_Min"的初始值都为 0。

(4) 在槽方法"void MainWindow::getStr(QByteArray str)"中加入如下代码:

```
    if(wd_Max = = 0 || wd_Max < wd){//当温度最大值为 0 或者当前温度大于最大温度时 wd_Max = wd;
    }
    if(wd_Min = = 0 || wd_Min>wd){//当温度最小值为 0 或者当前温度小于最小温度时 wd_Min = wd;
    }
```

(5) 设置完成,运行效果如图 3-12 所示。

知识链接

程序代码书写规范

目前主流的编程软件都具有代码编写的通用规则,一个好的程序员首先要做到规范地书写代码文档。规范的代码格式不仅可以方便程序员阅读,而且能够有效提升后期代码的调试效率。下面介绍常用的代码规范。

(1) 花括号的使用和代码的缩进

花括号一般用于分支结构与循环结构中,表示在判断条件成立的情况下执行相应的代码段,在顺序结构中不建议使用花括号。在花括号的内部,要求使用<Tab>键进行代码缩进,以标记语句间的层次关系。例如:

```
if(…){
    for(…){
        …
    }
}
```

在 Qt 中可以将需要缩进的行选中，单击鼠标右键，在弹出的快捷菜单中选择“选中的文字自动缩进”命令，或使用快捷键〈Ctrl+I〉将代码行缩进。

(2) 空格符的使用

空格符是不参与程序编译的，但合理地使用空格符可以提升代码的美观性和可读性。在以下几种情况中可以使用空格符。

① 运算符的两边需要加入空格符，例如：

```
int a=10;
int b=20;
```

② 逗号后应加入空格符，例如：

```
int Max(int num1,int num2);
```

(3) 注释的使用

为了使程序代码更加易于阅读，在代码编写的过程中，有必要对重要部分进行注释说明。代码注释不参与程序的编译和运行，有时也会对一些临时不使用或出现错误的代码进行注释，以便将来对程序进行维护。注释符有两种类型，一种是单行注释符“//”(即连续两个斜杠)，注释在语句行的结尾或对单独一行注释，换行后注释符的作用域失效。另一种是语句块注释符“/ * …… * /”，可以进行多行注释，注释的内容在“/ * ”与“ * /”之间。如图 3 - 17 所示，绿色字体部分为多行注释的内容。

```
ui->setupUi(this);
/*configboardnumbertemp=1;
configboardnumberHumidity=1;
configboardnumberIllumination=2;
configboardnumberSmoke=3;
configboardnumberHumanInfrared=3;
configboardnumberHelpButton=1;
configboardnumberStepMotor=3;
configboardnumberDCMotor=3;
configboardnumberDigital=2;
configboardnumberLED=1;
configboardnumberRelay=2;
configboardnumberBuzz=1;*/
DataHandle.SerialOpen();
```

图 3 - 17　多行注释

任务拓展

◎ 任务描述

在智能家居系统中，读取设备采集的数据后，通常需要对其进行分解。现需要对智能家居系统采集到的温湿度数据进行解析，并正确显示在屏幕上。

◎ 任务分析

Qt Creator 开发环境中，提供了 QStringList 类型的组件用于存储字符串信息，但并未提供解析该字符串的函数或方法，需编写代码实现该功能。实现温湿度数据解析功能，需要调用 QStringList 类的 indexof()方法，结合 switch case 语句实现温湿度数据显示。

◎ 任务实施

在显示设备采集数据的界面中，切换到代码编辑器。首先，将采集到的温湿度数据字符串放入 QStringList 类型的字符串列表中；然后，使用 indexOf 获取字符串的下标，该下标对应 case 语句的数值；最后，运用 print 语句，将分析后的字符串数据发送到串口，显示在屏幕上。

```
int ret;
unsigned char kbuf[5],i;
int check = 0;
spin_lock_irq(&dht11_lock); //自旋锁上锁,并关闭中断
    humidity_read_data(); //读取温湿度数据的过程
spin_unlock_irq(&dht11_lock); //自旋锁解锁,并打开中断
for(i = 0;i<4;i + +){
    kbuf[i] = (unsigned char)(dht11_data >>(i * 8)&0xff);
    check + = kbuf[i];
}
kbuf[4] = dht11_checksum;
if(kbuf[4] ! = check)
    return -EAGAIN;
ret = copy_to_user(buf,kbuf,sizeof (kbuf));
```

任务小结

在本任务中，主要学习了以下内容：

1. Qt 程序设计的三种基本结构：顺序结构、分支结构、循环结构。
2. Qt 代码书写的规范。
3. 获取智能家居温度最大值和最小值的方法。

任务5　使用图片按钮控制设备

任务描述

本任务实现在界面中应用图片按钮控制智能家居设备的功能。包括报警器的控制、LED灯的控制和窗帘的控制。通过单击界面中相应的区域，使用程序设计中的双分支结构，实现对家居设备的控制，同时更新软件界面中对应设备的状态。控制效果如图 3-18 所示。

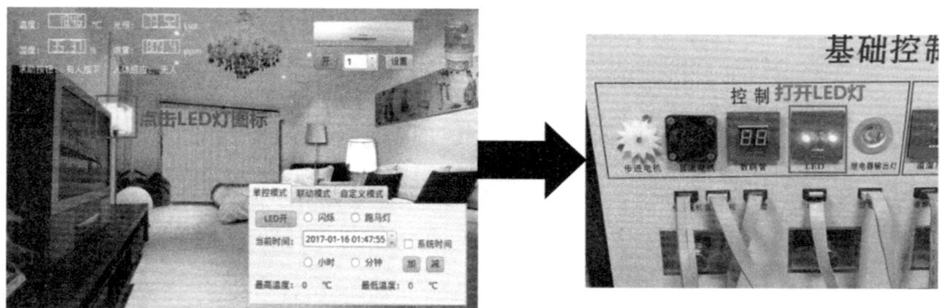

图 3-18　图片按钮控制 LED 灯

任务目标

1. 掌握双分支结构的概念和用法。
2. 掌握利用图片按钮控制智能家居 LED 灯开关的方法。

知识准备

Qt 程序设计中，双分支结构通过“if-else”语句来实现。其语法为：

```
if(关系表达式){
    语句块 1
}else{
```

```
    语句块 2
}
```

当关系表达式结果为 true 时，执行语句块 1，否则执行语句块 2。

应用双分支结构，结合 command 类控制智能家居设备

在本项目的任务 1 中，已经将 command 类导入到“SmartHome”项目中。在本任务中，应用 command 类的 SerialWriteData() 方法控制设备运行，例如，控制窗帘打开和关闭的命令语句为“DataHandle. SerialWriteData (configboardnumberStepMotor, StepMotor, CommandStepMotor, 600);”，该命令就是发送控制步进电机（窗帘的导轨就是由步进电机控制的）的命令。其中，第 1 个参数就是步进电机设备的板号，这在本项目的任务 2 中已经设置完成。第 2 个参数是传感器的类型，本项目中的传感器类型对照表如表 3-7 所示。第 3 个参数是控制传感器命令的类型，步进电机是“CommandStepMotor”，其他设备为普通类型，即“CommandNormal”。第 4 个参数是控制步进电机的旋转角度为 600 度（正数表示顺时针旋转，负数表示逆时针旋转）。

表 3-7　传感器类型对照表

名称	传感器类型	值
RelaySingle	单路继电器（射灯）	0x20
DigitalTube	数码管（空调）	0x48
DCMotor	直流电机（风扇）	0x80
StepMotor	步进电机（窗帘）	0x88
TTL_IO	单片机输入输出接口（LED 灯）	0x90
Buzz	蜂鸣器（报警灯）	0XF8

此外，在本任务中使用 int 类型（32 位二进制数）的变量“led”的后四位数字来控制 4 个 LED 灯的开关，数字“0”表示关闭，数字“1”表示打开。若 led 的值为 0x0F（二进制数为 1111），则表示 4 个 LED 灯全部打开，若 led 的值为 0x0C（二进制数为 1100），则表示 LED1 灯和 LED2 灯打开。因此，在控制 LED 灯开关时，为了各灯之间相互不影响，使用位运算符“|”对变量 led 进行设置，如设置 LED1 灯打开，则应设置“led|=0x08”，只是让对应 LED1 灯的第 4 位变为 1，其他位保持不变。在控制 LED 灯关闭时，使用位运算符“&”对变量 led 进行设置，如设置 LED1 灯关闭，则应设置“led &=0x07”，只是让对应 LED1 灯的第 4 位变为 0，其他位保持不变。

实例 1:创建一个 Qt 项目,其运行结果如图 3 - 19 所示。用户输入一个年份,单击“判断”按钮,在 Label 控件中显示该年份是否为闰年。操作步骤如下:

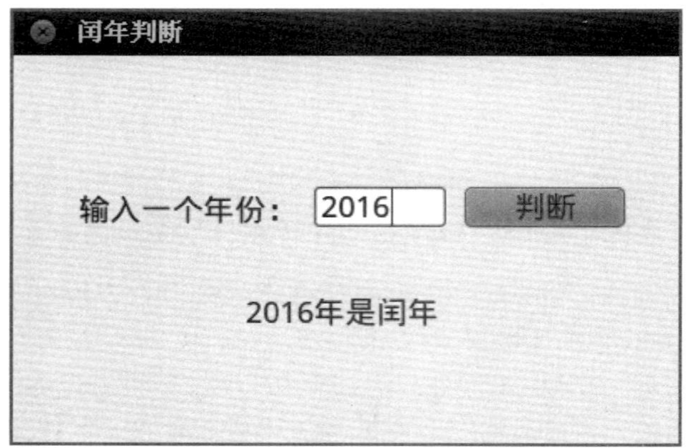

图 3 - 19 判断闰年

(1) 页面设计

打开“mainwindow. ui”界面文件,拖放合适的控件,控件属性如表 3 - 8 所示。

表 3 - 8 控件属性设置

控件类型	控件名称	属性设置
QMainWindow	MainWindow	宽度:400,高度:240,windows Title:闰年判断
QLabel	默认	text:输入一个年份:
QLineEdit	le_Year	
QPushButton	btnPd	text:判断
QLabel	lblShow	

(2) 右键单击“btnPd”按钮,在弹出的快捷菜单中选择“转到槽”命令,在槽方法中输入以下代码:

```
void Dialog::on_btnPd_clicked()
{
    int year = ui->le_Year->text().toInt();
    if((year %4 = = 0 && year %100 !  = 0)|| year %400 = = 0){
        ui->lblShow->setText(QString("%1 年是闰年").arg(year));
    }else{
        ui->lblShow->setText(QString("%1 年不是闰年").arg(year);
    }
}
```

实例分析：当一个年份能够被 4 整除但不能被 100 整除，或能被 400 整除，该年份即为闰年。在本实例中，使用变量 year 获取文本框中年份的值，根据闰年的判断条件，年份能被 4 整除的条件表达式为“year % 4==0”，年份不能被 100 整除的条件表达式为“year % 100 ! =0”，这两个条件要同时满足，所以需要使用逻辑运算符号“&&”将两个条件进行关联。年份能被 400 整除，其条件表达式为“year % 400==0”，此条件与之前两个条件是逻辑或的关系，因此使用逻辑运算符号“||”将其关联。若满足上述 3 个条件，则输出是闰年，否则输出不是闰年。

实例 2：创建一个 Qt 项目，其运行结果如图 3-20 所示。用户输入一个成绩，单击“评定”按钮，当成绩大于 85 分时 Label 控件显示“优秀”，大于 70 分时显示“良好”，大于 60 分时显示“合格”，60 分以下显示“不合格”。操作步骤如下：

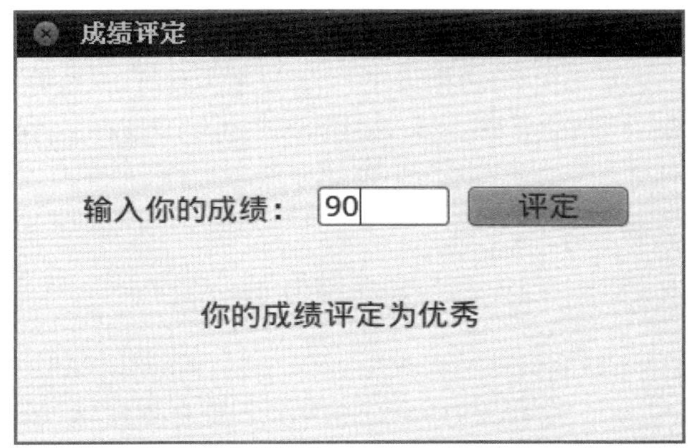

图 3-20 成绩评定

(1) 页面设计

打开“mainwindow. ui”界面文件，拖放合适的控件，控件属性如表 3-9 所示。

表 3-9 控件属性设置

控件类型	控件名称	属性设置
QMainWindow	MainWindow	宽度：400，高度：240，windows Title：成绩评定
QLabel	默认	text：输入你的成绩：
QLineEdit	le_Score	
QPushButton	btnPd	text：评定
QLabel	lblShow	

(2) 右键单击“btnPd”按钮，在弹出的快捷菜单中选择“转到槽”命令，在槽方法中输入以下代码：

```
int score = ui->le_Score->text().toInt();
if(score>=85){
    ui->lblShow->setText("你的成绩评定为优秀");
}else if(score>=70){
    ui->lblShow->setText("你的成绩评定为良好");
}else if(score>=60){
    ui->lblShow->setText("你的成绩评定为合格");
}else{
    ui->lblShow->setText("你的成绩评定为不合格");
}
```

实例分析：在本实例中，使用变量 score 获取文本框控件中分数的值，根据成绩评定条件，分数大于 85 时显示为优秀，否则大于 70 时显示为良好，此处隐藏了成绩小于 85 的条件（显示条件为 70<=当前分数<85），采用的是“else if”这种条件嵌套的方式来实现。同理，成绩大于 60 时显示为合格，小于 60 时显示为不合格。

任务实施

（1）打开项目“SmartHome”，进入界面文件“mainwindow. ui”。设置 4 个 LED 灯、窗帘、报警灯的初始状态为关闭，如图 3-21 所示。其中，LED 灯的关闭状态只需将其 styleSheet 属性设置为空即可。

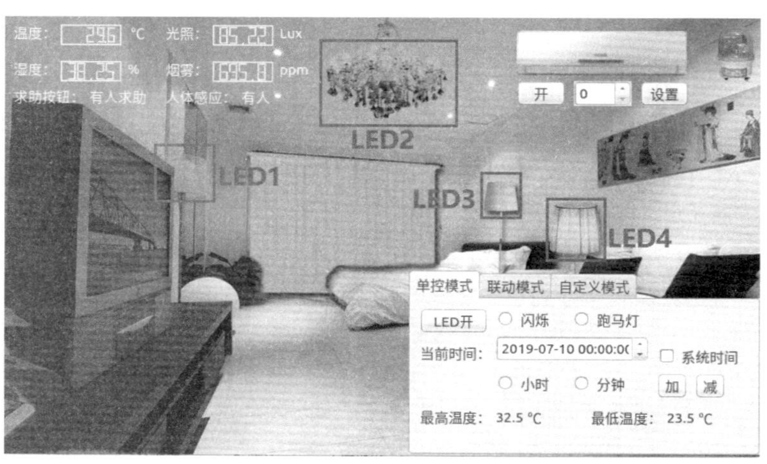

图 3-21　设置设备初始状态

（2）打开“mainwindow. cpp”源文件，首先声明设备的状态变量用来表示设备的状态。其中表示四个 LED 灯的变量为 state_LED1、state_LED2、state_LED3、state_LED4。表示窗帘的变量为 state_StepMotor。表示报警灯的变量为 state_Buzz。由于初始状态都为关闭，所以设置它们的初始值都为 0。另外，用变量“led”控制四盏 LED 灯的打开与关闭。由于上述变量均为全局变量，因此将其定义在构造方法的上方，代码如下：

```
int state_LED1 = 0, state_LED2 = 0, state_LED3 = 0, state_LED4 = 0, state_
StepMotor = 0, state_Buzz = 0;
int led = 0;
```

(3) 右击“btnLED1”按钮，选择“转到槽”，实现打开或关闭 LED1 灯的功能。在“clicked()”槽方法中输入如下代码：

```
void MainWindow::on_btnLED1_clicked()
{
    if(ui->tbMode->currentIndex() == 0){//当前模式为单控模式时
        if(state_LED1 == 0){
            DataHandle.SerialWriteData(configboardnumberLED, TTL_IO,
            CommandNormal,led |= 0x08);//控制 led1 灯开
            ui->btnLED1->setStyleSheet("border-image:
            url(:/images/1Led1.png);");//控制界面 led1 灯亮
            state_LED1 = 1;//设置 led1 灯状态为开
        }else{
            DataHandle.SerialWriteData(configboardnumberLED, TTL_IO,
            CommandNormal,led &= 0x07);//控制 led1 灯关
            ui->btnLED1->setStyleSheet("border-image: url();");//控
            制界面 led1 灯灭
            state_LED1 = 0;//设置 led1 灯状态为关
        }
    }
}
```

(4) 右击“btnLED2”按钮，选择“转到槽”，实现打开或关闭 LED2 灯的功能。在“clicked()”槽方法中输入如下代码：

```
void MainWindow::on_btnLED2_clicked()
{
    if(ui->tbMode->currentIndex() == 0){
        if(state_LED2 == 0){
            DataHandle.SerialWriteData(configboardnumberLED, TTL_IO,
            CommandNormal,led |= 0x04);
```

```
            ui->btnLED2->setStyleSheet("border-image:
            url(:/images/1Led2.png);");
            state_LED2 = 1;
        }else{
            DataHandle.SerialWriteData(configboardnumberLED, TTL_IO,
            CommandNormal,led &= 0x0B);
            ui->btnLED2->setStyleSheet("border-image: url();");
            state_LED2 = 0;
        }
    }
}
```

(5) 右击"btnLED3"按钮，选择"转到槽"，实现打开或关闭 LED3 灯的功能。在"clicked()"槽方法中输入如下代码：

```
void MainWindow::on_btnLED3_clicked()
{
    if(ui->tbMode->currentIndex() == 0){
        if(state_LED3 == 0){
            DataHandle.SerialWriteData(configboardnumberLED, TTL_IO,
            CommandNormal,led |= 0x02);
            ui->btnLED3->setStyleSheet("border-image:
            url(:/images/1Led3.png);");
            state_LED3 = 1;
        }else{
            DataHandle.SerialWriteData(configboardnumberLED, TTL_IO,
            CommandNormal,led &= 0x0D);
            ui->btnLED3->setStyleSheet("border-image: url();");
            state_LED3 = 0;
        }
    }
}
```

(6) 右击"btnLED4"按钮，选择"转到槽"，实现打开或关闭 LED4 灯的功能。在"clicked()"槽方法中输入如下代码：

```
void MainWindow::on_btnLED4_clicked()
{
    if(ui->tbMode->currentIndex() == 0){
        if(state_LED4 == 0){
            DataHandle.SerialWriteData(configboardnumberLED, TTL_IO,
            CommandNormal,led |= 0x01);
            ui->btnLED4->setStyleSheet("border-image:url(:/images/
            1Led4.png);");
            state_LED4 = 1;
        }else{
            DataHandle.SerialWriteData(configboardnumberLED, TTL_IO,
            CommandNormal,led &= 0x0E);
            ui->btnLED4->setStyleSheet("border-image: url();");
            state_LED4 = 0;
        }
    }
}
```

(7) 右击“btnStepMotor”按钮，选择“转到槽”，实现打开或关闭窗帘的功能。在“clicked()”槽方法中输入如下代码：

```
void MainWindow::on_btnStepMotor_clicked()
{
    if(ui->tbMode->currentIndex() == 0){
        if(state_StepMotor == 0){
            DataHandle.SerialWriteData(configboardnumberStepMotor,
            StepMotor,CommandStepMotor,600);
            ui->btnStepMotor->setStyleSheet("border-image: url();");
            state_StepMotor = 1;
        }else{
            DataHandle.SerialWriteData(configboardnumberStepMotor,
            StepMotor,CommandStepMotor, -600);
            ui->btnStepMotor->setStyleSheet("border-image:
            url(:/images/1Curtain.png);");
            state_StepMotor = 0;
        }
    }
}
```

(8) 右击“btnBuzz”按钮,选择“转到槽”,实现打开或关闭报警灯的功能。在“clicked()”槽方法中输入如下代码:

```
void MainWindow::on_btnBuzz_clicked()
{
    if(ui->tbMode->currentIndex()==0){
        if(state_Buzz==0){
            DataHandle.SerialWriteData(configboardnumberBuzz,Buzz,
            CommandNormal,0x01);
            ui->btnBuzz->setStyleSheet("border-image:
            url(:/images/red.png);");
            state_Buzz=1;
        }else{
            DataHandle.SerialWriteData(configboardnumberBuzz,Buzz,
            CommandNormal,0x00);
            ui->btnBuzz->setStyleSheet("border-image:
            url(:/images/green.png);");
            state_Buzz=0;
        }
    }
}
```

(9) 设计完成,项目运行效果如图 3-18 所示。

任务拓展

◎ 任务描述

智能家居系统中,属于模拟量方式传输数据的设备,大多采用串口连接方式。现需通过计算机的串口,读取各设备数据,并显示在屏幕上。

◎ 任务分析

Qt Creator 开发环境提供了 QtSerialPort 类,在编写串口控制代码时,必须引入 QSerialPort 和 QSerialPortInfo 两个头文件。再编写 DataSend 和 DataReceived 两个方法,实现数据发送与接收。

◎ 任务实施

在智能家居系统的串口控制界面中,切换到代码模式。首先引入 QSerialPort 和 QSerialPortInfo 两个头文件,然后编写 DataSend()和 DataReceived()两个方法,分别实现数据发送和数据接收。程序代码如下:

```
#include <QtSerialPort/QSerialPort>
#include <QtSerialPort/QSerialPortInfo>
// 接收数据
void MainWindow::DataReceived()
{
    char BUF[512] = {0};
    QByteArray data = serial->readAll();
    if(!data.isEmpty())
    {
        QString str = ui->DataReceived->toPlainText();
        str += tr(data);
        ui->DataReceived->clear();
        ui->DataReceived->append(str);
        qDebug() <<"str info: "<< ui->DataReceived->toPlainText();
        int index = str.indexOf("\r\n");
        if(index != -1)
        {
            snprintf(BUF,500,"%s", str.left(index + 2).toUtf8().data());
            qDebug() <<"BUF info: "<< BUF;
            str.remove(0,index + 2);
        }
    }
}
// 发送数据,write ()
void MainWindow::DataSend()
{
    serial->write(ui->DataSend->toPlainText().toLatin1());
}
```

任务小结

在本任务中,主要学习了以下内容:

1. 双分支结构的概念和用法。
2. 利用图片按钮控制智能家居 LED 灯开关的方法。
3. 实现智能家居设备打开与关闭的方法。

任务6　实现家居设备联动

任务描述

本任务实现智能家居软件系统联动模式功能，如图 3－22 所示，20:30 为夜间模式，自动将 LED1 至 LED4 打开。

图 3－22　联动模式功能实现

根据用户设置的时间，进入不同的模式，具体要求如下：

(1) 日间模式

当时间介于 6:05～18:05 区间时，进入日间模式；执行关闭房间灯光，开启房间窗帘，数码管实时显示室内温湿度，完成真实器件动作的同时更新相应功能模块在界面对应区域中的状态。当光照高于 280 时，窗帘关闭，否则窗帘开启。

(2) 夜间模式

当时间介于 18:06～00:10 区间时，进入夜间模式；执行开启房间灯光、闭合窗帘，数码管实时显示室内温湿度，完成真实器件动作的同时更新相应功能模块在界面对应区域中的状态。当湿度大于 65，打开风扇，否则关闭风扇。

(3) 安防模式

当时间介于 0:11～06:04 区间时，进入安防模式；执行关闭房间灯，闭合窗帘，开启人体红外检测，当人体红外检测到人时，则开启蜂鸣器报警、开启射灯模块；否则关闭蜂鸣器报警、关闭射灯模块，完成真实器件动作的同时更新相应功能模块在界面对应区域中的状态。当温度大于28度、光照大于230并且湿度大于50，开启窗帘空调设为23度，否则关闭窗帘，空调设为25度。

任务目标

1. 掌握Qt中#define宏定义的方法。
2. 掌握实现温度、光照度、时间与相关设备联动的方法。

知识准备

1. Qt中的宏定义

从任务描述中可以看出，本任务中涉及大量的环境参数与设备的联动操作，并且要求在软件界面中显示出对应的设备状态。在代码编写过程中，若采用本项目任务5中的控制设备的方法，则会产生大量冗余代码，程序会变得非常臃肿，不利用阅读和维护。因此，可以先使用"宏"的方式对设备操作及对应的界面显示状态进行定义，然后再使用这些宏定义去设计代码，这样可以在很大程度上减少代码书写量，提升程序执行效率。

宏定义又称为宏代换、宏替换，简称"宏"。其语法为"#define 标识符 字符串"，其中的标识符就是所谓的符号常量，也称为"宏名"。预处理(预编译)工作也叫做宏展开，是将宏名替换为字符串。这里的字符串可以是一条命令或者语句。简言之就是使用前面的标识符代替后面的语句。如"#define PI 3.1415926"，则程序中出现的PI全部换成3.1415926。关于Qt中宏代码的使用方法，请参考配套资料中"视频"文件夹下的"Qt程序员基本素养之宏代码的设置与应用.mp4"，或扫描下方的二维码。

2. 使用宏的注意事项

宏代码的设置与应用

在宏的使用中，应注意以下几点：

(1) 宏名一般用大写。

(2) 使用宏可提高程序的通用性和易读性，减少不一致性，减少输入错误和便于修改。例如：数组大小常用宏定义。

(3) 预处理是在编译之前的处理，而编译工作的任务之一就是语法检查，预处理不做语法检查。

(4) 宏定义末尾不加分号。

(5) 宏定义写在函数的花括号外边，作用域为其后的程序，通常在文件的最开头。

(6) 可以用#undef命令终止宏定义的作用域。

(7) 宏定义可以嵌套。

(8) 字符串""(空格字符)中永远不包含宏。

(9) 宏定义不分配内存,变量定义分配内存。

任务实施

(1) 打开项目“SmartHome”,进入“mainwindow. cpp”源文件。

(2) 声明设置空调温度的全局变量“int ktwd=0;”。

(3) 在“#include”的下面进行设备控制的宏定义,代码如下。需要注意的是,若宏定义中的表达式过长,可用“\”号作为换行标记。

```
#define FSK DataHandle.SerialWriteData(3,DCMotor,0,1);//风扇开
#define FSG DataHandle.SerialWriteData(3,DCMotor,0,0);//风扇关
#define SDK DataHandle.SerialWriteData(2,RelaySingle,0,1);//射灯开
#define SDG DataHandle.SerialWriteData(2,RelaySingle,0,0);//射灯关
#define FMK DataHandle.SerialWriteData(1,Buzz,0,1);state_Buzz=1;\
ui->btnBuzz->setStyleSheet("border-image: url(:/images/red.png);");//蜂鸣器开
#define FMG DataHandle.SerialWriteData(1,Buzz,0,0);state_Buzz=0;\
ui->btnBuzz->setStyleSheet("border-image: url(:/images/green.png);");//蜂鸣器关
#define CLK DataHandle.SerialWriteData(3,StepMotor,3,600);state_StepMotor=1;\
ui->btnStepMotor->setStyleSheet("");//窗帘开
#define CLG DataHandle.SerialWriteData(3,StepMotor,3,-600);state_StepMotor=0;\
ui->btnStepMotor->setStyleSheet("border-image: url(:/images/1Curtain.png);");//窗帘关
#define KTK DataHandle.SerialWriteData(2,DigitalTube,0,ktwd);
#define LED1K DataHandle.SerialWriteData(1,TTL_IO,0,led|=0x08);state_LED1=1;\
ui->btnLED1->setStyleSheet("border-image: url(:/images/1Led1.png);");//LED1 开
#define LED1G DataHandle.SerialWriteData(1,TTL_IO,0,led&=0x07);state_LED1=0;\
ui->btnLED1->setStyleSheet("border-image: url();");//LED1 关
#define LED2K DataHandle.SerialWriteData(1,TTL_IO,0,led|=0x04);state_LED2=1;\
```

```
    ui->btnLED2->setStyleSheet("border-image: url(:/images/1Led2.png);");//LED2 开
    #define LED2G DataHandle.SerialWriteData(1,TTL_IO,0,led&=0x0B);state_LED2=0;\
    ui->btnLED2->setStyleSheet("border-image: url();");//LED2 关
    #define LED3K DataHandle.SerialWriteData(1,TTL_IO,0,led|=0x02);state_LED3=1;\
    ui->btnLED3->setStyleSheet("border-image: url(:/images/1Led3.png);");//LED3 开
    #define LED3G DataHandle.SerialWriteData(1,TTL_IO,0,led&=0x0D);state_LED3=0;\
    ui->btnLED3->setStyleSheet("border-image: url();");//LED3 关
    #define LED4K DataHandle.SerialWriteData(1,TTL_IO,0,led|=0x01);state_LED4=1;\
    ui->btnLED4->setStyleSheet("border-image: url(:/images/1Led4.png);");//LED4 开
    #define LED4G DataHandle.SerialWriteData(1,TTL_IO,0,led&=0x0E);state_LED4=0;\
    ui->btnLED4->setStyleSheet("border-image: url();");//LED4 关
    #define LEDK DataHandle.SerialWriteData(1,TTL_IO,0,led=0x0F);\
    state_LED1=1;state_LED2=1;state_LED3=1;state_LED4=1;\
    ui->btnLED1->setStyleSheet("border-image: url(:/images/1Led1.png);");\
    ui->btnLED2->setStyleSheet("border-image: url(:/images/1Led2.png);");\
    ui->btnLED3->setStyleSheet("border-image: url(:/images/1Led3.png);");\
    ui->btnLED4->setStyleSheet("border-image: url(:/images/1Led4.png);");//LED 全开
    #define LEDG DataHandle.SerialWriteData(1,TTL_IO,0,led=0x00);\
    state_LED1=0;state_LED2=0;state_LED3=0;state_LED4=0;\
    ui->btnLED1->setStyleSheet("border-image: url();");\
    ui->btnLED2->setStyleSheet("border-image: url();");\
    ui->btnLED3->setStyleSheet("border-image: url();");\
    ui->btnLED4->setStyleSheet("border-image: url();");//LED 全关
```

(4) 根据"lblMode"中显示的模式(功能已在上一任务中实现),在槽方法"void MainWindow::getStr(QByteArray str)"中进行设备控制。代码如下:

```
if(ui->tbMode->currentIndex() == 1){//联动模式
            if(ui->lblMode->text() == "日间模式"){
                LEDG;
                ktwd = sd;
                KTK;
                if(gz>280){
                    if(state_StepMotor == 1){
                        CLG;
                    }
                }else{
                    if(state_StepMotor == 0){
                        CLK;
                    }
                }
            }
        if(ui->lblMode->text() == "夜间模式"){
                LEDK;
                if(state_StepMotor == 1){
                    CLG;
                }
                ktwd = wd;
                KTK;
                if(sd>65){
                    FSK;
                }else{
                    FSG;
                }
            }
        if(ui->lblMode->text() == "安防模式"){
                LEDG;
                if(state_StepMotor == 1){
                    CLG;
                }
```

```
                    if(StateHumanInfrared = = 1){
                        FMK;
                        SDK;
                    }else{
                        FMG;
                        SDG;
                    }
                    if(wd>28 && gz>230){
                        if(state_StepMotor = = 0){
                            CLK;
                        }
                        ktwd = 23;
                        KTK;
                    }else{
                        if(state_StepMotor = = 1){
                            CLG;
                        }
                        ktwd = 25;
                        KTK;
                    }
                }
}
```

(5) 将定义好的宏应用于本项目任务 5 对控件的设置中,以简化程序。代码如下:

```
void Dialog::on_btnLED1_clicked()
{
    if(ui->tbMode->currentIndex() = = 0){
        if(state_LED1 = = 0){
            LED1K;
        }else{
            LED1G;
        }
    }
}
```

```
void Dialog::on_btnLED2_clicked()
{
    if(ui->tbMode->currentIndex() == 0){
        if(state_LED2 == 0){
            LED2K;
        }else{
            LED2G;
        }
    }
}
void Dialog::on_btnLED3_clicked()
{
    if(ui->tbMode->currentIndex() == 0){
        if(state_LED3 == 0){
            LED3K;
        }else{
            LED3G;
        }
    }
}
void Dialog::on_btnLED4_clicked()
{
    if(ui->tbMode->currentIndex() == 0){
        if(state_LED4 == 0){
            LED4K;
        }else{
            LED4G;
        }
    }
}
```

```
void Dialog::on_btnStepMotor_clicked()
{
    if(ui->tbMode->currentIndex() == 0){
        if(state_StepMotor == 0){
            CLK;
        }else{
            CLG;
        }
    }
}
void Dialog::on_btnBuzz_clicked()
{
    if(ui->tbMode->currentIndex() == 0){
        if(state_Buzz == 0){
            FMK;
        }else{
            FMG;
        }
    }
}
```

(6) 设计完成，项目运行效果如图 3－22 所示。

任务拓展

◎ 任务描述

智能家居系统控制设备工作，可以通过串口方式，也可以通过网络方式。现需实现智能家居系统客户端与服务器通信，当点击“发送”按钮时，发送消息至服务端。

◎ 任务分析

Qt Creator 开发环境提供了能够实现网络通信功能的 QTcpSever 和 QTcpSocket 两个对象，只需调用 connect 方法，即可建立客户端与服务器的连接，从而实现数据传输。建立连接的操作步骤如下：

1. 创建套接字服务器 QTcpServer 对象；
2. 通过 QTcpServer 对象设置监听，即：QTcpServer::listen()；
3. 基于 QTcpServer::newConnection() 信号检测是否有新的客户端连接；

4. 如果有新的客户端连接调用 QTcpSocket * QTcpServer::nextPendingConnection()得到通信的套接字对象;

5. 使用通信的套接字对象 QTcpSocket 和客户端进行通信。

◎ **任务实施**

在需要建立网络通信的类文件中,输入连接服务器和发送数据的代码,如下所示:

```
// 连接服务器
void MainWindow::on_connect_clicked()
{
    QString ip = ui->ip->text();
    unsigned short port = ui->port->text().toUShort();
    m_tcp->connectToHost(QHostAddress(ip), port);
}
// 发送数据
void MainWindow::on_pushButton_clicked()
{
    QString msg = ui->msg->toPlainText();
    m_tcp->write(msg.toUtf8() + "\n"); // 输入客户端
    ui->record->append("客户端 : " + msg);
    ui->msg->clear();
}
```

任务小结

在本任务中,主要学习了以下内容:

1. Qt 中#define 宏定义的方法。
2. 实现温度、光照度、时间与相关设备联动的方法。
3. 实现智能家居设备联动控制的方法。

任务7 实现家居设备自定义控制

任务描述

本任务实现自定义模式的功能，如图 3-23 所示。根据用户设置的条件，当满足条件时分别将需要开启的电器设备勾选，并单击“自定义模式启动”按钮后，更新相应功能模块在界面对应区域中的状态，“自定义模式启动”按钮切换为“自定义模式关闭”。单击“自定义模式关闭”按钮，停止自定义模式的条件触发，“自定义模式关闭”按钮切换为“自定义模式启动”。

图 3-23 自定义模式功能实现

任务目标

1. 掌握 Qt 中自定义函数的方法。
2. 掌握 Qt 中方法的重载。

知识准备

在智能家居的自定义模式中有 4 种对象：温度、湿度、光照度、烟雾；以及两种条件：

大于等于和小于。因此，用户设置的条件可能会出现 8 种组合情况，每一种情况下都会对应一段相同的设备控制代码。为了减少代码冗余，可以将代码段写入“自定义方法”中，再将自定义方法加入这 8 种情况。

1. 什么是方法

方法也称为函数，用于封装一段特定的逻辑功能。方法的主要要素有：方法名、参数列表和返回值。声明方法的语法为：

```
修饰词(可省略)　返回值类型　方法名(参数列表){
        方法体
}
```

其中，返回值类型是方法调用结束后返回的数据类型。方法在声明时必须指定返回值的类型。若方法没有返回值，需将返回值类型设置为 void。通过 return 语句返回，return 语句的作用为结束方法且将数据返回，return 后面的代码将不予执行，因此，在写方法的过程中的最后一行代码永远是 return 指令。方法的参数是方法在调用时被传递，需要被方法处理的数据。在方法定义时，需要声明该方法所需要的参数变量。在方法调用时，会将实际的参数值传递给方法的参数变量，必须保证传递的参数类型和个数符合方法的声明。关于在 Qt 中设置动画效果的方法与步骤，请参考配套资料中“视频”文件夹下的“Qt 程序员基本素养之设置设备动画效果. mp4”，或扫描下方的二维码。

设置设备动画效果

实例 1：创建一个 Qt 项目，自定义一个取两个整数最大值的方法，并在项目的构造方法中调用这个自定义方法，最后用“qDebug”输出结果。操作步骤如下：

(1) 创建一个 Qt 项目，在头文件“mainwindow. h”中的“public”区域内声明一个求两个整数最大值的方法，代码如下：

```
int Max(int a,int b);
```

(2) 打开项目源文件“mainwindow. cpp”，引入“QDebug”库，代码如下：

```
#include <QDebug>
```

(3) 自定义“Max()”方法，代码如下：

```
int MainWindow::Max(int a,int b){
    if(a<b){
        a = b;
    }
    return a;
}
```

(4) 在构造方法中调用此方法，并将结果使用“qDebug”输出，代码如下：

```
int max = Max(5,10);
qDebug()<<max;
```

(5) 在“应用程序输出”窗口中显示结果为10。

实例分析:自定义方法需要在项目头文件的“public”区域内进行声明才可以使用。该方法的作用是返回两个数的最大值,则其返回值的数据类型为“int”型。该方法的参数为两个int类型的变量,使用变量a和变量b来表示。自定义方法声明后,在源文件(.cpp)文件中编辑这个方法的具体功能,假设最大值为a,当a<b时,将b赋值给a,这里返回值a的数据类型“int”与自定义方法的返回值“int”是匹配的。在项目的构造函数中调用此方法,传递两个参数,分别是5和10,5传递给变量a,10传递给变量b,比较完成后,将值较大的10返回并赋值给变量max,最后在“应用程序输出”窗口将max的值打印出来。

实例2:创建一个Qt项目,自定义一个方法计算费氏数列第8项的值,费氏数列的第1项和第2项均为1,从第三项开始,每一项都等于前两项之和。如:1、1、2、3、5、8、13、21、34…操作步骤如下:

(1) 创建一个Qt项目,在头文件“mainwindow.h”中的“public”区域内声明一个求费氏数列的方法,代码如下:

```
int Fab(int n);
```

(2) 打开项目源文件“mainwindow.cpp”,自定义“Fab方法”,代码如下:

```
int MainWindow::Fab(int n){
    if(n = =1 || n = =2){
        return 1
    }
    return Fab(n-1)+Fab(n-2);
}
```

(3) 在项目的构造方法中调用此方法,并将结果使用“qDebug”打印,代码如下:

```
int fab = Fab(8);
qDebug()<<fab;
```

(4) 在“应用程序输出”窗口中显示结果为21。

实例分析:自定义计算费氏数列第n项的值的方法,其方法返回值为int类型,将int型的变量n作为要传递的参数,表示要计算的为第n项。在自定义方法中,若n的值是1或2,则直接返回值1,当n的值大于2时,进行方法的递归调用,即“Fab(n-1)+Fab(n-2);”,直到n-1和n-2的值为1或2时,返回值1。

2. 方法的重载

使用某个定义好的方法前,要先查看该方法的返回值类型和参数类型,将鼠标光标指向该方法，系统将自动提示，如图 3－24 所示。调用该方法时务必将返回值和参数进行对应数据类型的赋值，否则程序在编译时将会报错。

```
int max = Max(5,10);
qDebug()<<max  int MainWindow::Max(int a, int b)
```

图 3－24　方法自动提示

在 Qt 程序中，查看方法时会发现，有些方法名下对应多个方法，如图 3－25 所示，“1/3”表示“display()”方法名下对应 3 个同名的方法，当前处于第 1 个方法。这 3 个方法具有相同的方法名“display”，但参数类型、参数个数、方法的返回值类型不同，这种类型的方法称为重载方法。在调用重载方法时，只需对应其中的某一种方法的返回值和参数即可。

```
                              ▲ 1/3 ▼ void display(double num)
ui->lcdNumber->display();
```

图 3－25　方法的重载

基于重载方法的特点，在自定义方法的时候，也可以使用同名方法，但参数或返回值类型一定要有所区别。例如，本任务中定义了一个比较两个整数最大值的方法“Max()”，也可以定义一个比较 3 个整数最大值的方法，代码如下：

```
int MainWindow::Max(int a,int b,int c){
    if(a<b){
        a = b;
    }
    if(a<c){
        a = c;
    }
    return a;
}
```

同时，也可以定义一个比较两个浮点数最大值的方法，代码如下：

```
int MainWindow::Max(double a,double b){
    if(a<b){
        a = b;
    }
    return a;
}
```

此时，再调用“Max()”方法的时候，Qt 就会提示有 3 种同名的方法。

任务实施

(1) 打开项目“SmartHome”，进入“mainwindow. ui”界面文件。

(2) 在“自定义模式”选项卡中，右键单击“btnZdy”(自定义模式开启)按钮，在弹出的快捷菜单中选择“转到槽”命令，在槽方法中输入如下代码：

```
void MainWindow::on_btnZdy_clicked()
{
    if(ui->btnZdy->text()=="自定义模式开启"){
        ui->btnZdy->setText("自定义模式关闭");
    }else{
        csh();
        ui->btnZdy->setText("自定义模式开启");
    }
}
```

(3) 打开“mainwindow. h”头文件，在“public”区域声明自定义设备方法和初始化设备方法。代码如下：

```
void zdy();//自定义设备方法
void csh();//初始化设备方法
```

(4) 在源文件“mainwindow. cpp”中对两个方法进行设计，代码如下：

```
void MainWindow::zdy(){
    if(ui->cbFs->isChecked()){FSK;} else {FSG;}
    if(ui->cbSd->isChecked()){SDK;} else {SDG;}
    if(ui->cbLED->isChecked()){LEDK;} else {LEDG;}
    if(ui->cbFmq->isChecked()){FMK;} else {FMG;}
    if(ui->cbCl->isChecked()){
        if(state_StepMotor==0){
            CLK;
        }
    } else {
        if(state_StepMotor==1){
            CLG;
        }
    }
```

```
        if(ui->cbSmg->isChecked()){
            ktwd = ui->spAirj->value();
            KTK;
        }else {
            ktwd = 0;
            KTK;
        }
    }
    void MainWindow::csh(){
        FSG;SDG;LEDG;FMG;
        ktwd = 0;KTK;
        if(state_StepMotor == 1){
            CLG;
        }
    }
```

(5) 在"getStr"方法中对自定义模式的触发条件进行设置,并在条件满足时调用自定义方法,条件不满足时调用初始化方法。代码如下:

```
    if(ui->tbMode->currentIndex() == 2&&ui->btnZdy->text() == "自定义模式关闭"){
                if(ui->cbDx->currentIndex() == 0 && ui->cbTj->
                currentIndex() == 0){
                    if(wd>= ui->spYz->value()){
                        zdy();
                    }else{
                        csh();
                    }
                }
                if(ui->cbDx->currentIndex() == 0 && ui->cbTj->
                currentIndex() == 1){
                    if(wd<ui->spYz->value()){
                        zdy();
                    }else{
                        csh();
                    }
                }
```

```
if(ui->cbDx->currentIndex() == 1 && ui->cbTj->
currentIndex() == 0){
    if(sd >= ui->spYz->value()){
        zdy();
    }else{
        csh();
    }
}
if(ui->cbDx->currentIndex() == 1 && ui->cbTj->
currentIndex() == 1){
    if(sd<ui->spYz->value()){
        zdy();
    }else{
        csh();
    }
}
if(ui->cbDx->currentIndex() == 2 && ui->cbTj->
currentIndex() == 0){
    if(gz >= ui->spYz->value()){
        zdy();
    }else{
        csh();
    }
}
if(ui->cbDx->currentIndex() == 2 && ui->cbTj->
currentIndex() == 1){
    if(gz<ui->spYz->value()){
        zdy();
    }else{
        csh();
    }
}
```

```
            if(ui->cbDx->currentIndex()==3 && ui->cbTj->
            currentIndex()==0){
                if(yw>=ui->spYz->value()){
                    zdy();
                }else{
                    csh();
                }
            }
            if(ui->cbDx->currentIndex()==3 && ui->cbTj->
            currentIndex()==1){
                if(yw<ui->spYz->value()){
                    zdy();
                }else{
                    csh();
                }
            }
}
```

(6) 设置完成,运行效果如图 3-23 所示。

任务拓展

◎ 任务描述

智能家居系统点击某个按钮时,实现控制设备的功能。现需点击“打开空调”按钮,系统向智能空调发送指令,控制空调的工作状态。

◎ 任务分析

Qt Creator 开发环境提供的信号和槽机制可以实现按钮点击事件,但该点击事件是仅基于 Qt 开发环境的,并未与智能家居的硬件设备实现连接。因此,需要重写点击按钮的方法,通过调用导入的智能家居库函数,实现设备控制功能。

◎ 任务实施

选中“打开空调”按钮的信号和槽,切换到代码模式,输入以下程序代码:

```
#ifndef MYLINEEDIT_H
#define MYLINEEDIT_H
#include <QObject>
```

```
#include <QLineEdit>
#include <QMouseEvent>
class MyLineEdit : public QLineEdit
{
    Q_OBJECT
    public:
        explicit MyLineEdit(QWidget *parent = NULL);
        void init();
    protected:
        void mousePressEvent(QMouseEvent *event);//重写 mousePressEvent
    signals:
        void clicked();//clicked 信号
}
```

任务小结

在本任务中，主要学习了以下内容：

1. Qt 中自定义函数的方法。
2. Qt 中方法的重载。
3. 实现智能家居设备自定义控制的方法。

项目总结

在本项目中学习了以下内容：

(1) 库文件的引入方法为在项目文件(.pro 文件)中使用"LIBS+=库文件路径/库文件名"。文件的引入方法为在头文件(.h 文件)或源文件(.cpp 文件)中使用"#include<文件名/类名>"或"#include "文件名/类名""。

(2) Qt 中常用的变量类型有：int(整数型)、float(单精度型)、double(双精度型)、char(字符型)、bool(布尔型)、QString(字符串)。常用的运算符有：算数运算符、关系运算符、逻辑运算符、条件运算符。

(3) QString 字符串类的使用方法。使用 QString 类中定义的方法进行字符串连接、转换、查找和替换的操作。

(4) 在程序设计中有3种基本的程序结构,即顺序结构、分支结构和循环结构。本项目中主要学习了分支结构中的单分支"if"语句和双分支"if…else"语句,在代码书写过程中应注意书写规范。

(5) 宏定义可以很大程度地减少代码的书写量,提升代码的书写效率。Qt中宏定义的语法为"#define 标识符 字符串"。

(6) 方法也称为函数,用于封装一段特定的逻辑功能。在Qt的头文件中声明方法,其语法为"修饰词(可省略)返回值类型 方法名(参数列表)"。在源文件中写方法和调用方法,写方法时要在方法名前面加入"类名::",调用方法时应注意返回值类型和参数类型要与声明的方法保持一致。

项目评价

1. 考核评价表

考核指标	目标	标准	考核方式	权重	自评	评价
出勤与安全	让学生养成良好的工作习惯	100	考核总分为100分,按照6个项目的权重比例给分,其中"项目展示汇报"的具体评价方式参见"任务完成度评价表"	0.10		
工程实践表现	学生参与工作的态度与能力			0.15		
回答问题	学生掌握知识与技能的程度			0.15		
团队合作情况	小组团队合作情况			0.10		
项目展示汇报	任务完成及汇报情况			0.40		
拓展能力	能力提升状态,任务完成情况			0.10		
创造性学习(附加分)	考核学生的创新意识	10	教师以10分为上限,对项目实践过程中有突出表现和创新做法的学生予以奖励。	1.00		
学习成绩=出勤情况×0.1+项目实践表现×0.15+回答问题×0.15+团队合作情况×0.1+项目展示汇报×0.4+拓展能力×0.1+附加分						

2. 任务完成度评价表

任务	分值	得分
任务 1:引入库和必要的文件	10	
任务 2:设置设备板号	15	
任务 3:获取环境监测数据	15	
任务 4:获取环境温度值	15	
任务 5:使用图片按钮控制设备	15	
任务 6:实现家居设备联动	15	
任务 7:实现家居设备自定义控制	15	

3. 项目总结

项目学习情况:
心得与反思:

项目4

实现智能家居软件系统的高级功能

项目概述

本项目实现智能家居软件系统的高级应用功能，主要包括窗口切换功能、用户管理功能、时钟显示功能，并将软件系统嵌入式移植到6410网关中。通过实现上述功能，进一步掌握Qt中的语法和系统常用类的方法。

学习目标

- 掌握Qt中类和对象的概念、创建步骤和使用方法。
- 掌握Qt中多分支选择结构和3种循环结构的使用方法。
- 掌握数据库的相关概念和Qt中操作SQLite数据库的常用方法。
- 掌握数组的概念、定义和使用方法。
- 掌握Qt中字符串类、文件操作类、时间日期类的使用方法。
- 掌握线程的概念和Qt中使用计时器的方法。
- 掌握嵌入式操作系统的概念、定义与工作原理。
- 掌握Linux操作系统中文件和目录的操作方法。
- 掌握6410嵌入式网关移植的方法。

任务1 实现多窗体切换功能

任务描述

本任务是实现对多窗口切换的功能，如图 4－1 所示，左图为智能家居软件的启动界面，单击界面中的“En”按钮将页面切换至智能家居管理界面（右图窗口），同时启动界面消失，原窗口关闭。

图 4－1 窗口切换

任务目标

1. 掌握 Qt 中类的概念、特点与创建步骤。
2. 掌握 Qt 中对象的定义与创建步骤。
3. 掌握 Qt 中构造方法的概念与应用。

知识准备

在 Qt 图形化项目设计的过程中，每一个窗体都对应着头文件、源文件和界面文件。这 3 个文件构建了 Qt 中的类。用户要在窗体界面中执行任何操作（如点击一个按钮），必须先将这个类实例化成具体的操作对象（如 Push Button），然后，再以对象为基础进行操作（如执行单击动作）。类和对象就是面向对象程序设计（Object Oriented Programming，OOP）的基础。

1. Qt 中的类

类是一个抽象的概念，简单地说类就是种类、分类的意思。如：汽车、动物等，是对一类事物的统称，并不是指具体的某个事物。在 Qt 中创建类的步骤如下：

(1) 右击项目，选择“添加新文件”。

(2) 可以选择创建“C++类”(不带图形界面)或者“Qt 设计师界面类”(带图形界面)。

(3) 对类名和基类进行设置，注意类名首字母要大写。设置完成会自动生成以类名为文件名的头文件和源文件。在头文件中有对类的声明，格式为“class 类名”。创建好类后意味着此类以后可以作为一种新的数据类型定义变量(需先引入该类)。关于 Qt 中的类与对象，请参照配套资料中“视频”文件夹中的“Qt 程序员基本素养之 Qt 类与对象.mp4”，或扫描下方的二维码。

实例 1：创建一个项目，在项目中定义一个学生类(Student)。操作步骤如下：

Qt 类与对象

(1) 在 Qt 中创建一个项目“Test”，创建时基类选择“QDialog”，其余参数默认。

(2) 右键单击该项目，在弹出的快捷菜单中选择“添加新文件”命令。

(3) 在“新建文件”对话框中选择“C++”→“C++类”，单击“选择”按钮进入下一个操作步骤，如图 4-2 所示。

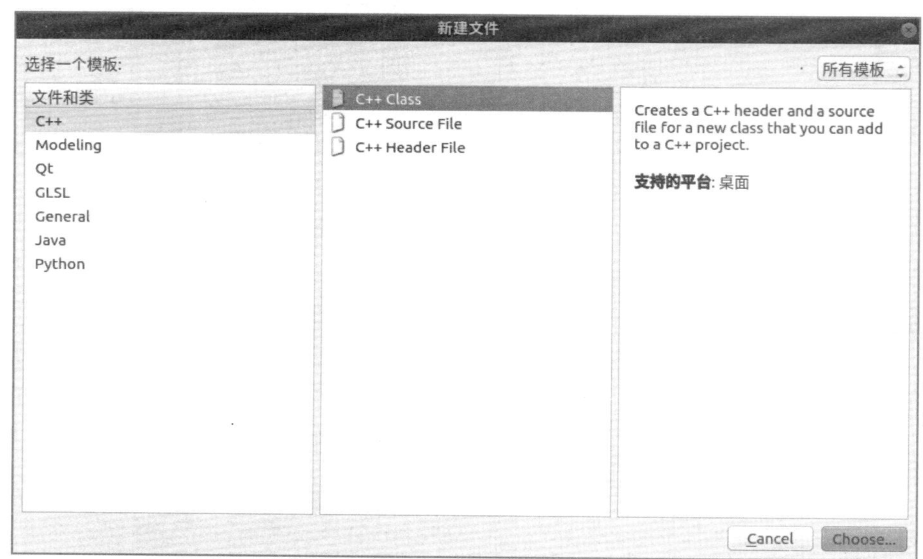

图 4-2　新建 C++类

(4) 在“C++类向导”对话框中输入类名“Student”，基类为空，头文件名和源文件名会自动生成，单击“下一步”按钮进入下一个操作步骤，如图 4-3 所示。

(5) 在“项目管理”对话框中直接单击“完成”按钮，完成类的创建。在“student.h”头文件中会自动对“Student”类进行定义，并生成一个不含参数的构造方法，如图 4-4 所示。

C++ Class
Define Class
Details
Summary
Class name: Student
Base class: <Custom>
Include QObject
Include QWidget
Include QMainWindow
Include QDeclarativeItem - Qt Quick 1
Include QQuickItem - Qt Quick 2
Include QSharedData
Header file: student.h
Source file: student.cpp
Path: /home/linux/Qt/Test
浏览...
下一步(N) >
取消

图 4-3 C++类向导的设置

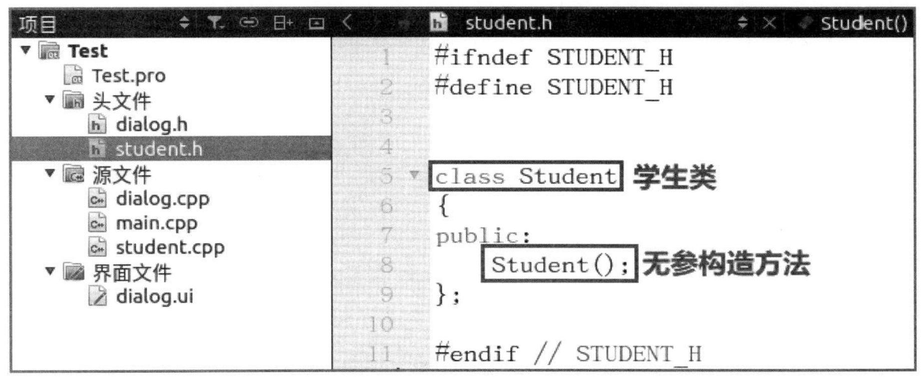

图 4-4 自动定义 Student 类

2. 类的组成

类是由属性和方法组成的。其中,属性也称为类的成员变量,用于描述这个类中可以使用值进行量化的特征,是名词。以"Student"类为例,属性可以包括学号、姓名、年龄、性别等。属性表现为在类中声明的变量,可以使用声明变量的语法,在类中声明属性,但一般只是声明,不会进行赋值。不同的对象会对应不同的属性值,如不同学生的学号是不同的。方法用于描述类的行为动作,是动词。以"Student"类为例,方法可以有学习、吃饭、唱歌等。在程序中,方法表现为一系列代码的集合。其声明和使用的方法在项目3中有详细阐述,此处不再赘述。

实例 2:在实例 1 的学生类(Student)中定义四个属性:学号、姓名、年龄、性别。定义三个方法:学习、吃饭、唱歌。操作步骤如下:

(1) 打开“student.h”头文件,在“public”区域定义 Student 类的四个属性,代码如下:

```
int id;//学号
QString name;//姓名(注意先引入 QString 类)
int age;//年龄
char sex;//性别
```

(2) 在“public”再定义三个方法,返回值都为“QString”类型,代码如下:

```
QString Study();//学习方法
QString Eat();//吃饭方法
QString Sing();//唱歌方法
```

(3) 在“student.cpp”源文件中写方法。代码如下:

```
QString Student::Study(){
    return this->name + "正在学习...";
}
QString Student::Eat(){
    return this->name + "正在吃饭...";
}
QString Student::Sing(){
    return this->name + "正在唱歌...";
}
```

实例分析:根据属性的含义定义出属性的数据类型。注意,由于自定义类不包含 QString 类,因此无法直接使用 QString 的数据类型,在使用前要先引入 QString 类。在本例中,定义了 3 个方法分别返回学生的当前状态。其中,“this”关键字是指“Student”类自身,作用是防止和类中其他的形参混淆。this－>name 是指本类中的 name 属性,而不是方法括号中的参数。

3. Qt 中的对象

对象即归属于某个类别的个体,是指具体某个事物、东西。例如:某人家养的一只名叫“Tom”的猫,这就是一个对象。在 Qt 中创建对象的步骤如下:

(1) 通常创建的对象和类不在同一源文件中,因此在创建对象时,需先引入该类或者该类所在的头文件。

(2) 创建对象分为声明和初始化两部分。声明对象与声明变量的语法一致,格式为“类名 * 变量名;”,初始化对象的过程也称为实例化,创建的对象也可以称为“实例”。初始化对象的语法为“变量名＝new 类名();”,对象的声明和实例化也可以在一条语句中完成，语法为“类名 ＊变量名＝new 类名()；”。同一个可以创建若干对象。

实例 3：在实例 2 的基础上，创建一个“Student”对象，对象的属性如下：学号为“1”，姓名为“张三”，年龄为“16”，性别为“男”。并在界面上放置一个 Label 控件，调用Study()方法，并将返回值显示在 Label 控件上。操作步骤如下：

(1) 在界面文件“dialog. ui”中拖入一个 Label 控件，控件名称设置为“lblShow”。

(2) 打开“dialog. cpp”源文件，引入“Student”类的头文件，代码如下：

```
#include "student.h"
```

(3) 在构造方法中实例化“Student”类，并完成对象的属性与方法的操作，代码如下：

```
Student *stu = new Student();
stu->id = 1;
stu->name = "张三";
stu->age = 16;
stu->sex = '男';
ui->lblShow->setText(stu->Study());
```

(4) 设置完成，运行效果如图 4-5 所示。

图 4-5 运行效果

实例分析：“Student”类在使用前必须先实例化为一个具体的对象，即语句“Student ＊stu＝new Student()；”，这里的“stu”就是被实例化的对象的名称，使用“对象名－＞属性”和“对象名－＞方法”的方法对类中的属性和方法进行操作。最后，将返回值显示在 Label 控件中。

4. Qt 中的构造方法

构造方法是在类的实例化的同时执行的方法，即是在“new 类名()”的时候进行调用的方法，一般使用构造方法来对类的属性进行初始化。构造方法的特征有：

(1) 构造方法不声明方法的返回值。

(2) 方法名和类名相同。

(3) 构造方法可以由系统自动创建，也可以由用户手动添加。

(4) 创建带有参数的构造方法，可以有效提高创建对象、初始化属性的开发效率。

实例 4：在实例 3 的基础上，重写"Student"类中的构造方法，在构造方法中进行属性的初始化，并在"dialog. cpp"中创建一个 Student 对象，对象的属性为学号为"2"，姓名为"李四"，年龄为"17"，性别为"男"。调用"Student"类中的"Eat()"方法，并将返回值显示在 Label 控件上。操作步骤如下：

(1) 打开"student. h"类头文件，在"public"区域重新声明构造方法。代码如下：

```
Student(int id,QString name,int age,char sex);
```

(2) 打开"student. cpp"类源文件，写构造方法。代码如下：

```
Student::Student(int id,QString name,int age,char sex){
    this->id = id;
    this->name = name;
    this->age = age;
    this->sex = sex;
}
```

(3) 打开"dialog. cpp"源文件，实例化"Student"类，并执行"Eat"方法，将返回值显示在 Label 控件上，代码如下：

```
Student *stu = new Student(2,"李四",17,'男');
ui->lblShow->setText(stu->Eat());
```

(4) 设置完成，运行效果如图 4－6 所示。

图 4－6　运行效果

实例分析：在声明构造方法时应注意，构造方法不声明返回值，方法名与类同名（区分大小写），并且“Student”类包含 4 个属性，因此构造方法声明为“Student（int id，QString name，int age，char sex）；”。在写构造方法时应注意“this－＞id”是指本类中的属性，而“id”是构造方法传递进来的形式参数，两者本质是不同的。类在实例化时将自动调用用户自定义的构造方法，必须将 4 个参数按照定义时的顺序依次传入。最后，将返回值显示在 Label 控件中。

5. Qt 中类的三大特性：继承性、封装性、多态性

（1）继承性

继承是一种利用已有的类，快速创建新类的机制，这里被继承的类称为父类（基类），得到继承的类称为子类。通过继承，子类将拥有父类的全部属性和方法。在 Qt 中，类的声明使用如下语法实现继承：“class 类名：public 父类名”。

在智能家居软件的“MainWindow”类中，如图 4－7 所示，可以看到其继承了 QMainWindow 这个基类。在本任务的操作过程中使用了“MainWindow”类的“show()”方法和“hide()”方法。然而，在“MainWindow”类中并没有这两个方法的定义，说明这两个方法不是在“MainWindow”类中定义的，而应该是在其基类中定义的。要查找 show() 方法的定义位置，可以在代码“mainwindow－＞show()；”中先按住＜Ctrl＞键，然后将鼠标光标移动到“show()”位置上，出现下划线后单击，打开如图 4－8 所示的“qwidget. h”头文件。

```
namespace Ui {
class MainWindow;
}

class MainWindow : public QMainWindow
{
    Q_OBJECT
```

图 4－7　MainWindow 类继承自 QMainWindow 类

```
qwidget.h        restoreGeometry(const QByteArray &): bool
    void update(const QRegion&);

    void repaint(int x, int y, int w, int h);
    void repaint(const QRect &);
    void repaint(const QRegion &);

public Q_SLOTS:
    // Widget management functions

    virtual void setVisible(bool visible);
    void setHidden(bool hidden);
    void show();
    void hide();
```

图 4－8　qwidget. h 头文件

根据图 4－8 所示，发现“MainWindow”类的基类并不是“QMainWindow”，而是另一个类“QWidget”。返回“mainwindow. h”文件，按住<Ctrl>键，单击“QMainWindow”，进入“qmainwindow. h”文件，可以发现“QMainWindow”类同样继承自“QWidget”，如图 4－9 所示。因此，“MainWindow”类是“QWidget”类的子类的子类，当然也可以使用“QWidget”类的方法。

```
qmainwindow.h        dockNestingEnabled: bool
class QMenuBar;
class QStatusBar;
class QToolBar;
class QMenu;

class Q_WIDGETS_EXPORT QMainWindow : public QWidget
{
    Q_OBJECT

    Q_FLAGS(DockOptions)
```

图 4－9　qmainwindow. h 头文件

(2) 封装性

类的封装是指使用访问权限控制符对内部成员（属性和方法）进行一定的保护。封装的目的是增强安全性和简化编程。访问权限修饰符有“private”（私有权限）、“protected”（保护权限）、“public”（共有权限）三种，其对应的访问权限如表 4－1 所示。

表 4－1　权限修饰符的访问权限

修饰符	当前类	子类	其他类
private	允许	不允许	不允许
protected	允许	允许	不允许
public	允许	允许	允许

在本任务的实例中，“Student”对象中定义的 4 个属性和 3 个方法均为“public”修饰，因此在“Dialog”类中可以对其直接访问，若改为“private”修饰，则不能在“Dialog”类中访问。

(3) 多态性

多态指某个对象在编译期和运行期是不同的数据形态。多态通常表现为：使用父类的数据类型进行声明，但却创建子类的对象，这种方式也称为向上转型。向上转型后，该对象不可再访问父类中没有声明的属性和方法，如果父类和子类同时写了一个方法，则会调用子类的方法。其语法格式为：“父类类名 对象名＝new 子类类名()”，如项目中“Dialog”类是“QDialog”的子类，可以使用“QDialog ＊dialog＝new Dialog()”进行类的实例化。

任务实施

(1) 打开项目“SmartHome”。右击该项目,选择“添加新文件”。创建一个“Qt 设计师界面类”,类名为“Splash”,基类选择“QWidget”。该界面为智能家居软件系统的启动界面。

(2) 打开“splash. ui”界面文件,拖放合适的控件,设置如图 4-10 的界面效果。控件属性如表 4-2 所示。

图 4-10 启动界面效果

表 4-2 权限修饰符的访问权限

控件类型	控件名	属性设置
Dialog2	(默认)	宽度:800,高度:480
Label	lblBg	X:0,Y:0 宽度:800,高度:480
Push Button	btnEn	X:740,Y:420 宽度:60,高度:60

(3) 设置“lblBg”控件的背景和“btnEn”控件的边框背景,如图 4-11、图 4-12 所示。

图 4-11 设置“lbl”控件的背景图片

图 4－12　设置“btnEn”控件的边框背景图片

（4）右键单击“btnEn”控件，选择“转到槽”，进入“splash.cpp”源文件。

（5）由于要将该页面转入“MainWindow”页面，因此先要引入“mainwindow.h”头文件。在顶部输入“#include "mainwindow.h"”。

（6）在“btnEn”的“clicked()”槽方法中输入以下代码：

```
void Splash::on_btnEn_clicked()
{
    QMainWindow *mainwindow = new QMainWindow();//实例化 MainWindow 对象
    mainwindow->show();//显示 MainWindow 页面
    this->close();//关闭当前页面
}
```

（7）进入“main.cpp”主文件（程序的入口文件），将“Splash”页作为第一页进行显示。先引入“splash.h”头文件，在顶部输入“#include "splash.h"”，将程序中原来的“MainWindow w;”修改为“Splash w;”。这样在程序启动的时候就会将“Splash”作为第一页进行显示了。

（8）设计完成，运行测试。

任务拓展

◎ 任务描述

在智能家居系统中，涉及多种功能，通常在主窗体上显示各功能按钮，点击对应的按钮，弹出子窗体。子窗体可以打开多个，可实现窗体平铺、层叠等效果。

◎ 任务分析

在 Qt Creator 开发环境中，当建立一个窗体时，会有三种选项，分别为 Dialog、MainWidow、Widget。显示多个窗体时，应选择 MainWindow，并调用其 tabifyDockWidget 方法实现窗体平铺或层叠。

◎ 任务实施

选择智能家居系统的主窗体，在其类文件中输入以下代码：

```
#include "widget.h"
#include "ui_widget.h"
#include"qpainter.h"
#include "form.h"
Widget::Widget(QWidget *parent) :
    QWidget(parent),
    ui(new Ui::Widget)
{
    ui->setupUi(this);
}
Widget::~Widget()
{
    delete ui;
}
void Widget::on_pushButton_clicked()
{
    Form *frm=new Form();
    frm->setWindowFlags(Qt::Widget);
    frm->show();
}
```

任务小结

在本任务中，主要学习了以下内容：

1. Qt 中类的概念、特点与创建步骤。
2. Qt 中对象的定义与创建步骤。
3. 实现智能家居软件系统窗体切换的方法。

任务2 实现进度加载功能

任务描述

本任务主要实现在程序中常见的进度条加载的功能，如图 4－13 所示。当用户单击“En”按钮时，进度条从 0 加载到 100，进度条每次加 1，并且在进度条值为 10，20，30，50，60，80，100 时用一个 label 显示文字信息，并将字体设为红色。

图 4－13 进度加载

Label 控件显示内容如表 4－3 所示。

表 4－3 Label 控件显示的内容

进度条的值	Label 显示的文字
10%	正在加载串口配置……
20%	串口配置加载完成……
30%	正在加载界面配置……
50%	界面配置加载完成……
60%	正在初始化界面……
80%	界面初始化完成……
100%	进入系统中……

任务目标

1. 掌握 Qt 中多分支选择结构的概念与应用。
2. 掌握 Qt 中 for 循环、while 循环、do-while 循环的使用方法。
3. 掌握 Qt 中 break 关键字与 continue 关键字的用法。

知识准备

使用循环语句进行进度条从 0 加载到 100 的操作，在加载的过程中利用多分支语句对当前进度值进行判断，并根据进度数字，在 Label 控件中显示不同的内容。

1. 多分支结构

多分支结构通过“switch…case”语句来实现，其语法为：

```
switch(变量){
    case 值 1:
        语句块;
        break;
    case 值 2:
        语句块;
        break;
    …
    case 值 n:
        语句块;
        break;
    default:
        语句块;
        break;
}
```

与“if…else”语句不同的是“if”语句的条件是通过关系表达式进行判断，而“switch…case”通过变量与值的比较进行判断。因此，“switch…case”语句只适用于“等于”的情况，而且这里的变量数据类型必须为 int 型，若出现大于、小于的判断或者为非 int 型的变量的判断，还必须使用“if”语句进行解决。关于 Qt 中的进度条组件的使用方法，请参照配套资料中“视频”文件夹下的“Qt 程序员基本素养之进度条组件应用.mp4”，或扫描下方的二维码。

进度条组件应用

实例 1：命令解析器，运行效果如图 4 - 14 所示。有如下功能供用户选择:1.显示全部记录,2.查询登录记录,3.退出。当用户在控制台输入1,用户选择的功能为显示全部记录;输入2,用户选择的功能为查询登录记录;输入0,用户选择的功能为退出。操作步骤如下:

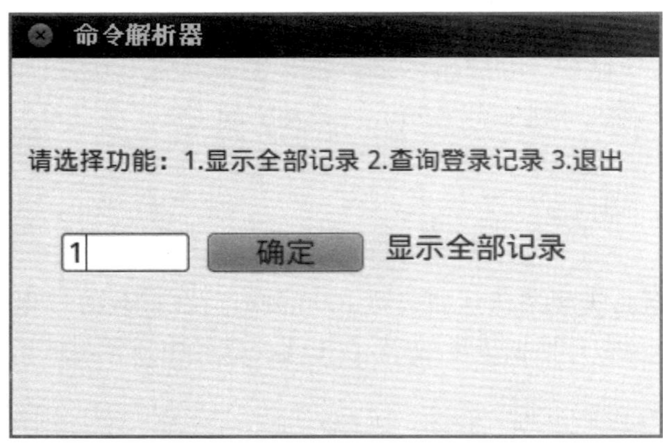

图 4-14　命令解析器

(1) 在 Qt 中新建一个"Command"项目,基类选择"QDialog",其他参数保持默认。

(2) 页面设计

打开"dialog.ui"界面文件,拖放合适的控件到界面中,控件属性如表 4-4 所示。

表 4-4　控件属性设置

控件类型	控件名称	属性设置
QDialog	Dialog	宽度:400,高度:240,windowTitle:命令解析器
QLabel	默认	text:请选择功能:1.显示全部记录 2.查询登录记录 3.退出
QLineEdit	leGn	
QPushButton	btnQd	text:确定
QLabel	lblShow	

(3) 右键单击"btnQd"按钮,在弹出的快捷菜单中选择"转到槽"命令,在槽方法中输入以下代码:

```
void Dialog::on_btnQd_clicked()
{
    int gn = ui->leGn->text().toInt();
    switch(gn){
    case 1:
        ui->lblShow->setText("显示全部记录");
        break;
```

```
        case 2:
            ui->lblShow->setText("查询登录记录");
            break;
        case 0:
            this->close();
        default:
            ui->lblShow->setText("没有该选项");
            break;
        }
    }
```

实例分析：使用变量"gn"获取用户输入的功能编号，由于"switch…case"语句中的变量必须为 int 类型，因此，先要将"leGn"控件中的文本转换为 int 型。用户单击"确定"按钮后对输入的功能编号进行判断，在"lblShow"控件中显示对应的功能。当用户输入的功能编号不存在时，则执行"default"区域内语句块的内容。

2. 循环结构：for 循环语句

其语法为：

```
for(表达式 1;表达式 2;表达式 3){
    语句块;
}
```

其中表达式 1 为循环控制变量初始值，表达式 2 为循环控制条件，表达式 3 为循环一次后循环控制变量的递增值。

实例 2：创建一个项目，其运行效果如图 4－15 所示。用户输入一个值，点击"累加"按钮，将计算从 1 累加到这个值的和，将其显示在 Label 控件中。操作步骤如下：

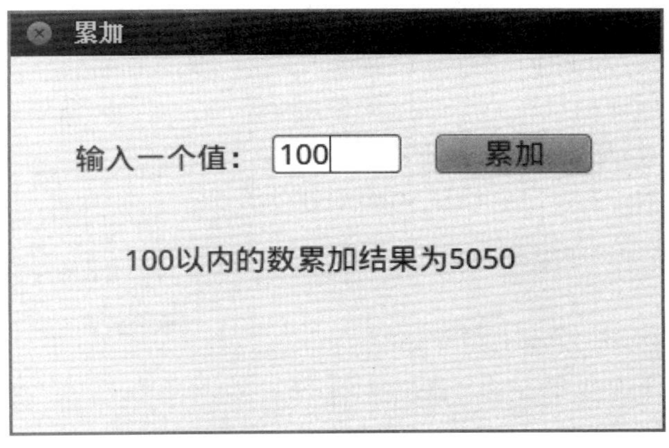

图 4－15　数字累加

(1) 在 Qt 中新建一个“Sum”项目，基类选择“QDialog”，其他参数保持默认。

(2) 页面设计

打开“dialog. ui”界面文件，拖放合适的控件到界面中，控件属性如表 4-5 所示。

表 4-5 控件属性设置

控件类型	控件名称	属性设置
QDialog	Dialog	宽度:400，高度:240，windowTitle:累加
QLabel	默认	text:输入一个值
QLineEdit	leVal	
QPushButton	btnLj	text:累加
QLabel	lblShow	

(3) 右键单击“btnLj”按钮，在弹出的快捷菜单中选择“转到槽”命令，在槽方法中输入以下代码：

```
void Dialog::on_btnLj_clicked()
{
    int val = ui->le_Val->text().toInt();
    int sum = 0;
    for(int i = 1;i<= val;i++){
        sum+= i;
    }
    ui->lblShow->setText(QString::number(sum));
}
```

实例分析：在上述代码中，使用变量 val 获取文本框的值，使用变量 sum 记录累加的值。累加方式为“1+2+3+……+val”。因此，设置循环初始值为“i=1”，加到 val 截止，设置循环条件为“i<=val”，循环每执行一次，则 i 的值增加 1，因此设置递增值为“i++”。循环每执行一次即把 i 加到 sum 中一次。因此，语句块中执行“sum+=i”。最后，将累加值 sum 显示在 Label 控件中。

实例 3：创建一个项目，其运行效果如图 4-16 所示。在 Label 控件中显示一组 5 行 10 列的“*”号。操作步骤如下：

图 4-16 窗体打印

(1) 在 Qt 中新建一个“Print”项目，基类选择“QDialog”，其他参数保持默认。

(2) 页面设计

打开“dialog. ui”界面文件，拖放合适的控件到界面中，控件属性如表 4-6 所示。

表 4-6 控件属性设置

控件类型	控件名称	属性设置
QDialog	Dialog	宽度:400,高度:400,windowTitle:打印
QLabel	lblShow	

(3) 在项目的构造方法中输入以下代码：

```
Dialog::Dialog(QWidget *parent):
    QDialog(parent),
    ui(new Ui::Dialog)
{
    ui->setupUi(this);
    QString str = "";
    for(int i = 0;i<5;i++){
        for(int j = 0;j<10;j++){
            str+="*";
        }
        str+="\n";
    }
    ui->lblShow->setText(str);
}
```

实例分析：由于本程序是直接运行后显示结果的，因此将代码放入构造方法中。使用变量 str 记录要显示的“*”，要显示 5 行 10 列，设计外层循环 5 次以控制行数，内层循环 10 次以控制每行显示的“*”数量。内层循环每执行 1 次则在变量 str 中增加一个“*”，而每执行一次外层循环则在变量 str 中增加一个回车符(“\n”)进行换行。最后将 str 的值显示在 Label 控件中。

实例 4：创建一个项目，其运行效果如图 4-17 所示。在 Label 控件中显示一组 5 行由“*”构成的直角三角形。操作步骤如下：

图 4-17 “*”三角形

(1) 在 Qt 中新建一个“PrintA”项目，基类选择“QDialog”，其他参数保持默认。

(2) 页面设计

打开“dialog. ui”界面文件，拖放合适的控件到界面中，控件属性如表 4－7 所示。

表 4－7　控件属性设置

控件类型	控件名称	属性设置
QDialog	Dialog	宽度：400，高度：400，windowTitle：打印
QLabel	lblShow	

(3) 在项目的构造方法中输入以下代码：

```
Dialog::Dialog(QWidget *parent):
    QDialog(parent),
    ui(new Ui::Dialog)
{
    ui->setupUi(this);
    QString str = "";
    for(int i = 0;i<5;i++){
        for(int j = 0;j<=i;j++){
            str += "*";
        }
        str += "\n";
    }
    ui->lblShow->setText(str);
}
```

实例分析：本实例与实例 3 较为相似，只是每行显示的“*”数量不同，第 1 行为 1 个，第 2 行 2 个，以此类推。可以看出每行显示的“*”的数量与行号是一致的。因此，在设置内层循环时，循环条件应为“j<=i”，即显示数量为当前的行号。最后将 str 的值显示在 Label 控件中。

3. 循环结构：while 循环语句

其语法为：

```
while(bool 表达式){
    语句块;
}
```

当 bool 表达式为 true 时，执行语句块；否则退出循环。

实例 5：使用 while 循环语句改写 for 循环语句，实现实例 2 的功能。操作步骤如下：

(1) 打开"Sum"项目。

(2) 右键单击"btnLj"按钮,在弹出的快捷菜单中选择"转到槽"命令,在槽方法中输入以下代码:

```
void Dialog::on_btnLj_clicked()
{
    int val = ui->le_Val->text().toInt();
    int sum = 0;
    int i = 1;
    while(i<=val){
        sum+=i;
        i++;
    }
    ui->lblShow->setText(QString::number(sum));
}
```

实例分析:本实例的原理与实例 2 相似,但"while"语句只能对循环条件进行判断,无法设置明确的循环次数,因此,需要先在"while"语句前声明循环次数变量并赋初值,即"int i=1;"。在循环体内部设置循环后变量 i 的递增值,即"i++",最后将累加变量 sum 的值显示在 Label 控件中。

4. 循环结构:do-while 循环语句

其语法为:

```
do{
    语句块;
}while(bool 表达式);
```

与"for"和"while"循环语句不同的是"do…while"循环语句是先执行语句块,后判断 bool 表达式,若值为 true 则继续循环,否则退出循环。

实例 6:使用"do…while"循环语句改写"for"循环语句,实现实例 2 的功能。操作步骤如下:

(1) 打开"Sum"项目。

(2) 右键单击"btnLj"按钮,在弹出的快捷菜单中选择"转到槽"命令,在槽方法中输入以下代码:

```
void Dialog::on_btnLj_clicked()
{
    int val = ui->le_Val->text().toInt();
    int sum = 0;
    int i = 1;
    do{
        sum += i;
        i++;
    }while(i<=val);
    ui->lblShow->setText(QString::number(sum));
}
```

实例分析:本实例的原理与实例 2 基本一致,只是语法上有所区别,需注意,在 do-while 循环语句中,while 条件表达式后面要加“;”号。

5. continue 和 break 关键字的使用

continue 和 break 关键字都经常用于循环结构中,与“if”语句配合使用以控制循环的执行次数。两者的区别如下:

(1) continue 语句的作用是停止执行本次循环中“continue”语句之后的所有语句,强制进入下一次循环。例如,显示 100 以内所有能被 3 整除的数,代码如下:

```
for(int i = 1; i<=100; i++)
{
    if(i % 3 != 0)//若 i 不能被 3 整除
    {
        continue;
    }
    qDebug()<<i;
}
```

(2) break 语句的作用是使程序终止循环,执行循环之后的语句。例如,找出 100 以内第 1 个能被 3 整除的数(不包括 3 本身),代码如下:

```
for(int i = 4; i<=100; i++)
{
    if(i % 3 != 0)//若 i 不能被 3 整除
    {
        qDebug()<<i;
        break;
    }
}
```

任务实施

（1）打开项目"SmartHome"，进入"splash.cpp"源文件。

（2）对"btnEn"的"clicked"槽方法进行修改。代码如下：

```
void Splash::on_btnEn_clicked()
{
    for(int i=0;i<=100;i++){
        ui->progressBar->setValue(i);
        switch(i){
        case 10://当进度为 10 时
            ui->lblShow->setText("正在加载串口配置..........");
            break;
        case 20: //当进度为 20 时
            ui->lblShow->setText("串口配置加载完成..........");
            break;
        case 30: //当进度为 30 时
            ui->lblShow->setText("正在加载界面配置..........");
            break;
        case 50: //当进度为 50 时
            ui->lblShow->setText("界面配置加载完成..........");
            break;
        case 60: //当进度为 60 时
            ui->lblShow->setText("正在初始化界面.........");
            break;
        case 80: //当进度为 80 时
            ui->lblShow->setText("界面初始化完成.........");
            break;
        case 100: //当进度为 100 时
            ui->lblShow->setText("进入系统中..........");
            break;
        }
    }
    sleep(1000);//系统休眠 1 秒
    MainWindow *mainwindow = new MainWindow();//实例化 Dialog 对象
    mainwindow->show();//显示 Dialog 页面
    this->close();//关闭当前页面
}
```

任务拓展

◎ 任务描述

在智能家居系统中,采用动画效果构成的界面可以较好地起到美化的作用与效果。现需设计具有颜色渐变效果的动画进度条,在系统等待时,提升用户体验。

◎ 任务分析

Qt Creator 开发环境提供的进度条组件是 ProgressBar,但并未提供设置进度条动画效果的属性或方法,需要编写代码实现。在设置颜色渐变的动画效果时,需要调用 Animation 类中的 paintEvent 方法,用来重新绘制默认的进度条组件。

◎ 任务实施

在带有进度条组件的界面的类文件中,输入以下代码:

```
void vProgressBars::paintEvent(QPaintEvent * event)
{
    QPainter painter(this);
    painter.setRenderHints(QPainter::Antialiasing, true);
    painter.setRenderHints(QPainter::SmoothPixmapTransform, true);
    painter.setBrush(QBrush(QColor(255, 255, 255, 51)));
    painter.setPen(Qt::transparent);
    QRect rect = this->rect();
    int radius = rect.height() / 2;
    painter.drawRoundedRect(rect, radius, radius);
    QLinearGradient linearGradient(QPoint(0, 0), QPoint(x_move, 0));
    linearGradient.setColorAt(1.0, QColor(255, 66, 213));
    linearGradient.setColorAt(m_nAtIndex, QColor(43, 74, 255));
    linearGradient.setColorAt(0.0, QColor(43, 74, 255));
    painter.fillPath(draw_path, QBrush(linearGradient));
}
```

任务小结

在本任务中,主要学习了以下内容:

1. Qt 中多分支选择结构的概念与应用。
2. Qt 中 for 循环、while 循环、do-while 循环的使用方法。
3. Qt 中 break 关键字与 continue 关键字的用法。
4. 实现智能家居软件启动界面中进度加载的功能。

任务3 实现用户注册和登录功能

任务描述

本任务使用 SQLite 数据库进行用户注册和登录功能的实现，如图 4-18 所示。

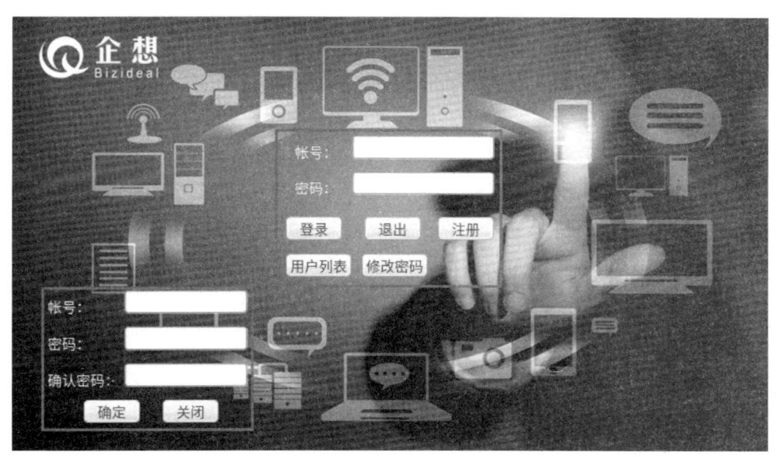

图 4-18 智能家居软件用户登录和注册

1. 用户注册功能

界面初始状态不显示注册区域，点击注册按钮显示注册区域。要求新用户需要注册才能登入，注册数据保存到数据库“db. db”的“Login”表中，其字段属性如表 4-8 所示。

表 4-8 “Login”表中的字段属性

字段名	字段类型	字段长度	备注
id	int	默认	主键、自增
user	Varchar	20	用户名
passwd	Varchar	20	密码
regDT	datetime	默认	注册时间

在注册界面中输入密码或确认密码时，密码显示为“＊”，单击“确定”按钮时，若注册成功，则弹出“用户注册成功”的提示框，如图 4-19 所示。若注册失败，则弹出失败的提

示框，如图 4－20 所示。当密码与确认密码不一致时，弹出“验证密码不一致”的提示框，如图 4－21 所示。单击“关闭”按钮，则注册区域隐藏。

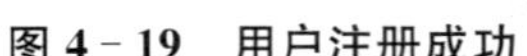
图 4－19　用户注册成功

图 4－20　用户注册失败

图 4－21　验证密码不一致

2. 用户登录功能

要求在登录界面输入密码时，密码显示为“ * ”；用户输入账号密码，单击登录按钮，若输入正确，则进入“mainwindow. ui”界面；若账号、密码输入错误，则弹出一个提示框，如图 4－22 所示；单击“退出”按钮，则关闭系统。

图 4－22　登录失败提示框

任务目标

1. 掌握数据库的概念与应用。
2. 掌握结构化查询语言 SQL。
3. 掌握 Qt 中 SQLite 数据库的常用操作。

知识准备

在前面内容的学习中，数据的存储使用的是变量存储方式，数据全部保存在内存中。这种存储方式最大的问题是不能长期保存数据，设备断电后数据就会丢失。而在本任务中，要求长期保存用户的注册信息，这样就必须将数据保存在设备的外存中，使用数据库技术就可以很好地完成这个任务。

1. 数据库的概念

数据库(Database)是按照数据结构来组织、存储和管理数据的建立在计算机存储设备上的仓库。实际开发中使用的数据库几乎都是关系型的。关系数据库是按照二维表(Table)结构方式组织的数据集合，二维表由行和列组成，表的行称为元组，列称为属性，对表的操作称为关系运算，主要的关系运算有投影、选择、连接等。

数据库系统通常分为桌面型和网络型两类。

桌面型数据库系统是指只在本机运行、不与其他计算机交换数据的系统，常用于小型信息管理系统，这类数据库系统常见的有 Visual Foxpro、Access 等。

网络型数据库系统是指能够通过计算机网络进行数据共享和交换的系统，常用于构建较复杂的 C/S(客户端/服务器端)结构或 B/S(浏览器端/服务器端)结构的分布式应用系统，这类数据库系统常见的有 Oracle、Microsoft SQL Server 等。

本项目使用 Qt 提供的一种进程内数据库 SQLite，它小巧灵活，无须额外的安装和配置，是一种轻量级的数据库。需要注意的是，在智能家居系统中连接数据库须防范 SQL 注入式攻击，应采用安全的数据库连接字符串。

严守职业道德、职业操守，是我国传统的优秀文化。深入加强安全意识和法治意识是我国公民的基本素质。2020 年，深圳某智慧小区发生了一起因摄像头被控制而导致的信息泄漏和财产损失的案件，犯罪份子利用职务便利接触到了某居民的门禁密码卡，再通过 SQL 注入式攻击，连接到数据库服务器，破解了安全系统的密码，控制了摄像头，造成个人隐私泄漏，并获取了银行卡账户信息，造成了财产损失。通过该起案件，我们认识到，作为软件开发人员，应严守职业道德和职业操守，加强法治意识，不可利用职务之便从事违法犯罪活动。同时，作为人工智能时代智能系统的使用者，应加强安全意识，强化系统的安全措施。关于防范 SQL 注入式攻击，请参考配套资料中“视频”文件夹下的“智能家居安全防范之防范 SQL 注入式攻击. mp4”，或扫描下方的二维码。

2. 结构化查询语言 SQL

防范 SQL 注入式攻击

结构化查询语言(Structured Query Language，简称 SQL)是用于关系数据库操作的标准语言，最早由 Boyce 和 Chambedin 在 1974 年提出，1976 年 SQL 开始应用于商品化关系数据库管理系统，1982 年美国国家标准化组织(ANSI)确认 SQL 为数据库系统的工业标准，1986 年 ANSI 公布了 SQL 的第一个标准 X3. 135－1986。随后，国际标准化组织 ISO 也通过了这个标准，即 SQL-86。1989 年 ANSI 和 ISO 公布了经过增补和修改的 SQL-89，在 1992 年推出的 SQL-2 对语言表达式做了较大扩充，1999 年推出的 SQL-3 新增对面向对象的支持。目前，许多关系型数据库供应商都在自己的数据库中支持 SQL 语言。SQL 语言由以下三部分组成：

(1) 数据定义语言(Data Description Language，DDL)

用于执行数据库定义的任务，对数据库及数据库中的各种对象进行创建、删除和修改等操作。数据库对象主要包括表、默认约束、规则、师徒、触发器和存储过程等。

(2) 数据库操纵语言(Data Manipulation Language，DML)

用于操纵数据库中各种对象，检索和修改数据。

(3) 数据控制语言(Data Control Language，DCL)

用于安全管理，确定哪些用户可以查看或者修改数据库中的数据。

SQL 语言大约由 40 条语句组成。每条语句通常由一个描述要产生的动作关键字开始，如：“Create”“Select”“Update”等，后面是一个或多个子句，子句进一步指明对数据的作用条件、范围、方式等。

3. 数据表

每个数据库文件可以包含多个数据表,表是关系数据库中最主要的数据库对象,它是用来存储和操作数据的一种逻辑结构。表由行和列组成,因此也称为二维表。表 4-9 是一个学生信息表。

表 4-9 学生信息表

学号	姓名	年龄	专业	出生年月
2016001	张峰	20	计算机	1999/10/08
2016002	王磊	20	机电	1999/09/10
2016003	李林	19	计算机	2000/05/09
2015001	周凡	21	会计	1998/11/20
2015002	刘艺	20	机电	1999/01/13

数据库中的每个表都有一个名字,以标志该表。表 4-9 的名字是“学生信息表”,共有 5 列,每一列也都有一个名字,用以描述学生某一方面的信息。每个表由若干行组成,表的第一行为各列的标题,也称为表头,其余各行存储数据。在表 4-9 中分别描述了 5 位同学的信息。下面介绍表中元素的定义。

(1) 记录(Record)

数据表中的一行数据被称为一个记录。表也可以称为记录的集合。如表 4-9 中共有 5 条记录。

(2) 字段(Filed)

表中的每列就是一个字段,也叫属性。如表 4-9 中包括“学号”“姓名”“年龄”“专业”“出生年月”五个字段。字段包括字段名、字段数据类型、字段长度和是否为关键字等属性。其中,字段名是该字段的标识;字段存储数据的类型,如整型、文本型、时间日期型等;字段长度为该字段存储数据的最大长度。

(3) 关键字(Primary Key)

指表中能唯一标识一条记录的字段或者字段组合,也称为主键,每一个数据表有且仅有一个关键字。如表 4-9 中的“学号”字段能够唯一标识一个学生的信息,可以作为主键。

4. SQLite 的常用操作

由于 SQLite 是 Qt 的内置数据库,因此可以进入 Linux 操作系统的命令提示符下直接对数据库进行操作。若 Linux 系统中未安装 SQLite 数据库,可以在命令提示符界面中使用命令“sudo apt－get install sqlite3”安装 SQLite3 数据库。

(1) 创建数据库,语法为“sqlite3 /存储路径/数据库名”。

实例 1:在桌面上创建一个名为“db. db”的数据库,代码如下:

```
sqlite3 /home/linux/桌面/db.db
```

实例分析：本项目中，Linux 操作系统的桌面位于"/home/linux/"目录下。由于当前 SQLite 的版本为 SQLite3，因此使用 sqlite3 的指令，而".db"是 SQLite 数据库文件的扩展名。输入完成后，进入 SQL 命令提示符界面，如图 4-23 所示。但并没有在桌面上创建"db.db"的数据库文件。只有在数据库中建表后才能进行数据库文件的创建。

图 4-23 SQL 命令提示符界面

（2）创建数据表，语法为"create table 表名(字段名 1 字段描述，字段名 2，字段描述…)"。

实例 2：在"db.db"数据库中创建一个表名为"student"的表，其字段的属性如表 4-10 所示。

表 4-10 student 表的字段属性

字段名	字段类型	字段长度	是否主键
id(学号)	varchar	20	是
name(姓名)	varchar	20	否
age(年龄)	int	(默认)	否
professional(专业)	varchar	20	否
birthday(出生日期)	date	(默认)	否

在命令提示符界面的"sqlite"之后输入如下代码。student 表创建完成后在桌面上显示 db 数据库，如图 4-24 所示。

```
create table student(id varchar(20)primary key,name varchar(20),age int,
professional varchar(20),birthday date);
```

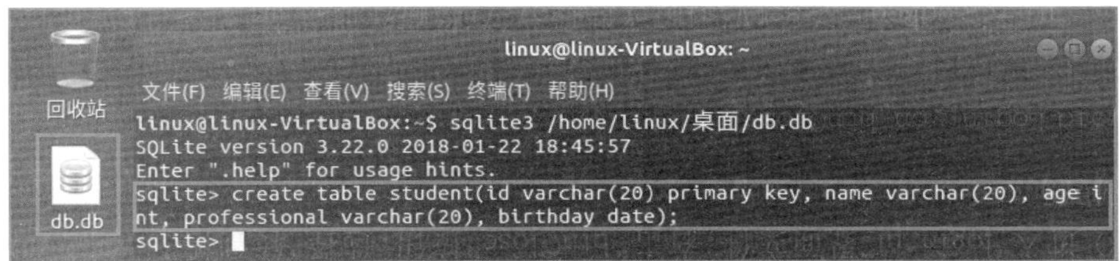

图 4-24 创建 student 表

实例分析：varchar 是一种短字符的数据类型，最大可支持 255 个字符，若字符数超过 255，需使用 char 型数据类型，每输入一条 SQL 指令需要使用分号作为结束符，否则无法结束该指令。在表创建完成后可使用“. table”指令查看该表是否创建成功，如图 4－25 所示。

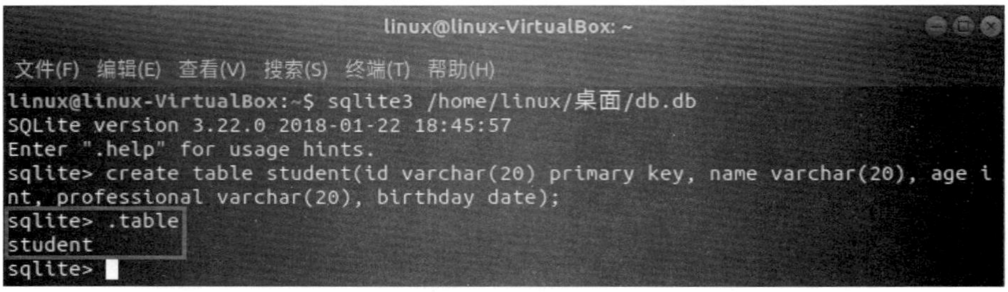

```
linux@linux-VirtualBox: ~
文件(F)  编辑(E)  查看(V)  搜索(S)  终端(T)  帮助(H)
linux@linux-VirtualBox:~$ sqlite3 /home/linux/桌面/db.db
SQLite version 3.22.0 2018-01-22 18:45:57
Enter ".help" for usage hints.
sqlite> create table student(id varchar(20) primary key, name varchar(20), age i
nt, professional varchar(20), birthday date);
sqlite> .table
student
sqlite> 
```

图 4－25　查看数据库是否创建成功

（3）向表中插入记录，语法为“insert into 表名（字段名 1，字段名 2，…）values（数据 1，数据 2，…）；”，当插入的记录为所有字段时，语法可简化为“insert into 表名 values（数据 1，数据 2，…）；”。

实例 3：按照表 4－9 完成学生信息输入。

在命令提示符界面输入如下代码：

```
insert into student values('2016001','张峰',20,'计算机','1999-10-08');
insert into student values('2016002','王磊',20,'机电','1999-09-10');
insert into student values('2016003','李林',19,'计算机','2000-05-09');
insert into student values('2015001','周凡',21,'会计','1998-11-20');
insert into student values('2015002','刘艺',20,'机电','1999-01-13');
```

实例分析：插入的数据顺序一定要与字段顺序一一对应。对于字符型和时间日期型的字段，其值应使用单引号进行标注。

（4）简单查询表的记录，语法为“select 字段 1，字段 2… from 表名［where 条件］”。

实例 4：查询“student”表中的所有记录。

在命令提示符界面输入如下代码：

```
select * from student;
```

显示结果如图 4－26 所示。

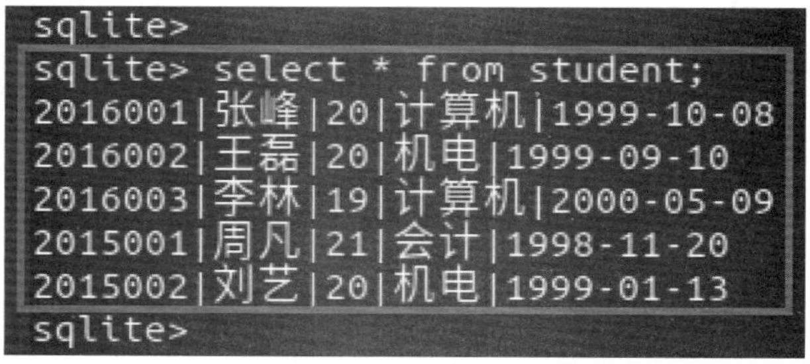

```
sqlite>
sqlite> select * from student;
2016001|张峰|20|计算机|1999-10-08
2016002|王磊|20|机电|1999-09-10
2016003|李林|19|计算机|2000-05-09
2015001|周凡|21|会计|1998-11-20
2015002|刘艺|20|机电|1999-01-13
sqlite>
```

图 4－26　查询 student 表中的所有记录

实例分析:当要查询记录的所有字段信息时,字段项部分可以简化为"*"号。

实例5:查询"student"表中学号为"2016001"的记录。

在命令提示符界面输入如下代码:

```
select * from student where id='2016001';
```

显示结果如图4-27所示。

```
sqlite>
sqlite> select * from student where id = '2016001';
2016001|张峰|20|计算机|1999-10-08
sqlite>
```

图4-27 查询student表中某条记录

实例分析:在上述sql语句中,判断条件的运算符使用了"="符,除此以外的条件运算符还有"!="">""<"等。当有多个条件时,使用关系运算符"AND""OR"进行连接。

5. Qt操作SQLite数据库

Qt提供的Qtsql模块实现了对数据库的访问,同时提供了一套与平台和具体所用数数据库均无关的调用接口。此模块为不同层次的用户提供了不同丰富程度的数据库操作类。例如对于习惯使用SQL语法的用户,QSqlQuery类提供了直接执行任意SQL语词并处理返回结果的方法;而对于习惯使用较高层数据库接口避免使用SQL语词的用户,QSqlTable Model和QSq1Relationa1TableModel类则提供了合适的抽象。

实例6:在Qt中创建一个项目"SQLiteTest",连接数据库"db.db"。操作步骤如下:

(1)创建项目"SQLiteTest"。

(2)在项目文件"SQLiteTest.pro"中添加如下代码:

```
QT+=sql
```

(3)在"main.cpp"主文件中设置中文编码方式,代码略。

(4)打开"dialog.cpp"源文件,引入库文件,代码如下:

```
#include "QSqlDatabase"
#include "QDebug"
```

(5)在构造方法中,进行数据库的连接,代码如下:

```
QSqlDatabase db=QSqlDatabase::addDatabase("QSQLITE");//添加数据库类型
为SQLITE
     db.setDatabaseName("db.db");//设置数据库名为db.db
     if(db.open()){
         qDebug()<<"数据库打开成功";
     }else{
         qDebug()<<"数据库打开失败";
  }
```

(6) 操作完成，程序运行后在“应用程序输出”窗口中显示“数据库打开成功”，表示数据库“db. db”已经连接并打开。

实例分析：“addDatabase()”方法的参数为数据库驱动的名称，常用的数据库驱动有：QDB2(IBMDB2)、QMYSQL(MySQL)、QODBC(SQL Server)、QSQLite(SQLite3 及以上的版本)。连接数据库时，可以使用“setHostName(QString)”方法设置数据库的主机名，使用“setDatabaseName(QString)”方法设置数据库名称，使用“setUserName(QString)”方法设置数据库的用户名，使用“setPassword(QString)”方法设置数据库密码。数据库打开后，会在项目的构建目录中自动生成数据库文件。

实例 7：在数据库“db. db”中创建一个名为“student2 的数据表，其字段属性参见实例 2 中的表 4 - 10。在该表中插入一条记录：学号为“2016001”，姓名为“张峰”，年龄为“17”，年级为“2016 级”，出生日期为“1999 - 10 - 08”。操作步骤如下：

(1) 打开“dialog. cpp”源文件，引入库文件，代码如下：

```
#include "QSqlQuery"
```

(2) 在构造方法中，打开数据库代码，在其后面添加如下代码：

```
QSqlQuery query;
QString sql = " create table student2 ( id varchar ( 20 ) primary key, name
varchar(20),age int,grade varchar(20),birthday date);";//SQL 语句
if(query.exec(sql)){//执行 SQL 语句
        qDebug()<<"数据表创建成功";
    }else{
        qDebug()<<"数据表创建失败";
sql = "insert into student2 values('2016001','张峰',17,'2016 级','1999 -
10 - 08');";
if(query.exec(sql)){//执行 SQL 语句
        qDebug()<<"数据插入成功";
    }else{
        qDebug()<<"数据插入失败";
```

(3) 操作完成，程序运行后在“应用程序输出”窗口中显示“数据表创建成功”和“数据插入成功”表示程序执行正确。

实例分析：“QSqlQuery query”语句创建了一个 QSqlQuery 对象。QtSql 模块中的 QSqlQuery 类提供了一个执行 SQL 语句的接口，并且可以遍历执行的返回结果集。使用“exec(QString)”方法执行 SQL 语句，并返回执行结果。

任务实施

(1) 打开项目“SmartHome”。右击该项目，选择“添加新文件”。创建一个“Qt 设计师界面类”，类名为“Login”。

(2) 打开“login. ui”界面文件，设置如图 4－18 的界面效果。其控件属性设置参见表 4－11。

表 4－11 “login. ui”界面控件的属性设置

控件类型	控件名	属性设置
Login	(默认)	宽度:800,高度:480
Label	lblBg	X：0,Y：0 宽度:800,高度:480
Label	(默认)	text:账号
LineEdit	le_Username	
Label	(默认)	text:密码
LineEdit	le_Pwd	EchoMode：Password
Push Button	btnLogin	text:登录
Push Button	btnExit	text:退出
Push Button	btnReg	text:注册
Widget	wdReg	X：20,Y：290 宽度:250,高度:160
Label(wdReg 容器内)	(默认)	text:账号
LineEdit(wdReg 容器内)	le_RUsername	
Label(wdReg 容器内)	(默认)	text:密码
LineEdit(wdReg 容器内)	le_RPwd	EchoMode：Password
Label(wdReg 容器内)	(默认)	text:确认密码
LineEdit(wdReg 容器内)	le_RPwd_2	EchoMode：Password
Push Button(wdReg 容器内)	btnInsert	text:确定
Push Button(wdReg 容器内)	btnClose	text:关闭

(3) 在项目文件“SmartHome. pro”中添加如下代码：

```
QT + = sql
```

(4) 在“login. cpp”源文件中引入库文件和必要的头文件。代码如下：

```
#include "splash.h"
#include "QSqlDatabase"
#include "QSqlQuery"
#include "QMessageBox"
#include "QDateTime"
```

知识链接

QMessageBox 消息对话框类的使用

QMessageBox 是 Qt 提供的消息对话框类，用于对用户的操作以对话框的形式进行提示。Qt 中常用的消息对话框有 Information 信息对话框、Warning 警告对话框、Question 询问对话框、Critical 错误对话框等。

从 QMessageBox 的 API 函数可以看出其语法格式为：static StandardButton QMessageBox::information(QWidget * parent, const QString & title, const QString & text, StandardButtons buttons=Ok, StandardButton defaultButton=NoButton);

首先该方法是以 static 关键词修饰的一个静态方法，可以直接通过类名的方式直接访问。然后再来看一下该方法的参数：第一个参数是“parent”，即指出它的父控件，一般设置为 this(该页本身)或者 NULL(无父控件)；第二个参数是“title”，即对话框的标题；第三个参数 text，是对话框要提示的内容；第四个参数 buttons，表示要显示的按钮，默认情况下只显示一个“Ok”按钮，若要显示多个按钮，可以使用“|”运算符进行连接，如“QMessageBox::Yes|QMessageBox::No”，则表示显示“Yes”和“No”两个按钮，常用的按钮还有 Close(关闭)、Abort(忽略)、Retry(重试)等；第五个参数为系统默认选择的按钮。

(5) 在构造方法中设置“wdReg”控件的初始化状态并打开数据库和创建表，代码如下：

```
ui->wdReg->setVisible(false);//设置注册页面不可见
QSqlDatabase db = QSqlDatabase::addDatabase("QSQLITE");//设置数据库类型为 SQLITE
db.setDatabaseName("db.db");//设置数据库名
db.open();//打开数据库
QSqlQuery query;
QString sql = "create table if not exists Login(id integer primary key autoincrement,user varchar(20),passwd varchar(20),regDT datetime)";
query.exec(sql);// 若表不存在则创建 Login 表
```

(6) 进入"login.ui"界面文件，右击"btnReg"按钮，选择"转到槽"。在槽方法中加入如下代码：

```
void Login::on_btnReg_clicked()
{
    ui->wdReg->setVisible(true);//设置注册页面可见
}
```

(7) 进入"login.ui"界面文件，右击"btnInsert"按钮，选择"转到槽"。在槽方法中加入如下代码：

```
void Login::on_btnInsert_clicked()
{
if(ui->le_RUsername->text().isEmpty()||ui->le_RPwd->text().isEmpty()||ui->le_RPwd_2->text().isEmpty()){//若输入的信息不完整
        QMessageBox::warning(NULL,"注册失败","请完善注册信息");
        return;
    }
if(ui->le_RPwd->text().trimmed()!=ui->le_RPwd_2->text().trimmed()){//若两次密码不一致
        QMessageBox::warning(NULL,"注册失败","验证密码不一致");
        return;
    }
    QSqlQuery query;
    QString sql="select count(*)from Login where user='"+ui->le_RUsername->text()+"'";
    query.exec(sql);//查询账户数量
    query.next();
    if(query.value(0).toInt()!=0){//若数量不为0
        QMessageBox::warning(NULL,"注册失败","用户已存在");
        return;
    }
    sql="insert into Login values(null,'"+ui->le_RUsername->text()+"','"+ui->le_RPwd->text()+"','"+QDateTime::currentDateTime().toString("yyyy-MM-dd HH:mm:ss")+"')";
    if(query.exec(sql)){
        QMessageBox::information(NULL,"注册成功","用户注册成功");
    }
}
```

（8）进入“login. ui”界面文件，右击“btnClose”按钮，选择“转到槽”。在槽方法中加入如下代码：

```
void Login::on_btnClose_clicked()
{
    ui->wdReg->setVisible(false);//隐藏注册页面
}
```

（9）进入“login. ui”界面文件，右击“btnExit”按钮，选择“转到槽”。在槽方法中加入如下代码：

```
void Login::on_btnExit_clicked()
{
    this->close();//关闭系统
}
```

（10）进入“login. ui”界面文件，右击“btnLogin”按钮，选择“转到槽”。在槽方法中加入如下代码：

```
void Login::on_btnLogin_clicked()
{
    if(ui->le_Username->text().isEmpty()||ui->le_Pwd->text().
isEmpty()){//若登录信息不完整
            QMessageBox::warning(NULL,"登录失败","请完善登录信息");
            return;
        }
        QSqlQuery query;
        QString sql = "select count(*)from Login where user ='" + ui->le_
Username->text() + "' and passwd ='" + ui->le_Pwd->text() + "'";
        query.exec(sql);//查询输入账户和密码的用户数量
        query.next();
        if(query.value(0).toInt() == 0){//若数量为0
            QMessageBox::warning(NULL,"登录失败","密码或用户名错误");
            return;
        }
        QDialog *dialog2 = new Dialog2();//进入Dialog2页面
        dialog2->show();
        this->close();
}
```

(11) 修改"main. cpp"主文件,设置启动默认页面为 Login。首先引入头文件"#include "login. h"",再将程序中原来的"Splash w;"修改为"Login w;"。

(12) 设计完成,运行测试。

任务拓展

◎ 任务描述

在智能家居系统中,用户登录的验证功能是必不可少的。在验证用户名和密码的同时,系统自动生成一个图片形式的验证码,只有验证码输入正确,才能成功登录。

◎ 任务分析

在 Qt Creator 开发环境中,默认的图片组件不能显示数字、字母等字符信息,需要编写程序代码实现该功能。一般而言,需要建立一个生成图片字符的 Qt 类文件。

◎ 任务实施

在智能家居系统的登录界面中,进入代码编辑器,首先引入头文件 QLabel,然后在构造函数的下方新建一个验证码的类文件 VerificationCodeLabel,继承自 QLabel。

```
#include <QLabel>
class VerificationCodeLabel : public QLabel
{
    Q_OBJECT
    public:
        VerificationCodeLabel(QWidget *parent = 0);
        ~VerificationCodeLabel();
        QString getVerificationCode() const;
    protected:
        void paintEvent(QPaintEvent *event);
        void mouseReleaseEvent(QMouseEvent *ev);
    private:
        const int letter_number = 4;
        int noice_point_number ;
        enum {
            NUMBER_FLAG,
            UPLETTER_FLAG,
            LOWLETTER_FLAG
    };
```

```
    void produceVerificationCode() const;
    QChar produceRandomLetter() const;
    void produceRandomColor() const;
    QChar *verificationCode;
    QColor *colorArray;
    bool temp;
    QList<int> ListX;
    QList<int> ListY;
};
```

任务小结

在本任务中，主要学习了以下内容：

1. 数据库的概念与应用。
2. 结构化查询语言 SQL。
3. Qt 中 SQLite 数据库的常用操作。
4. 实现用户登录和注册的功能。

任务4 实现用户列表功能

任务描述

本任务进行用户列表功能的实现，如图 4-28 所所示。单击界面的“用户列表”按钮，显示用户列表，列表具体要求为：表头显示“账号”“密码”“注册时间”；当查询的记录数超过三条时，进行分页显示，点击“上一页”和“下一页”按钮，可以翻页。点击“关闭”按钮隐藏该区域。点击“导出文件”按钮，将用户列表的数据以“user.doc”的文件导出。

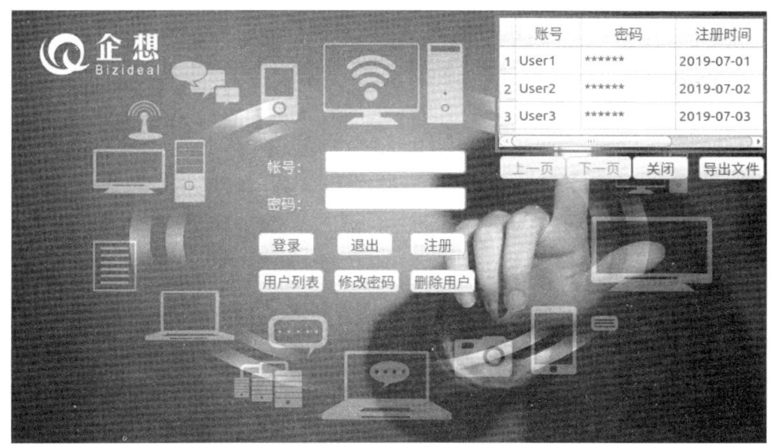

图 4-28 智能家居软件用户列表

任务目标

1. 掌握 select 语句的高级应用。
2. 掌握 Qt 中的 Table View 控件。
3. 掌握 Qt 中文件的操作。

知识准备

1. select 语句的高级应用

select 语句的标准语法为:

select 字段列表 from {表名} [where 条件][group by 分组字段] [order by 排序字段][limit 起始记录号,显示记录数]。

(1) "字段列表"中除了可以使用表中的字段,还可以使用聚合函数。常用的聚合函数如表 4-12 所示。

表 4-12 常用的聚合函数

函数名	说明
Avg	求组中的平均数
Count	求组中的项数,返回 int 型的整数
Max	求项中最大值
Min	求项中最小值
Sum	返回表达式中所有值的和
Var	返回给定表达式中所有值的统计方差

实例 1：显示 student 表中的记录数。

代码："select count(*)from student;"。

运行结果：5。

实例 2：显示"student"表中最大的学生年龄。

代码："select max(age)from student;"。

运行结果：18。

（2）where 条件子句

① where 条件子句的运算符有："＝"（等于）、"＞"（大于）、"＜"（小于）、"＞＝"（大于等于）、"＜＝"（小于等于）、"＜＞"（不等于）。

实例 3：显示 "student"表中不是计算机专业的学生信息。

代码："select * from student where professional<>'计算机';"

运行结果：如图 4－29 所示。

```
linux@linux-VirtualBox: ~
文件(F) 编辑(E) 查看(V) 搜索(S) 终端(T) 帮助(H)
linux@linux-VirtualBox:~$ sqlite3
SQLite version 3.22.0 2018-01-22 18:45:57
Enter ".help" for usage hints.
Connected to a transient in-memory database.
Use ".open FILENAME" to reopen on a persistent database.
sqlite> .open /home/linux/桌面/db.db
sqlite> select * from student where professional <> '计算机';
2016002|王磊|20|机电|1999-09-10
2015001|周凡|21|会计|1998-11-20
2015002|刘艺|20|机电|1999-01-13
sqlite>
sqlite>
```

图 4－29　实例 3 运行结果

② 范围运算符"between…and"，指定要搜索的一个闭区间。

实例 4：显示 "student"表中出生年份在 1999 年的学生信息。

代码："select * from student where birthday between ' 1999 － 01 － 01 ' and ' 1999 － 12 － 31 ';"

运行结果：如图 4－30 所示。

```
sqlite> select * from student where birthday between '1999-01-01' and
'1999-12-31';
2016001|张峰|20|计算机|1999-10-08
2016002|王磊|20|机电|1999-09-10
2015002|刘艺|20|机电|1999-01-13
sqlite>
```

图 4－30　实例 4 运行结果

③ 连接运算符“and”和“or”,用于进行两个条件的关联。

实例 5:显示 “student”表中机电和会计专业的学生信息。

代码:“select * from student where professional ='机电' or professional ='会计';”

运行结果:如图 4 - 31 所示。

```
sqlite> select * from student where professional='机电' or professional
='会计';
2016002|王磊|20|机电|1999-09-10
2015001|周凡|21|会计|1998-11-20
2015002|刘艺|20|机电|1999-01-13
sqlite>
```

图 4 - 31 实例 5 运行结果

④ like 运算符,检验一个包含字符数据的字段值是否匹配一个指定模式,常用于模糊查询,使用通配符“%”表示一个字符串。

实例 6:显示“student”表中姓李的学生信息。

代码:“select * from student where name like '李%';”

运行结果如图 4 - 32 所示。

```
sqlite>
sqlite> select * from student where name like '李%';
2016003|李林|19|计算机|2000-05-09
sqlite>
```

图 4 - 32 实例 6 运行结果

(3) “troup by 分组字段”子句,指明了按照哪几个字段来分组,其后最多可以带 10 个字段,排序优先级按从左到右的顺序排列。

实例 7:显示 “student”表中各专业的学生数。

代码:“select professional,count(*)from student group by professicnal;”

运行结果:如图 4 - 33 所示。

```
sqlite>
sqlite> select professional, count(*) from student group by professional;
会计|1
机电|2
计算机|2
sqlite>
```

图 4 - 33 实例 7 运行结果

(4) “order by 排序字段”子句,可按一个或多个(最多 16 个)字段排序查询结果,可以是升序(ASC),也可以是降序(DESC),默认是升序排序。

实例 8:将“student”表按学生出生日期的降序进行排序。

代码："select * from student order by birthday desc;"

运行结果：如图 4 - 34 所示。

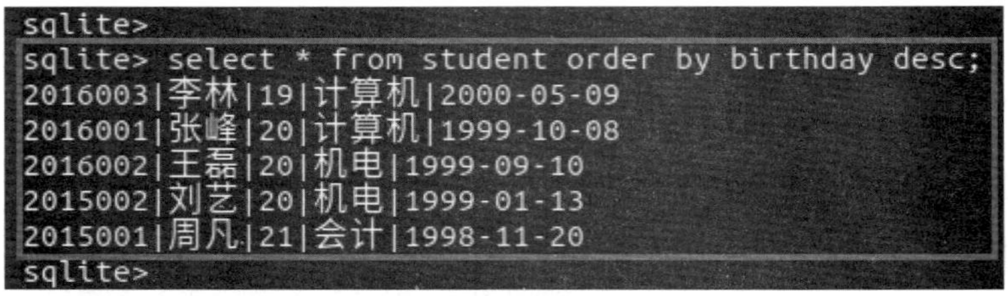

```
sqlite>
sqlite> select * from student order by birthday desc;
2016003|李林|19|计算机|2000-05-09
2016001|张峰|20|计算机|1999-10-08
2016002|王磊|20|机电|1999-09-10
2015002|刘艺|20|机电|1999-01-13
2015001|周凡|21|会计|1998-11-20
sqlite>
```

图 4 - 34　实例 8 运行结果

(5)"limit 起始记录号，显示记录数"子句，可以进行部分记录的查询，查询的范围从起始记录号开始，到起始记录号＋显示记录数为止。该语句常用于分页显示的操作。

实例 9：显示"student"表的第二到第四条记录。

代码："select * from student limit 1,3;"

运行结果：如图 4 - 35 所示。

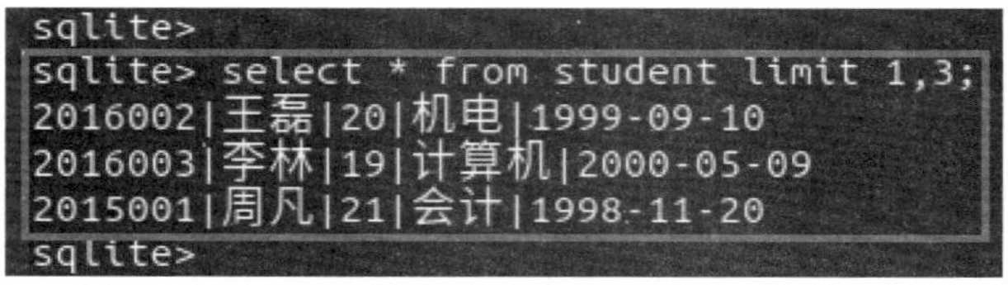

```
sqlite>
sqlite> select * from student limit 1,3;
2016002|王磊|20|机电|1999-09-10
2016003|李林|19|计算机|2000-05-09
2015001|周凡|21|会计|1998-11-20
sqlite>
```

图 4 - 35　实例 9 运行结果

2. Qt 中的 TableView 控件

在 Qt 中，通常使用"Item Views"控件组中的"Table View"控件进行 Sqlite 数据列表的显示。在"Table View"控件中，通过加载"QStandardItemModel"（基本元素模型）的方式，进行数据的显示。因此，在进行数据显示前，先要声明和实例化一个"QStandardItemModel"对象，方法为："QStandardItemModel * model = new QStandardItemModel();"。常用的 QStandardItemModel 类的方法有：

(1) void setColumnCount(int)，设置显示列数。如："model－>setColumnCount(5);"，表示设置显示 5 列数据。

(2) voidsetHeaderData(int section, Qt::Orientation orientation, const QVariant &value)，设置表头数据。"section"为设置第几位元素，"orientation"为设置位置，一般为"Qt::Horizontal"（表头设置在行）。"value"表示显示的表头数据。如："model－>setHeaderData(0,Qt::Horizontal,"学号");"表示设置第一列表头为"学号"。

(3) void setItem(int row, int column, QStandardItem * item)，设置显示内容。

“row”表示行号，“column”表示列号，“item”表示要显示的元素。如：“model－＞setItem(0,0,new QStandardItem("2016001"));”表示设置第 0 行第 0 列的数据为 2016001。

(4) bool removeRows(int row,int count)，移除多行数据。“row”表示移除开始的行号，“count”表示移除行的数量，如：“model－＞removeRows(0,model－＞rowCount());”表示从第 0 行开始，数量为 model 的行数，即移除所有行。关于 Qt 中列表组件的使用方法，请参照配套资料中“视频”文件夹中“Qt 程序员基本素养之列表组件应用.mp4”，或扫描下方的二维码。

实例 10：使用“Table View”控件显示 student 表的数据，如图 4－36 所示。单击“显示数据库”按钮，则显示所有数据，单击“清空列表”按钮，则清空“Table View”控件的所有数据。操作步骤如下：

图 4－36　Table View 控件显示 student 表的数据

列表组件应用

(1) 在 Qt Creator 中新建项目“Student”，基类选择“QDialog”，其他参数保持默认。

(2) 在项目文件夹中新建“Debug”文件夹，将桌面上的数据库文件“db. db”复制到该文件夹中，并设置项目的构建目录为“Debug”文件夹。

(3) 界面设计

打开“dialog. ui”界面文件，拖放合适的控件并设置其属性，控件属性如表 4－13 所示。

表 4－13　控件的属性设置

控件类型	控件名称	属性设置
QDialog	Dialog	宽度：530，高度：300
QTableView	TvStu	
QPushButton	btnShow	text：显示数据库
QPushButton	btnClear	text：清空列表
QPushButton	btnExport	text：导出文件
QPushButton	btnImport	text：导入文件

(4) 在项目文件“Student. pro”中添加如下代码:“QT+=sql”。在菜单【工具】→【选项】中设置编码格式为“UTF-8”,方法省略。

(5) 在“dialog. h”头文件中引入“QStandardItemModel”头文件,并在“public”区域内声明一个对象的引用变量,代码如下:

```
QStandardItemModel *model;
```

(6) 在“dialog. cpp”源文件中引入必要的库文件,代码如下:

```
#include <QSqlDatabase>
#include <QSqlQuery>
```

(7) 在“dialog. cpp”源文件的构造方法中输入以下代码:

```
model = new QStandardItemModel();//实例化 QStandardItemModel 对象
model->setColumnCount(5);//设置显示列数为 5
//设置表头
model->setHeaderData(0,Qt::Horizontal,"学号");
model->setHeaderData(1,Qt::Horizontal,"姓名");
model->setHeaderData(2,Qt::Horizontal,"年龄");
model->setHeaderData(3,Qt::Horizontal,"专业");
model->setHeaderData(4,Qt::Horizontal,"出生日期");
ui->TvStu->setModel(model);//Table View 控件加载 model 模式
QSqlDatabase db = QSqlDatabase::addDatabase("QSQLITE");
db.setDatabaseName("db.db");
db.open();
```

(8) 打开“dialog. ui”界面文件,右键单击“btnShow”按钮,在弹出的快捷菜单中选择“转到槽”命令,在槽方法中输入以下代码:

```
void Dialog::on_btnShow_clicked()
{
    QSqlQuery query;
    QString sql = "select * from student";//查询所有记录
    query.exec(sql);//执行查询语句
    int row = 0;
    while(query.next())//将 student 表中的数据显示在 Table View 控件中
```

```
    {
        model->setItem(row,0,new QStandardItem(query.value(0).toString()));
        model->setItem(row,1,new QStandardItem(query.value(1).toString()));
        model->setItem(row,2,new QStandardItem(query.value(2).toString()));
        model->setItem(row,3,new QStandardItem(query.value(3).toString()));
        model->setItem(row,4,new QStandardItem(query.value(4).toString()));
        row++;
    }
}
```

(9) 打开“dialog.ui”界面文件，右键单击“btnClear”按钮，在弹出的快捷菜单中选择“转到槽”命令，在槽方法中输入以下代码：

```
void Dialog::on_btnClear_clicked()
{
    model->removeRows(0,model->rowCount());
}
```

实例分析：在上述实例中，查询到 student 表中的数据后，通过循环的方式对表中的记录进行读取。循环条件“query.next()”是指将当前指针移动到 student 表的下一行，若下移后本行不为空(即本行有学生信息)，则返回 true，继续执行循环。若本行指针为空，则返回 false，跳出当前循环。

3. Qt 中文件的操作

Qt 提供了 QFile 类来进行文件处理，使用 QFileInfo 类获取文件信息。为了方便地读写文本文件，Qt 还提供了 QTextStream 类。在 Qt 中使用 QFileDialog 类，可以利用对话框的方式来打开、关闭文件，获取文件的保存路径。下面分别介绍这些类的用法。

(1) QFile 类

QFile 类继承自 QIODevice 类(输入输出设备类)，是一个操作文件输入或输出的类。QFile 类是用来读写二进制文件和文本文件的输入/输出设备。

① QFile 类的实例化

● 在使用 QFile 类之前，先将其引入文件中，代码为“#include <QFile>”。

● 实例化 QFile 类，方法为“QFile file(path);”，其中，path 为指定的文件路径，该路径可以手动输入，也可以通过 QFileDialog 对话框获取。

② QFile 类的常用方法

● “bool open(OpenMode flags)”：打开文件。参数“OpenMode flags”为文件的操作权限，常用的权限有：“ReadOnly”(只读权限)、“WriteOnly”(只写权限)、“ReadWrite”(读写权限)。例如，“file.open(QFile::ReadOnly);”。

● “void close()”：关闭文件。例如：“file.close();”。

- “bool flush();”:刷新文件。例如:“file. flush();”。

(2) QFileInfo 类

QFileInfo 类用于获取文件信息,如获取文件名、扩展名、文件大小、修改时间、文件权限等。

① QFileInfo 类的实例化

- 在使用 QFileInfo 类之前,先将其引入文件中,代码为“#include <QFileInfo>”。
- 实例化 QFileInfo 类,方法为“QFileInfoinfo(file);”,其中,file 是由 QFile 实例化的一个文件类的对象。

② QFileInfo 类的常用方法

- “QString filename()”:获取文件名。例如:“info. fileName();”。
- “QString path()”:获取文件路径。例如:“info. path();”。
- “QString suffix();”:获取文件扩展名。例如:“info. suffix();”。
- “qint64 size();”:获取文件大小。例如:“info. size();”。

(3) QTextStream 类

QTextStream 类提供了使用 QIODevice 读写文本的基本功能。QTextStream 类使用流操作符,可以方便地读写单词、行和数字。

① QTextStream 类的实例化

- 在使用 QTextStream 类之前,先将其引入文件中,代码为“#include <QTextStream>”。
- 实例化 QTextStream 类,方法为“QTextStream stream(&file);”,其中,file 是由 QFile 实例化的一个文件类的对象。

② QTextStream 类的常用方法

- “QString readLine(qint64 maxlen=0)”:读取文件的一行,同时将指针下移一行。参数“maxlen”表示文本的最大长度。例如:“stream. readLine();”。
- “bool atEnd()”:判断该行是否为文件的最后一行。例如:“stream. atEnd();”。
- “stream<<字符串;”:将数据写入文件。例如:“stream<<"学号";”。

(4) QFileDialog 类

QFileDialog 类,用于调用当前系统的文件对话框,如“打开”“保存”“另存为”等,从而获取用户选择的文件路径。由于该类调用对话框基本都是静态方法,因此,使用时不进行实例化。QFileDialog 类的常用方法如下:

① static QString getOpenFileName 方法

```
static QString getOpenFileName(QWidget * parent = Q_NULLPTR,
                               const QString &caption = QString(),
                               const QString &dir = QString(),
                               const QString &filter = QString(),
                               QString * selectedFilter = Q_NULLPTR,
                               Options options = Options());
```

上述为“打开文件”对话框的方法，第 1 个参数 parent，用于指定父组件。第 2 个参数 caption，是对话框的标题。第 3 个参数 dir，是对话框显示默认打开的目录。第 4 个参数 filter，是对话框的扩展名过滤器，若有两种以上的文件类型，用空格符分隔，如“Image Files(*.jpg *.png)”，“ *.jpg”和“ *.png”之间有一个空格符，表示当前对话框只显示扩展名为.jpg 或.png 的文件，其他类型的文件被过滤。第 5 个参数 selectedFilter，是当前选择的过滤器类型。第 6 个参数 options，是对话框的一些参数设定，如只显示文件夹等，它的取值是“QFileDialog::Option”，每个选项可以使用“|”运算组合起来。另外，Qt 提供了“getOpenFileNames()”方法以选择多个文件，其返回值是一个 QStringList。

② static QString getSaveFileName 方法

```
static QString getSaveFileName(QWidget *parent = Q_NULLPTR,
                               const QString &caption = QString(),
                               const QString &dir = QString(),
                               const QString &filter = QString(),
                               QString *selectedFilter = Q_NULLPTR,
                               Options options = Options());
```

上述为“保存文件”对话框的方法，其各项参数与 getOpenFileName 方法一致，此处不再赘述。

实例 11：在实例 10 的基础上添加“导出文件”和“导入文件”的功能，界面如图 4 - 37 所示。单击“导出文件”按钮，可将 student 表中的数据以文本文件的格式导出，单击“导入文件”按钮，可将文件数据导入并显示在“TvStu”控件中。操作步骤如下：

(1) 打开“dialog.cpp”，引入头文件，代码如下：

```
#include <QFileDialog>
#include <QFile>
#include <QTextStream>
```

(2) 右键单击“btnExport”按钮，在弹出的快捷菜单中选择“转到槽”命令，在槽方法中输入以下代码：

```
void Dialog::on_btnExport_clicked()
{
    //弹出“文件另存为”对话框，设置存储路径和文件名
    QString filename = QFileDialog::getSaveFileName(NULL,"文件另存为","",tr("Config Files( *.txt)"));
    if(!filename.isNull())//若文件名合法
```

```
    {
        QFile file(filename);
        file.open(QFile::ReadWrite);//以读写权限打开文件
        QTextStream stream(&file);//对文件设置文本流操作
        QSqlQuery query;
        QString sql = "select * from student";
        query.exec(sql);//查询 student 表中的所有记录
        int row = 0;
        while(query.next())//将数据库以流的方式存入文件中
        {
            stream<<query.value(0).toString() + "," +
query.value(1).toString() + "," + query.value(2).toString() + "," +
query.value(3).toString() + "," + query.value(4).toString() + "\n";
            row++;
        }
        file.close();//关闭文件
    }
}
```

(3) 右键单击“btnImport”按钮，在弹出的快捷菜单中选择“转到槽”命令，在槽方法中输入以下代码：

```
void Dialog::on_btnImport_clicked()
{
    //弹出“打开文件”对话框，设置打开路径和文件名
    QString filename = QFileDialog::getOpenFileName(NULL,"打开文件","",
tr("Config Files(*.txt)"));
    if(! filename.isNull())//若文件名合法
    {
        QFile file(filename);
        file.open(QFile::ReadWrite);//以读写权限打开文件
        QTextStream stream(&file);//对文件设置文本流操作
        int row = 0;
        while(! stream.atEnd())//若不是文件的结尾
```

```
            {
                QString str = stream.readLine();//读取一行数据
                QStringList list = str.split(",");//以“,”为分隔符分隔字符串
                //在 TableView 控件中显示数据
                model->setItem(row,0,new QStandardItem(list.at(0)));
                model->setItem(row,0,new QStandardItem(list.at(1)));
                model->setItem(row,0,new QStandardItem(list.at(2)));
                model->setItem(row,0,new QStandardItem(list.at(3)));
                model->setItem(row,0,new QStandardItem(list.at(4)));
                row++;
            }
            file.close();//关闭文件
        }
    }
```

(4) 运行程序,先点击“读取数据库”按钮,再点击“导出文件”按钮,将文件保存在 Linux 系统的桌面上,命名为 Student,内容如图 4-37 所示。

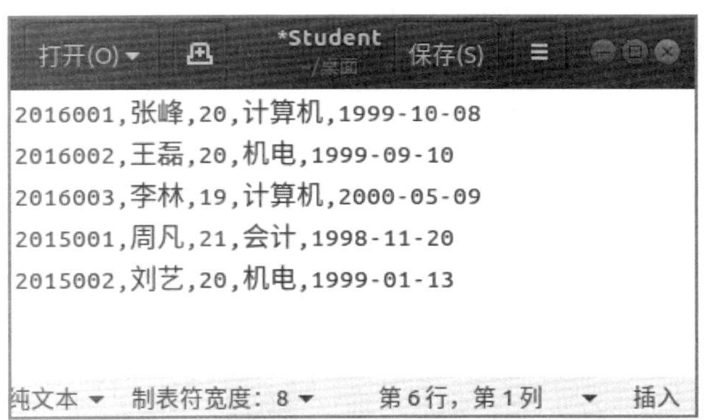

图 4-37 导出文件“Student”的内容

实例分析:导出文件时,先使用“文件另存为”对话框获取文件的保存路径,使用“QFile”类的“open()”方法将文件以读写权限的方式打开,使用“QTextStream”类的对象将数据以“学号,姓名,年龄,专业,出生日期”的方式写入文件,每条记录之间使用“\n”转义字符进行换行,最后关闭文件。

导入文件时,使用“打开文件”对话框获取文件的路径,文件打开后依次读取每一行数据,将每行数据以“,”为分隔符保存在 QStringList 类型的列表中,再分别对列表中的数据进行读取,最后关闭文件。

知识链接

QStringList 类

实例 11 中，QStringList 类是字符串列表类，它是 QList 类的一个子类，类似于一个字符串数组，可以利用下标对列表中各元素进行操作。

（1）QStringList 类的实例化

① 在使用 QStringList 类之前应先将其引入文件中，方法为在“. cpp”文件中加入代码“#include <QStringList>”。

② 实例化 QStringList 类，方法为：“QStringList list;”，或使用指针方式：“QString List * list=new QStringList();”。

（2）QStringList 类包含多种方法，可以方便地对字符串进行操作。常用的方法如下：

① “void QList<T>::append(const QList<T>&t)”，在字符串列表的最后添加一个 QString 类型的元素，如“list. append("a");”。

② “void QList<T>::insert(int i,const T &t)”，在字符串列表的某个位置插入一个 QString 类型的元素，如“list. insert(1,"b");”，表示在字符串的第 2 个位置插入字符 b(下标从 0 开始)。

③ “void QList<T>::removeAt(int i)”，在字符串列表的某个位置删除一个字符，如“list. removeAt(2);”，表示删除第 3 个字符(下标从 0 开始)。

④ “int QList<T>::indexOf(const T &t,in from)”，获取某个字符串在列表中的位置，如“list. indexOf("a");”。

⑤ “T&QList<T>::at(int i)”，获取某个位置的字符串，如“list. at(0);”。

任务实施

（1）打开项目“SmartHome”，进入“login. ui”界面文件。

（2）按图 4－27 所示修改用户登录界面，控件属性设置见表 4－14。

表 4－14　控件的属性设置

控件类型	控件名	属性设置
Push Button	btnList	text:用户列表
Widget	wdList	X：515，Y：10 宽度:280，高度:180
Table View(wdList 容器内)	tvList	
Push Button(wdList 容器内)	btnPrePage	text:上一页

续表

控件类型	控件名	属性设置
Push Button(wdList 容器内)	btnNextPage	text:下一页
Push Button(wdList 容器内)	btnClose_1	text:关闭
Push Button(wdList 容器内)	btnExport	text:导出

(3)“用户列表”按钮功能的实现

① 在“login. h”头文件中引入“QStandardItemModel”头文件,并在“public”区域声明一个该对象的引用变量,代码如下:

```
QStandardItemModel *model;
```

② 打开“login. cpp”源文件,设置两个分页相关的全局变量,代码如下:

```
int userCount = 0;//用户数量
int currentPage = 0;//当前页号
```

③ 接本项目任务 3 代码中的构造方法,加入如下代码:

```
sql = "select count( * )from Login";
    query.exec(sql);
    query.next();
    userCount = query.value(0).toInt();
ui->wdList->setVisible(false);//设置列表页面不可见
model = new QStandardItemModel();
model->setColumnCount(3);
model->setHeaderData(0,Qt::Horizontal,"账号");
model->setHeaderData(1,Qt::Horizontal,"密码");
model->setHeaderData(2,Qt::Horizontal,"注册时间");
ui->tvList->setModel(model);//初始化“tvList”控件
```

④ 打开“login. ui”界面文件,右击“btnList”按钮选择“转到槽”,在槽方法中加入如下代码:

```
void Login::on_btnList_clicked()
{
    ui->wdList->setVisible(true);
    currentPage = 0;
    if(userCount>3){
        ui->btnNextPage->setEnabled(true);
```

```
        }
        QSqlQuery query;
        QString sql = "select * from Login limit 0,3";
        query.exec(sql);
        int row = 0;
        while(query.next()){
            model->setItem(row,0,new QStandardItem(query.value(1).toString()));
            model->setItem(row,1,new QStandardItem(query.value(2).toString()));
            model->setItem(row,2,new QStandardItem(query.value(3).toString()));
            row++;
        }
    }
```

（4）“上一页”按钮功能的实现

右击“btnPrePage”按钮选择“转到槽”，在槽方法中加入如下代码：

```
    void Login::on_btnPrePage_clicked()
    {
        currentPage--;
        model->removeRows(0,model->rowCount());//移除所有行
        ui->btnNextPage->setEnabled(true);
        if(currentPage==0){
            ui->btnPrePage->setEnabled(false);
        }
        QSqlQuery query;
        QString sql = QString("select * from Login limit %1,3").arg(currentPage*3);
        query.exec(sql);
        int row = 0;
        while(query.next()){
            model->setItem(row,0,new QStandardItem(query.value(1).toString()));
```

```
            model->setItem(row,1,new QStandardItem(query.value(2).toString
()));
            model->setItem(row,2,new QStandardItem(query.value(3).toString
()));
            row++;
        }
    }
```

(5)“下一页”按钮功能的实现

右击“btnNextPage”按钮选择“转到槽”,在槽方法中加入如下代码:

```
void Login::on_btnNextPage_clicked()
{
    currentPage++;
    model->removeRows(0,model->rowCount());//移除所有行
    ui->btnPrePage->setEnabled(true);
    if((currentPage+1)*3>=userCount){
        ui->btnNextPage->setEnabled(false);
    }
    QSqlQuery query;
    QString sql=QString("select * from Login limit %1,3").arg(currentPage
*3);
    query.exec(sql);
    int row=0;
    while(query.next()){
        model->setItem(row,0,new QStandardItem(query.value(1).toString
()));
        model->setItem(row,1,new QStandardItem(query.value(2).toString
()));
        model->setItem(row,2,new QStandardItem(query.value(3).toString
()));
        row++;
    }
}
```

(6)“关闭”按钮功能的实现

右击“btnClose_1”按钮选择“转到槽”,在槽方法中加入如下代码:

```
void Login::on_btnClose_1_clicked()
{
    ui->wdList->setVisible(false);
}
```

(7)"导出文件"按钮功能的实现

① 在"login.cpp"源文件中引入库文件,代码如下:

```
#include "QFile"
#include "QTextStream"
#include "QFileDialog"
```

② 在"login.ui"界面文件中,右击"btnExport"按钮选择"转到槽",在槽方法中加入如下代码:

```
void Login::on_btnExport_clicked()
{
    QString fileName = QFileDialog::getSaveFileName(NULL,"打开文件","",
tr("Config Files(*.txt)"));//弹出"导出文件"对话框,设置文件路径
    if(!fileName.isEmpty()){
        QFile file(fileName);
        file.open(QFile::ReadWrite);
        QTextStream stream(&file);
        QSqlQuery query;
        QString sql = "select * from Login";
        query.exec(sql);
        int row = 0;
        while(query.next()){
            stream<<query.value(0).toString() + "," + query.
value(1).toString() + "," + query.value(2).toString() + "," + query.
value(3).toString() + "\n";
            row++;
        }
        file.close();
        QMessageBox::information(NULL,"导出成功","文件导出成功");
    }
}
```

(8)设计完成,运行测试。

任务拓展

◎ 任务描述

在智能家居系统中，采集到的数据通常使用列表组件存储。现需将智能家居系统采集到的温湿度、大气压力、空气质量等数据，按照时间由远及近排序，并显示在屏幕上。

◎ 任务分析

在 Qt Creator 开发环境中，提供了 QTableWidget 组件，该组件为列表型组件，可以实现数据排序。实现数据排序的步骤如下：

1. 重写方法：bool QTableWidgetItem::operator<(const QTableWidgetItem& other) const;

2. 点击表头进行排序：connect(ui.tableWidget->horizontalHeader(), SIGNAL(sectionClicked(int)), this, SLOT(slotHeaderClicked(int)));

3. 使用 sortByColumn(int column, Qt::SortOrder order)函数进行排序。

◎ 任务实施

在智能家居项目的数据采集界面中，选中显示数据的 QTableWidget 组件，在代码编辑器中输入以下代码：

```
void Test::on_sortBtn_clicked()
{
    QString str = ui.sortComboBox->currentText();
    int col = ui.indexComBobox->currentText().toInt();
    if (str == QStringLiteral("降序"))
        ui.tableWidget->sortByColumn(col,Qt::DescendingOrder);
    else
        ui.tableWidget->sortByColumn(col, Qt::AscendingOrder);
}
```

任务小结

在本任务中，主要学习了以下内容：

1. select 语句的高级应用。
2. Qt 中的 Table View 控件的用法。
3. Qt 中文件的操作。
4. 实现智能家居软件系统用户列表的功能。

任务5 实现用户密码修改和删除功能

任务描述

本任务进行用户密码的修改和删除功能的实现，如图 4 - 38 所示。

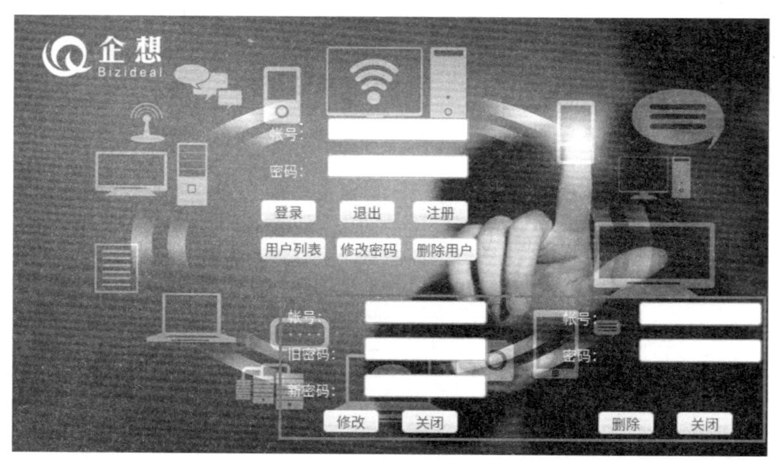

图 4 - 38 用户修改、删除密码

用户单击“修改密码”按钮时弹出密码修改页面，正确输入账号、旧密码及新密码，点击“修改”按钮显示修改成功(账号密码在数据库中更新)，当输入的账号不存在或者旧密码错误时显示对应的提示信息，如图 4 - 39 所示。

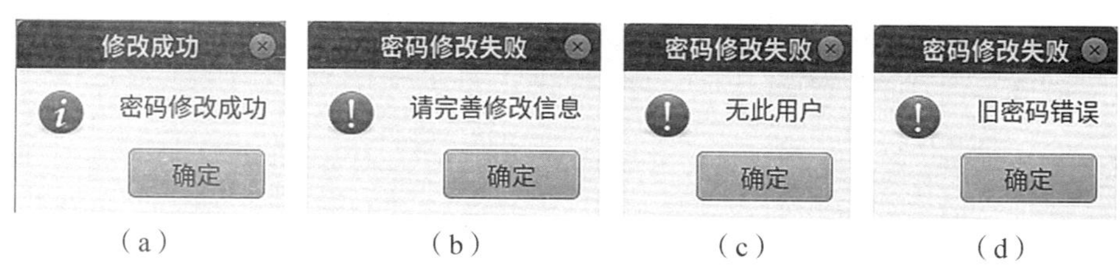

图 4 - 39 修改密码提示对话框

用户单击“删除用户”按钮时弹出用户删除页面，正确输入账号和密码后，点击“删除”按钮显示账户删除成功(同时更新数据库)，当输入的账号不存在或者密码错误时显示对应的提示信息，如图 4 - 40 所示。

（a）（b）（c）

图 4－40　删除用户提示对话框

任务目标

1. 掌握数据库的增、删、改、查的基本语句。
2. 掌握 sql 语句中正则表达式的应用。

知识准备

1. 修改记录的 SQL 语句

修改记录的 SQL 语句为“update 表名 set 字段 1＝值，字段 2＝值… [where 条件]”，当语句中没有“where”条件时，将修改所有记录的对应字段值。

实例 1：修改本项目任务 4 中的“student”表中王磊的出生日期为 2000－01－20，年龄为 19。

代码：“update student set birthday='2000－01－20',age＝19 where name='王磊';”。代码执行后查询 student 表中王磊的记录。

运行结果：如图 4－41 所示，王磊的记录已被修改。

```
sqlite>
sqlite> update student set birthday='2000-01-20',age=19 where name='王磊';
sqlite>
sqlite> select * from student where name='王磊';
2016002|王磊|19|机电|2000-01-20
sqlite>
```

图 4－41　实例 1 运行效果

2. 删除记录的 SQL 语句

删除记录的 SQL 语句为“delete from 表名 [where 条件]”，当语句中没有“where”条件时，将删除表中所有的记录（清空表格）。

实例 2：删除 student 表中王磊的记录。

代码：“delete from student where name='王磊';”。代码执行后查询 student 表中王磊的记录。

运行结果：如图 4 - 42 所示，王磊的记录已被删除。

```
sqlite>
sqlite> delete from student where name='王磊';
sqlite> select * from student;
2016001|张峰|20|计算机|1999-10-08
2016003|李林|19|计算机|2000-05-09
2015001|周凡|21|会计|1998-11-20
2015002|刘艺|20|机电|1999-01-13
sqlite>
```

图 4 - 42　实例 2 运行效果

到此，已将数据库的增、删、改、查的基本语句学习完成。下面，通过一个“手机通讯录”的实例，对数据库的相关操作进行总结。

实例 3：制作一个简单的手机通讯录，能够实现联系人的添加、删除、修改、查询的操作。操作步骤如下：

（1）在 Qt Creator 中新建项目“Contact”，基类选择“QDialog”，其余参数保持默认。在项目中新建“Debug”文件夹，将项目的构建目录指向该文件夹。

（2）界面设计

① 打开“dialog. ui”界面文件，拖放合适的控件，设计联系人列表界面，如图 4 - 43 所示。界面中控件设置如表 4 - 15 所示。

图 4 - 43　联系人列表界面

表 4 - 15　联系人列表界面控件属性设置

控件类型	控件名	属性设置
QDialog	Dialog	宽度：240，高度：320，WindowTitle：手机通讯录
QLabel	默认	text：所有联系人
QPushButton	btnAdd	text：+，Flat ：true
QLineEdit	leSearch	text：搜索 aligment：水平的：AlignHCenter；垂直的：AlignVCenter
QPushButton	btnSearch	text：搜，Flat ：true
QPushButton	btnCancel	text：取消，Flat ：true
QListWidget	lwList	

② 打开"dialog2. ui"界面文件，拖放合适的控件，设计添加联系人界面，如图 4-44 所示。界面中控件设置如表 4-16 所示。

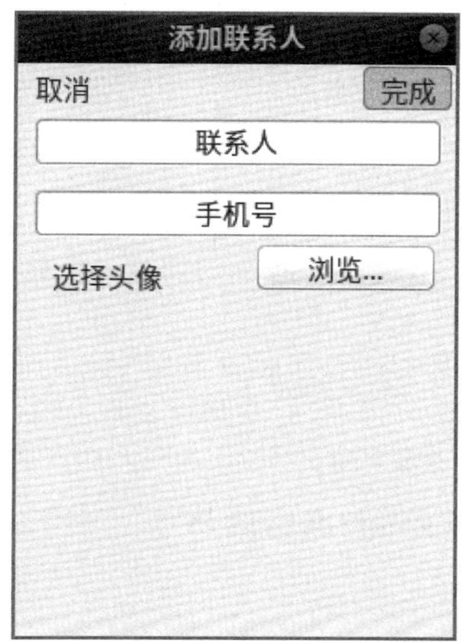

图 4-44 添加联系人界面

表 4-16 添加联系人界面控件属性设置

控件类型	控件名	属性设置
QDialog	Dialog2	宽度:240,高度:320,WindowTitle:添加联系人
QLineEdit	leUser	text:联系人 aligment:水平的:AlignHCenter;垂直的:AlignVCenter
QLineEdit	lePhone	text:手机号 aligment:水平的:AlignHCenter;垂直的:AlignVCenter
QPushButton	btnCancel	text:取消,Flat : true
QPushButton	btnOK	text:完成,Flat : true
QLabel	默认	text:选择头像
QPushButton	btnBrow	text:浏览
QLabel	lblShow	X : 40,Y : 140 宽度:150,高度:150 text:空

③ 打开“dialog3. ui”界面文件，拖放合适的控件，设计联系人信息界面，如图 4 - 45 所示。界面中控件设置如表 4 - 17 所示。

图 4 - 45　联系人信息界面

表 4 - 17　联系人信息界面控件属性设置

控件类型	控件名	属性设置
QDialog	Dialog3	宽度：240，高度：320，WindowTitle：联系人信息
QPushButton	btnAll	text：<所有联系人，Flat：true
QPushButton	btnEdit	text：编辑，Flat：true
QLabel	lblShow	X：10，Y：10，宽度：60，高度：60 text：空
QLabel	lblUser	text：空
QLabel	默认	text：手机号
QLabel	lblPhone	text：空
QLabel	默认	text：创建时间
QLabel	lblDate	text：空

④ 打开“dialog4. ui”界面文件，拖放合适的控件，设计编辑联系人界面，如图 4－46 所示。界面中控件设置如表 4－18 所示。

图 4－46　编辑联系人界面

表 4－18　编辑联系人界面控件属性设置

控件类型	控件名	属性设置
QDialog	Dialog4	宽度：240，高度：320，WindowTitle：编辑联系人
QPushButton	btnCancel	text：取消，Flat：true
QPushButton	btnSave	text：保存，Flat：true
QLabel	lblUser	text：空
QLineEdit	lePhone	text：空
QLabel	默认	text：选择头像
QPushButton	btnBrow	text：浏览
QLabel	lblShow	X：40，Y：130 宽度：150，高度：150 text：空
QPushButton	btnDel	text：删除联系人，Flat：true

(3) 数据库的设计与创建

① 按照本项目任务 3 中的方法，新建"db. db" 数据库，保存在"Debug"文件夹中。并设计一个 contact 表保存联系人的信息，其字段属性如表 4 - 19 所示。

表 4 - 19　contact 表字段属性

字段名	字段类型	字段长度	是否主键
id(自动编号)	integer	默认	是
user(联系人)	varchar	20	否
phone(手机号)	varchar	20	否
imgPath(头像路径)	varchar	20	否
createTime(创建时间)	datetime	默认	否

② 在项目文件"Contact. pro"中加入以下代码：QT+=sql。在"main. cpp"主文件中加入以下代码：

```
    #include <QSqlDatabase>
    #include <QSqlQuery>
    int main(int argc,char *argv[])
    {
        QApplication a(argc,argv);
            QSqlDatabase db = QSqlDatabase::addDatabase("QSQLITE");
        db.setDatabaseName("db.db");
        db.open();
        QSqlQuery query;
        QString sql = "create table if not exists contact(id integer primary
key autoincrement,user varchar(20),phone varchar(20),imgPath varchar(50),
createTime datetime)";
        query.exec(sql);
        Dialog w;
        w.show();
        return a.exec();
    }
```

(4) 联系人页面功能的实现

① 联系人列表显示功能的实现

在"lwList"控件中显示已添加用户的名字。单击用户名可进入"dialog3"联系人信息页面。操作步骤如下：

- 在"dialog. cpp"源文件中引入必要的库文件和头文件，代码如下：

```
#include "dialog2.h"
#include "dialog3.h"
#include <QSqlQuery>
#include <QMessageBox>
```

● 在构造方法中初始化“lwList”控件，代码如下：

```
QSqlQuery query;
QString sql = "select * from contact order by id desc";
query.exec(sql);
while(query.next()){
    ui->lwList->addItem(query.value(1).toString());
}
```

代码分析：将表中所有记录按 id 降序进行查询，使用“lwList”控件的“addItem()”方法显示记录的 User 字段。

● 在“dialog.ui”界面文件中右键单击“lwList”控件，在弹出的快捷菜单中选择“转到槽”命令，槽方法选择“itemClicked”，在槽方法中加入如下代码：

```
void Dialog::on_lwList_itemClicked(QListWidgetItem *item)
{
    Dialog3 *dialog3 = new Dialog3(item->text());
    dialog3->show();
    this->hide();
}
```

代码分析：使用“lwList”的“itemClicked”方法进行对用户单击列表控件的响应。由于需要打开对应的联系人信息，因此，这里将单击的联系人文本“item－>text()”以构造方法参数的形式传入“Dialog3”页面。这时，需要对“Dialog3”页面的构造方法进行修改，将“dialog3.h”头文件的构造方法声明部分修改为“explicit Dialog3(QString user, QWidget * parent＝0);”，将“dialog3.cpp”源文件中的构造方法修改为“Dialog3::Dialog3(QString user,QWidget * parent)：QDialog(parent),ui(new Ui::Dialog3)”。

② 搜索联系人功能的实现

用户在“leSearch”中输入要搜索的用户名或用户名的一部分，单击“搜”按钮，在“lwList”控件中显示探索结果列表，单击“取消”按钮，“lwList”控件返回初始状态。操作步骤如下：

● 为“搜索”文本框添加“获取焦点”和“失去焦点”事件，当文本框控件为编辑状态（获取信息）时，文本框变为空值，失去焦点时，若文本框为空，则文本框的值变回原状态。在“dialog.h”头文件的“private slots”区域声明事件过滤器的方法：bool eventFilter

(QObject *,QEvent *)。自定义事件监听方法,在"dialog.cpp"源文件中加入如下代码:

```
bool Dialog::eventFilter(QObject *o,QEvent *e){
    if(e->type()==QEvent::FocusIn){
        if(ui->leSearch->text()=="搜索"){
            ui->leSearch->clear();
        }
    }
    if(e->type()==QEvent::FocusOut){
        if(ui->leSearch->text().isEmpty()){
            ui->leSearch->setText("搜索");
        }
    }
    return QDialog::eventFilter(o,e);
}
```

● 在"dialog.ui"界面文件中右键单击"btnSearch"控件,在弹出的快捷菜单中选择"转到槽"命令,槽方法选择"Clicked",在槽方法中加入如下代码:

```
void Dialog::on_btnSearch_clicked()
{
    ui->lwList->clear();
    QSqlQuery query;
    QString sql = "select * from contact where user like '%" + ui->
leSearch->text() + "%' order by id desc";
    query.exec(sql);
    while(query.next()){
        ui->lwList->addItem(query.value(1).toString());
    }
}
```

代码分析:先将"lwList"列表控件中的数据清空,再使用模糊查询的方式对用户名字段进行查询,将查询结果在"lwList"控件中显示。

● 在"dialog.ui"界面文件中右键单击"btnCancel"控件,在弹出的快捷菜单中选择"转到槽"命令,槽方法选择"Clicked",在槽方法中加入如下代码:

```
void Dialog::on_btnCancel_clicked()
{
    ui->lwList->clear();
```

```
    QSqlQuery query;
    QString sql = "select * from contact order by id desc";
    query.exec(sql);
    while(query.next()){
        ui->lwList->addItem(query.value(1).toString());
    }
}
```

③ 增加联系人功能的实现

通过单击“btnAdd”(“+”)按钮，进入添加联系人页面。右键单击 btnAdd”控件，在弹出的快捷菜单中选择“转到槽”命令，槽方法选择“Clicked”，在槽方法中加入如下代码：

```
void Dialog::on_btnAdd_clicked()
{
    QDialog *dialog2 = new Dialog2();
    dialog2->show();
    this->close();
}
```

（5）添加联系人页面功能的实现

① 为“联系人”和“手机号”文本框添加“获取焦点”和“失去焦点”事件，当文本框控件为编辑状态(获取信息)时，文本框变为空值，失去焦点时，若文本框为空，则文本框的值变回原状态。操作步骤如下：

- 在“dialog2.h”头文件的“private slots”区域声明事件过滤器的方法：bool eventFilter (QObject *,QEvent *)。
- 打开“dialog2.cpp”源文件，在构造方法中，为“leUser”和“lePhone”添加事件过滤器，代码如下：

```
ui->leUser->installEventFilter(this);
ui->lePhone->installEventFilter(this);
```

- 自定义事件过滤器方法，代码如下：

```
bool Dialog2::eventFilter(QObject *o,QEvent *e){
    if(e->type() == QEvent::FocusIn){
        if(o->objectName() == "leUser"&&ui->leUser->text() == "
联系人"){
            ui->leUser->clear();
        }
```

```
        if(o->objectName()=="lePhone"&&ui->lePhone->text()==
"手机号"){
            ui->lePhone->clear();
        }
    }
    if(e->type()==QEvent::FocusOut){
        if(o->objectName()=="leUser"){
            if(ui->leUser->text().isEmpty()){
                ui->leUser->setText("联系人");
            }
        }
        if(o->objectName()=="lePhone"){
            if(ui->lePhone->text().isEmpty()){
                ui->lePhone->setText("手机号");
            }
        }
    }
    return QDialog::eventFilter(o,e);
}
```

代码分析：由于 QLineEdit 控件本身没有获取和失去焦点的槽方法，因此，必须利用控件安装事件过滤器的方法进行事件监听。方法参数中"QObject"为对象类，指被监听的控件，"QEvent"为事件类，指被监听的事件。当控件监听到"FocusIn"（获取焦点）或"FocusOut"（失去焦点）时进行相应操作。

② 浏览按钮功能的实现

通过单击"浏览"按钮，打开"选择头像"对话框，用户进行头像选择并上传，同时将头像在"lblShow"控件中显示。操作步骤如下：

- 在"dialog2.h"头文件中的"public"区域内声明 filename 属性，存放上传后的文件名："QString filename;"。
- 在"dialog2.cpp"源文件中引入相应的库文件，代码如下：

```
#include "dialog2.h"
#include "QDateTime"
#include "QFile"
#include "QFileDialog"
#include "QImage"
#include "QPixmap"
#include "QFileInfo"
```

● 打开“dialog2. ui”界面文件，右键单击“btnBrow”控件，在弹出的快捷菜单中选择“转到槽”命令，槽方法选择“Clicked”，在槽方法中加入如下代码：

```
void Dialog2::on_btnBrow_clicked()
{
    QString path = QFileDialog::getOpenFileName(NULL,"导入图片");
    if(! path.isEmpty()){
        QFile file(path);
        QFileInfo info(file);
        if(info.size()>50000){
            QMessageBox::warning(NULL,"导入失败","图片太大");
            return;
        }
        QString suf = info.suffix();
        fileName = QString("./Image/%1.%2").arg(random()).arg(suf);
        file.copy(fileName);
        QImage * image = new QImage();
        image->load(fileName);
        QImage * imageScale = new QImage();
        * imageScale = image->scaled(150,150,Qt::KeepAspectRatio);
        ui->lblShow->setPixmap(QPixmap::fromImage( * imageScale));
    }
}
```

代码分析：利用文件打开窗口将头像图片的路径存入 path 变量中，使用 QFile 类将其实例化为文件对象 file，再使用 QFileInfo 类将文件实例化为文件信息对象 info，通过“size()”方法对文件的大小进行限制，用户只能上传小于 50KB 的图像文件。在构造目录中创建“Image”文件夹用于存放用户上传的头像，对于用户上传的文件以“随机数＋源文件扩展名”的方式进行命名，使用 file 对象的“copy()”方法将原文件以新文件名的方式存入“Image”文件夹中。最后，将上传的图片在“lblShow”控件中显示，使用“scaled()”方法对图片进行拉伸。

③ “完成”按钮功能的实现

用户单击“完成”按钮，将输入的信息保存至数据库中，同时返回列表页面。操作步骤如下：

● 在“dialog2. cpp”源文件中引入正则表达式的库文件，代码如下：

```
#include "QRegExp"
```

正则表达式

正则表达式(Regular Expression)是对字符串操作的一种逻辑公式,就是用事先定义好的一些特定字符及这些特定字符的组合,组成一个“规则字符串”,这个“规则字符串”用来表达对字符串的一种过滤逻辑。许多程序设计语言都支持利用正则表达式进行字符串操作,Qt 中使用 QRegExp 类对正则表达式进行操作。

1. 正则表达式的写法

正则表达式的常用表示方法和匹配的目标字符串如表 4-20 所示。

表 4-20 正则表达式的常用表示方法

正则表达式中的字符	匹配目标字符串中的字符
a	a
abc	abc
[abc]	a,b,c 中的任意一个字符
[a-zA-Z]	一个英文字符
\d	一个数字
\w	一个字符
\s	一个空白字符
.	任意一个字符
(ab)?	ab 字符出现过 0 次或 1 次
(ab)*	ab 字符出现过 0 次或多次
(ab)+	ab 字符出现过 1 次或多次
(ab){2}	ab 字符出现过 2 次
(ab){2,4}	ab 字符出现过 2 次或 4 次

2. QRegExp 类的使用

(1) QRegExp 类的实例化

① 在使用 QRegExp 类之前应先将其引入文件中,方法为在“.cpp”文件中加入代码“#include <QRegExp>”。

② 实例化 QRegExp 类,方法为:“QRegExp reg(QString exp);”,其中,参数“exp”为正则表达式。例如,“QRegExp reg("\d*");”。

(2) QRegExp 类的常用方法

“bool exactMatch(const QString &str)”:对目标文本与正则表达式进行匹配,若匹配成功则返回 true,否则返回 false。例如,“re.exactMatch("123")”

● 打开"dialog2. ui"界面文件，右键单击"btnOK"控件，在弹出的快捷菜单中选择"转到槽"命令，槽方法选择"Clicked"，在槽方法中加入如下代码：

```
void Dialog2::on_btnOk_clicked()
{
    QRegExp re("1[3,5,8]\d{9}");
    if(! re.exactMatch(ui->lePhone->text())){
        QMessageBox::warning(NULL,"添加失败","手机号格式错误!");
        return;
    }
    QSqlQuery query;
    QString sql = "select count( * )from contact where user ='" + ui->
leUser->text() + "'";
    query.exec(sql);
    query.next();
    if(query.value(0).toInt()! =0){
        QMessageBox::warning(NULL,"添加失败","已存在的联系人");
        return;
    }
    sql = "insert into contact values(null,'" + ui->leUser->text() + "','" +
ui->lePhone->text() + "','" + this->fileName + "','" + QDateTime::
currentDateTime().toString("yyyy-MM-dd HH:mm:ss") + "')";
    query.exec(sql);
    QMessageBox::information(NULL,"添加成功","联系人已添加");
    QDialog * dialog = new Dialog();
    dialog->show();
    this->close();
}
```

代码分析：首先，使用正则表达式判断用户输入的手机号格式是否正确。然后，通过查询数据库中联系人的数量判断该联系人是否存在。最后，使用 insert 语句将联系人信息存入数据库中，并返回至用户列表窗口。

④ "取消"按钮功能的实现

用户通过单击"取消"按钮，直接返回列表页面。在"btnCancel"控件的槽方法中加入以下代码：

```
void Dialog2::on_btnCancel_clicked()
{
    QDialog *dialog = new Dialog();
    dialog->show();
    this->close();
}
```

（6）联系人信息页面功能的实现

① 联系人信息的显示

在页面中显示联系人、手机号、头像和创建时间的信息。操作步骤如下：

● 在“dialog3.h”头文件的“public”区域声明 fileName 属性，用于存储联系人的姓名，代码如下：QString user;。

● 在“dialog3.cpp”源文件中，引入必要的库文件和头文件，代码如下：

```
#include "dialog.h"
#include "QSqlQuery"
#include "dialog4.h"
#include "QImage"
#include "QPixmap"
```

● 在构造方法中显示联系人信息，代码如下：

```
this->user = user;
QSqlQuery query;
QString sql = "select * from contact where user = '" + this->user + "'";
query.exec(sql);
query.next();
QImage *image = new QImage();
image->load(query.value(3).toString());
QImage *imageScale = new QImage();
*imageScale = image->scaled(60,60,Qt::KeepAspectRatio);
ui->lblShow->setPixmap(QPixmap::fromImage(*imageScale));
ui->lblUser->setText(query.value(1).toString());
ui->lblPhone->setText(query.value(2).toString());
ui->lblDate->setText(query.value(4).toString());
```

代码分析：利用“Dialog”页面传入的参数“user”对 contact 表进行查找，找到 user 对应的联系人信息，将其显示在对应的控件上。

② “编辑”按钮功能的实现

单击“编辑”按钮，根据该联系人的信息进入“Dialog4”页面，进行联系人信息编辑，操作步骤如下：

- 修改“dialog4. h”头文件中“public”区域的构造方法，代码如下：

```
explicit Dialog4(QString user,QWidget *parent = 0);
```

- 修改“dialog4. cpp”源文件中的构造方法参数，代码如下：

```
Dialog4::Dialog4(QString user,QWidget *parent): QDialog(parent),ui(new
Ui::Dialog4)……
```

- 打开“dialog3. ui”界面文件，右键单击“btnEdit”控件，在弹出的快捷菜单中选择“转到槽”命令，槽方法选择“Clicked”，在槽方法中加入如下代码：

```
void Dialog3::on_btnEdit_clicked()
{
    Dialog4 *dialog4 = new Dialog4(this->user);
    dialog4->show();
    this->close();
}
```

③ “所有联系人”按钮功能的实现

单击“所有联系人”按钮，将返回联系人列表页面。在“btnAll”控件的“clicked”槽方法中输入以下代码：

```
void Dialog3::on_btnAll_clicked()
{
    QDialog *dialog = new Dialog();
    dialog->show();
    this->close();
}
```

(7) 编辑联系人页面功能的实现

① 显示联系人信息的功能

在页面中显示联系人姓名、手机号、头像信息，用户可以对手机号和头像进行编辑，操作步骤如下：

- 在“dialog4. h”头文件的“public”区域声明 user、phone、imgPath 属性，用于存储联系人信息，代码如下：

```
QString user,phone,imgPath;。
```

- 在“dialog4. cpp”源文件中，引入必要的库文件和头文件，代码如下：

```
#include "dialog3.h"
#include "dialog.h"
#include "QDebug"
#include "QSqlQuery"
#include <QMessageBox>
#include "QFile"
#include <QFileDialog>
#include "QImage"
#include "QPixmap"
#include "QFileInfo"
#include "QRegExp"
```

● 在构造方法中显示联系人信息，代码如下：

```
QSqlQuery query;
QString sql = "select * from contact where user = '" + user + "'";
query.exec(sql);
query.next();
this->user = query.value(1).toString();
this->phone = query.value(2).toString();
this->imgPath = query.value(3).toString();
ui->lblUser->setText(this->user);
ui->lePhone->setText(this->phone);
QImage *image = new QImage();
image->load(this->imgPath);
QImage *imageScale = new QImage();
*imageScale = image->scaled(150,150,Qt::KeepAspectRatio);
ui->lblShow->setPixmap(QPixmap::fromImage(*imageScale));
```

② “浏览”按钮功能的实现

用户通过单击“浏览”按钮，重新选择头像图片。在“btnBrow”控件的槽方法中加入如下代码：

```
void Dialog4::on_btnBrow_clicked()
{
    QString path = QFileDialog::getOpenFileName(NULL,"导入图片");
    if(! path.isEmpty()){
        QFile file(path);
        QFileInfo info(file);
```

```
        if(info.size()>50000){
            QMessageBox::warning(NULL,"导入失败","图片太大");
            return;
        }
        QString suf = info.suffix();
        this->imgPath = QString("./Image/%1.%2").arg(random()).arg(suf);
        file.copy(this->imgPath);
        QImage * image = new QImage();
        image->load(this->imgPath);
        QImage * imageScale = new QImage();
        * imageScale = image->scaled(150,150,Qt::KeepAspectRatio);
        ui->lblShow->setPixmap(QPixmap::fromImage( * imageScale));
    }
}
```

③“保存”按钮功能的实现

用户通过单击“保存”按钮，对资料进行修改。在“btnUpdate”控件的槽方法中加入如下代码：

```
void Dialog4::on_btnUpdate_clicked()
{
    QRegExp re("1[3,5,8]\d{9}");
    if(! re.exactMatch(ui->lePhone->text())){
        QMessageBox::warning(NULL,"修改失败","手机号格式错误!");
        return;
    }
    QSqlQuery query;
    QString sql = "update contact set phone ='" + ui->lePhone->text() + "',
imgPath ='" + this->imgPath + "' where user ='" + this->user + "'";
    query.exec(sql);
    QMessageBox::information(NULL,"修改成功","联系人已修改");
    Dialog3 * dialog3 = new Dialog3(this->user);
    dialog3->show();
    this->close();
}
```

④“取消”按钮功能的实现

用户通过单击“取消”按钮，直接返回“Dialog3 界面”。在“btnCancel”控件的槽方法中加入如下代码：

```
void Dialog4::on_btnCancel_clicked()
{
    Dialog3 *dialog3 = new Dialog3(this->user);
    dialog3->show();
    this->close();
}
```

⑤ “删除联系人”按钮功能的实现

用户通过单击“删除联系人”按钮，将弹出“删除联系人”对话框，询问用户是否确定删除该联系人，若单击“确定”按钮，则删除该联系人。在“btnDel”控件的槽方法中加入如下代码：

```
void Dialog4::on_btnDel_clicked()
{
    if(QMessageBox::warning(NULL,"删除联系人","你确定要删除吗?",
QMessageBox::Yes,QMessageBox::No) = = 16384){
        QSqlQuery query;
        QString sql = "delete from contact where user ='" + this->user + "'";
        query.exec(sql);
        QMessageBox::warning(NULL,"删除联系人","联系人已删除");
        QDialog *dialog = new Dialog();
        dialog->show();
        this->close();
    }
}
```

任务实施

（1）打开项目“SmartHome”，进入“login. ui”界面文件。

（2）按图 4－38 所示修改用户登录界面，控件属性设置见表 4－21。

表 4－21　控件的属性设置

控件类型	控件名	属性设置
QWidget	wdUpdate	X：280，Y：290 宽度：250，高度：160
QLabel(wdUpdate 容器内)	(默认)	text：账号
QLine Edit(wdUpdate 容器内)	le_UUsername	
QLabel(wdUpdate 容器内)	(默认)	text：旧密码
QLine Edit(wdUpdate 容器内)	le_UPwd	

续表

控件类型	控件名	属性设置
QLabel(wdUpdate 容器内)	(默认)	text:新密码
QLine Edit(wdUpdate 容器内)	le_UPwd_2	
QPush Button(wdUpdate 容器内)	btnUpdate	text:修改
QPush Button(wdUpdate 容器内)	btnClose_2	text:关闭
QWidget	wdDelete	X:540,Y:290 宽度:250,高度:160
QLabel(wdDelete 容器内)	(默认)	text:账号
QLine Edit(wdDelete 容器内)	le_DUsername	
QLabel(wdDelete 容器内)	(默认)	text:密码
QLine Edit(wdDelete 容器内)	le_DPwd	
QPush Button(wdDelete 容器内)	btnDelete	text:删除
QPush Button(wdDelete 容器内)	btnClose_3	text:关闭

(3) 在"dialog3.cpp"源文件的构造方法中,将"wdWidget"和"wdDelte"的初始状态设为不可见,代码如下:

```
ui->wdUpdate->setVisible(false);//设置修改页面不可见
ui->wdDelete->setVisible(false);//设置删除页面不可见
```

(4) "修改密码"功能的实现

单击修改密码,将显示"wdUpdate"控件。在"btnChangePwd"控件的槽方法中加入如下代码:

```
void Login::on_btnChangePwd_clicked()
{
    ui->wdUpdate->setVisible(true);
}
```

(5) "修改"按钮功能的实现

单击修改按钮,将该账户的旧密码改为新密码。在"btnUpdate"控件的槽方法中加入如下代码:

```
void Login::on_btnUpdate_clicked()
{
    if(ui->le_UUsername->text().isEmpty()||ui->le_UPwd->text
().isEmpty()|| ui->le_UPwd_2->text().isEmpty()){//若输入的信息不完整
        QMessageBox::warning(NULL,"密码修改失败","请完善修改信息");
        return;
    }
    QSqlQuery query;
```

```
        QString sql = "select count( * )from Login where user = '" + ui - >le_
UUsername - >text() + "'";
        query.exec(sql);
        query.next();
        if(query.value(0).toInt() = = 0){//查询账户数量为 0
            QMessageBox::warning(NULL,"密码修改失败","无此用户");
            return;
        }
        sql = "select count( * )from Login where user = '" + ui - >le_UUsername - >
text() + "' and passwd = '" + ui - >le_UPwd - >text() + "'";
        query.exec(sql);
        query.next();
        if(query.value(0).toInt() = = 0){//查询账户数量为 0
            QMessageBox::warning(NULL,"密码修改失败","旧密码错误");
            return;
        }
        sql = "update Login set passwd = '" + ui - >le_UPwd_2 - >text() + "'
where user = '" + ui - >le_UUsername - >text() + "'";
        if(query.exec(sql)){
            QMessageBox::information(NULL,"修改成功","密码修改成功");
        }
    }
```

（6）“关闭”按钮功能的实现

单击关闭按钮将隐藏“wdUpdate”控件，在“btnClose_2”控件的槽方法中加入如下代码：

```
    void Login::on_btnClose_2_clicked()
    {
        ui - >wdUpdate - >setVisible(false);
    }
```

（7）“删除用户”按钮功能的实现

单击删除用户按钮，将显示“wdDelete”控件。在“btnDelUser”控件的槽方法中加入如下代码：

```
    void Login::on_btnDelUser_clicked()
    {
        ui - >wdDelete - >setVisible(true);
    }
```

(8)“删除”按钮功能的实现

单击删除按钮,将输入的账户删除。在“btnDelete”控件的槽方法中加入如下代码:

```
void Login::on_btnDelete_clicked()
{
    if(ui->le_DUsername->text().isEmpty()||ui->le_DPwd->text().isEmpty()){
        QMessageBox::warning(NULL,"删除失败","请完善用户信息");
        return;
    }
    QSqlQuery query;
    QString sql = "select count(*)from Login where user ='" + ui->le_DUsername->text() + "' and passwd ='" + ui->le_DPwd->text() + "'";
    query.exec(sql);
    query.next();
    if(query.value(0).toInt() == 0){//查询账户数量为0
        QMessageBox::warning(NULL,"删除失败","用户名或密码错误");
        return;
    }
    sql = "delete from Login where user ='" + ui->le_DUsername->text() + "'";
    if(query.exec(sql)){
        QMessageBox::information(NULL,"删除成功","用户删除成功");
        ui->le_DUsername->clear();//清空文本框
        ui->le_DPwd->clear();
    }
}
```

(9)“关闭”按钮功能的实现

单击关闭按钮将隐藏“wdDelete”控件,在“btnClose_3”控件的槽方法中加入如下代码:

```
void Login::on_btnClose_3_clicked()
{
    ui->wdDelete->setVisible(false);
}
```

(10)设计完成,运行测试。

任务拓展

◎ 任务描述

在智能家居系统登录时，须对用户身份进行验证。对于密码而言，应在密码输入框中限制输入字符的长度、类型，以及不能为空字符。

◎ 任务分析

Qt Creator 开发环境自带的密码输入框，其本身并未提供限制密码字符的属性及方法，需要在代码编辑器中重新编写。一般来说，可以使用正则表达式的方式，调用 QRegExp 类中的 setPattern 方法，指定字符的输入规则。

◎ 任务实施

在表示密码的文本框所在界面的构造方法中，输入以下代码：

```
QRegExp regExp;
regExp.setPattern("[a-zA-Z0-9_\u4e00-\u9fa5\\w]+$");
QValidator * editName = new QRegExpValidator(regExp,ui->lineEdit);
ui->lineEdit->setValidator(editName);
ui->lineEdit->setMaxLength(10);
```

任务小结

在本任务中，主要学习了以下内容：

1. 数据库的增、删、改、查的基本语句。
2. sql 语句中正则表达式的应用。
3. 实现智能家居软件系统密码修改与删除的功能。

任务6 实现自定义模式保存和读取的功能

任务描述

本任务实现对自定义模式保存和读取的功能，如图 4－47 所示。用户输入条件和阈值，选择要控制的设备，选择模式号（最多可保存三组模式），点击“保存”按钮保存当前的设置。点击“读取”按钮，根据模式号将设置模式的条件、阈值和控制设备进行读取，并显示在页面中。

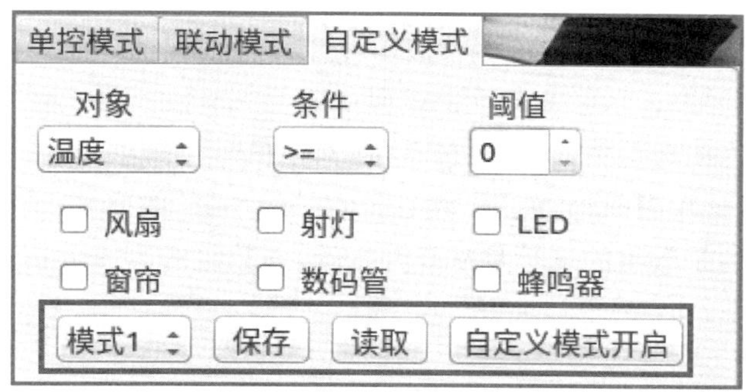

图 4－47　用户自定义模式

任务目标

1. 掌握数组的概念与应用。
2. 掌握数组的声明、定义与使用方法。
3. 掌握二维数组的概念及应用。

知识准备

在本任务中，需要对多组数据进行保存，在前面的学习中，是利用变量的方式对数据进行存储，而在本任务中需要存储大量的数据（每组 9 个数据，共 3 组），这样要声明 27 个变量来记录数据，不仅声明变量的工作量非常烦琐，而且变量在使用过程中会出现较多问题。为了解决这个问题，可以使用数组的方式对这些数据进行分组记录，如此，利用一个数组即可解决。

1. 数组的概念

数组(Array)是一组具有相同名称的变量的集合,它的每个元素具有相同的数据类型。数组中的每一个变量使用相同的数组名,但使用不同的唯一标识。

2. 数组的声明

在 Qt 中数组声明的语法格式为:数据类型 数组名[数组长度]。例如:

```
QString[5] names;
int ages[3];
```

上述代码分别表示定义了一个数据类型为"QString"(字符串),长度为 5 的数组和数据类型为"int"(整型),长度为 3 的数组。

3. 数组的赋值

与变量赋值相同,数组的赋值可以在声明时赋值,也可以在使用时赋值。如:

```
int ages[3] = {10,15,20};
ages[0] = 30;
```

第一个为数组声明时赋值,使用"{值 1,值 2,…值 n}"的方式对每一个数组元素进行赋值,第二个为数组使用时赋值,使用"数组名[下标]=值"的方式,为数组的某个元素赋值。这里需要注意的是数组的下标是从 0 开始的,即数组的第一个元素下标为 0,最后一个元素为 n−1。

4. 数组的遍历

由于数组的下标是连续的,因此,通常与数组相关的操作可以结合循环语句来完成。使用循环的方法逐一对数组的元素进行访问的操作称为数组的遍历。例如:

```
for(int i = 0; i<3; i + + )
{
    //ages[i]的相关操作。
}
```

以上代码对"ages[3]"数组进行遍历访问,每次循环访问的元素为"ages[i]"。

5. 二维数组

二维数组本质上是以数组作为数组元素的数组,即"数组的数组"。二维数组的声明方式为"数据类型 数组名[m][n]",如"int arr[3][4]",表示声明了一个数据类型为 int 的 3 行 4 列的二维数组。对于二维数组的操作需要提供其行号和列号,如设置"arr"数组第三行第二列的值为 1,可以利用"arr[2][1]=1"来进行赋值。

实例 1:声明并初始化一个数组,将数组的元素进行从小到大的排序(冒泡法排序),

操作步骤如下：

（1）创建项目“Test”。

（2）在构造方法中输入如下代码：

```
int arr[5] = {5,2,1,4,3};//定义一个数组
    for(int i = 1;i<5;i + + ){//排序操作
        for(int j = 0;j<5 - i;j + + ){
            if(arr[j]>arr[j + 1]){
                int a = arr[j];
                arr[j] = arr[j + 1];
                arr[j + 1] = a;
            }
        }
}
qDebug()<<"数组排序后为:";
    for(int i = 0;i<5;i + + ){//显示排序后的数组
        qDebug()<<arr[i];
}
```

（3）设计完成，运行测试。

实例分析：本实例使用经典的“冒泡排序算法”实现对数组的排序。首先定义一个长度为 5 的整形数组“int arr[5]={5,2,1,4,3};”，元素初始为无序状态。冒泡排序算法的原理是：先进行第 1 轮比较，首先将第 1 个数和第 2 个数比较，如果第 1 个数大于第 2 个数，则把后两个数的位置交换，否则不交换。再将第 2 个数与第 3 个数比较，以此类推，比较完 4 次后，最后 1 位最大的数字是“5”。按照此规则进行第 2 轮比较，比较完 3 次后，倒数第 2 位是第二大的数字“4”。

按照此方法进行 4 轮比较后，把数字“2、3、4、5”的顺序排好，最小的数字“1”必定是在第 1 位，无须比较了。依据这个原理，使用双重 for 循环的方式实现冒泡排序，外层循环“for(int i=1;i<5;i++)”控制比较的轮数，内层循环“for(int j=0;j<5−i;j++)”控制每轮比较的次数。由于每轮比较的次数不同，因此使用“j<5−i”条件控制循环次数。排序完成后，使用数组遍历的方法将数组中的元素打印出来。

实例 2：彩票双色球生成器，模拟机选一注双色球的彩票号码，如图 4－48 所示。点击“抽奖”按钮后从“01”到“32”中随机选择出 6 个数字作为红色球且这 6 个数字不能重复，并从”01”到”07”中随机选择一个数字作为蓝色球；7 个数字合到一起作为一注双色球彩票的号码。操作步骤如下：

彩色球生成器

红球为： [28][12][23][27][17][32]

蓝球为： [03]

抽奖

图 4-48 彩票双色球生成器

(1) 在 Qt Creator 中创建一个项目“ColorBall”，基类选择“QDialog”，其他参数保持默认。

(2) 界面设计

打开“dialog. ui”界面文件，拖放合适的控件，各控件属性如表 4-22 所示。

表 4-22 控件的属性设置

控件类型	控件名	属性设置
QDialog	Dialog	宽度:400，高度:260
QLabel	默认	text:双色球生成器 styleSheet：color:红色
QLabel	默认	text:红球为:
QLabel	默认	text:蓝球为:
QLabel	lblRedBall	
QLabel	lblBlueBall	
QPushButton	btnCj	text:抽奖

(3) “抽奖”按钮功能的实现

单击“抽奖”按钮进行红球和蓝球的随机抽取，在“btnCj”按钮的“clicked”槽方法中加入以下代码：

```
void Dialog::on_btnCj_clicked()
{
    QString RED_BALLS[] = { "01","02","03","04","05","06","07","08","09","10","11","12","13","14","15","16","17","18","19","20","21","22","23","24","25","26","27","28","29","30","31","32" };//红球数组
    QString BLUE_BALLS[] = { "01","02","03","04","05","06","07" };//蓝球数组
    bool redFlags[32];//标记该球是否选中
    QString redBalls[6];//存放抽中的红球
```

```
    for(int i=0;i<6;i++){//抽红球
        int index;
        do{
            index=random()%32;
        }while(redFlags[index]);
        redFlags[index]=true;
        redBalls[i]=RED_BALLS[index];
    }
    QString str;
    for(int i=0;i<6;i++){//遍历抽中红球的数组
        str+="["+redBalls[i]+"]";
    }
    ui->lblRedBall->setText(str);//显示抽中的红球
    int index=random()%7;
    ui->lblBlueBall->setText("["+BLUE_BALLS[index]+"]");//显示
抽中的蓝球
}
```

实例分析:在本实例中,使用一个字符串数组"QString RED_BALLS[]"存放所有的红球,通过另外一个字符串数组"QString BLUE_BALLS[]"存放所有的蓝球,定义一个与红球数组长度一致的 bool 类型的数组"bool redFlags[32]"来标识红球是否已经被选中,并定义一个字符串数组"QString redBalls[6]"存放被选中的红球。关于在 Qt 数组中保存图片的方法与步骤,请参照配套资料中"视频"文件夹下的"Qt 程序员基本素养之将图片保存于数组.mp4",或扫描下方的二维码。

将图片保存于数组

通过循环随机选择红球,这里取随机数为"random()"方法,取 0 至 31 之间的随机数,将取出来的随机数和 32 取余即可。选中的红球将标识设置为 true,此球不能再次被选,直到 6 个红球全部选中为止。由于是先选中标识,后判断是否为 true,因此,这里使用"do…while"循环语句。红球抽完后,遍历被选中的红球的数组,将其放入一个字符串变量中,通过 Label 标签显示结果。由于蓝球只抽取一个,因此,直接将随机抽取的蓝球通过 Label 标签显示结果即可。

实例 3:猜字母游戏,如图 4-49 所示。系统随机产生 5 个按照一定顺序排列的字符,然后由用户输入 5 个字符,由程序判断这 5 个字符和系统产生的 5 个字符是否相同(要求字符和位置均相同),如果相同,则程序结束,并计算得分。如果不相同,则输出比较结果以提示用户继续游戏。游戏的得分规则为:总分 500 分,用户如果第 1 次就猜对,则得满分,每多猜一次,扣 10 分。操作步骤如下:

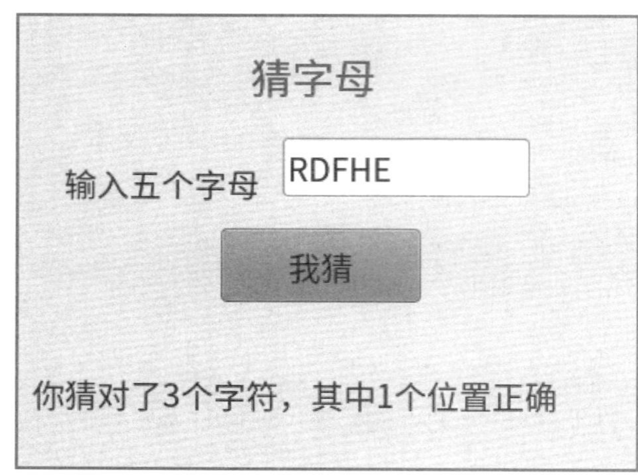

图 4－49　猜字母游戏

（1）在 Qt Creator 中创建一个项目“Guess”，基类选择“QDialog”，其他参数保持默认。

（2）界面设计

打开“dialog. ui”界面文件，拖放合适的控件，各控件属性如表 4－23 所示。

表 4－23　控件的属性设置

控件类型	控件名	属性设置
QDialog	Dialog	宽度：400，高度：300
QLabel	默认	text：猜字母 styleSheet：color：红色
QLabel	默认	text：输入 5 个字母
QLineEdit	leCai	text：我猜
QLabel	lblShow	

（3）打开“dialog. cpp”源文件，声明两个全局变量，代码如下：

```
QChar chs[5];//存放随机生成的五个字符
int num = 0;//记录输入的次数
```

（4）在构造方法中，随机生成 5 个字符，代码如下：

```
setWindowFlags(Qt::FramelessWindowHint);//设置窗体没有标题栏
QChar letters[] = { 'A','B','C','D','E','F','G','H','I','J','K','L','M','N','O','P
','Q','R','S','T','U','V','W','X','Y','Z' };//字符库
    bool flags[26];//标记该字符是否被选中
```

```
for(int i=0;i<5;i++){//存储5个随机字符
    int index;
    do{
        index=random()%26;
    }while(flags[index]);
    flags[index]=true;
    chs[i]=letters[index];
}
```

(5)“我猜”按钮功能的实现

单击“我猜”按钮对用户输入的5个字符进行判断,将结果显示在“lblShow”控件中,在“btnCai”按钮的“clicked”槽方法中加入以下代码:

```
void Dialog::on_btnCai_clicked()
{
    QString str=ui->leInput->text();
    QChar chIn[5];
    int res[2]={0,0};// res[0]:存储正确的字符个数,res[1]:存储正确的
位置个数
    if(str.length()!=5){
        ui->lblShow->setText("输入的字符长度不对");
        return;
    }
    for(int i=0;i<str.length();i++){//将字符串转为char数组
        chIn[i]=str.at(i);
    }
    for(int i=0;i<5;i++){//判断猜中字符个数和位置个数
        for(int j=0;j<5;j++){
            if(chIn[i]==chs[j]){
                res[0]++;
                if(i==j){
                    res[1]++;
                    break;
                }
            }
        }
    }
```

```
        if(res[1]==5){//猜对显示
            ui->lblShow->setText(QString("恭喜你,你猜对了。你的得分是:%1").arg(500-num*10));
        }else{//猜错显示
            num++;
            ui->lblShow->setText(QString("你猜对了%1个字符,其中%2个字符位置正确!").arg(res[0]).arg(res[1]));
        }
    }
```

实例分析:在本实例中,定义一个长度为5的字符串数组“QChar chIn[5]”用于存放系统产生的5个字符,并定义变量“int num”记录用户所猜测的次数。由于系统产生的5个字符和用户猜测的5个字符不在同一个方法中,因此,这两个变量要设置为全局变量。在构造方法中定义一个数组“QChar letters[]”存放所有的字符,定义一个bool类型的数组“bool flags[26]”,大小和letters数组相同,用来标识letters数组中的元素是否被选中,随机产生5个不重复的字符存入字符数组“chs”中,原理同实例2。

当用户单击“我猜”按钮时,程序对输入的字符进行判断,使用“res”数组分别存储正确的字符个数和位置个数。先对用户输入的字符长度进行判断,再将输入的字符串转为字符数组,这里使用QString类中的“at()”方法取出字符串中的字符,放入字符数组中。遍历用户输入的字符数组“chIn”,每取一个元素,将“chs”中的每一个元素与之比较,若字符相同,则将字符个数加1,再比较位置,若位置也相同,则将位置个数加1,使用“break”指令跳出内层循环。再进行下一个输入字符的比较,以此类推。比较完成后,若“res[1]”的值为5,则表示字符和位置都猜对,计算分数并显示。若“res[1]”的值不为5,则表示还有字符没有猜对,则显示相应的提示信息,同时将猜测的次数加1。

任务实施

(1) 打开项目“SmartHome”,进入“mainwindow.ui”界面文件。

(2) 在“mainwindow.cpp”源文件中定义一个3行9列的二维数组全局变量,用来存储三个模式的数据。代码为:

```
int mode[3][9];
```

(3) 返回“mainwindow.ui”界面文件,右击“保存”按钮,选择“转到槽”。在槽方法中加入如下代码:

```
void MainWindow::on_btnSave_clicked()
{
    int index = ui->cbMode->currentIndex();//获取模式下标
    mode[index][0] = ui->cbDx->currentIndex();//记录对象下标
    mode[index][1] = ui->cbTj->currentIndex();//记录条件下标
    mode[index][2] = ui->spYz->value();//记录阈值
    mode[index][3] = ui->cbFs->isChecked()? 1 : 0;//风扇是否选中,使用三目运算符,"1"为选中"0"为未选中,下同。
    mode[index][4] = ui->cbSd->isChecked()? 1 : 0;//射灯是否选中
    mode[index][5] = ui->cbLED->isChecked()? 1 : 0; //LED灯是否选中
    mode[index][6] = ui->cbCl->isChecked()? 1 : 0;//窗帘是否选中
    mode[index][7] = ui->cbSmg->isChecked()? 1 : 0;//数码管是否选中
    mode[index][8] = ui->cbFmq->isChecked()? 1 : 0;//蜂鸣器是否选中
    QMessageBox::information(NULL,"保存成功","模式保存成功");//信息框显示模式保存成功
}
```

（4）在“mainwindow.ui”界面文件，右击“读取”按钮，选择“转到槽”。在槽方法中加入如下代码：

```
void MainWindow::on_btnRead_clicked()
{
    int index = ui->cbMode->currentIndex();//获取模式下标
    ui->cbDx->setCurrentIndex(mode[index][0]);//设置对象下标
    ui->cbTj->setCurrentIndex(mode[index][1]);//设置条件下标
    ui->spYz->setValue(mode[index][2]);//设置Spin Box的值
    ui->cbFs->setChecked(mode[index][3] == 1? true : false);//设置风扇是否被选中
    ui->cbSd->setChecked(mode[index][4] == 1? true : false);//设置射灯是否被选中
    ui->cbLED->setChecked(mode[index][5] == 1? true : false);//设置LED灯是否被选中
    ui->cbCl->setChecked(mode[index][6] == 1? true : false);//设置窗帘是否被选中
    ui->cbSmg->setChecked(mode[index][7] == 1? true : false);//设置数码管是否被选中
```

```
        ui->cbFmq->setChecked(mode[index][8] = = 1? true : false);//设置
蜂鸣器是否被选中
        QMessageBox::information(NULL,"读取成功","模式读取成功");//信息框
显示模式读取成功
    }
```

(5) 设计完成,运行测试。

任务拓展

◎ 任务描述

在智能家居环境中,通常需要实时监控各类家居设备的工作状态,显示环境数据。现需采集智能家居环境数据,如温湿度、二氧化碳含量、空气质量等,并显示在界面中。

◎ 任务分析

Qt Creator 开发环境本身并未提供与智能家居设备连接的驱动程序,需从第三方导入驱动程序包,然后在开发环境中使用#include 关键字引入相关的库文件,最后在代码中调用库文件中提供的方法或函数,实现设备控制功能。

◎ 任务实施

在智能家居设备控制界面的类文件中,首先引入驱动程序的头文件 BDaqCL.h,然后通过库文件中的 setSelectedDevice 方法读取设备采集的数据,使用 getItem 方法将采集的数据存储到字符串列表中,将列表数据分解后显示在文本框中。

```
    #include "BDaqCL.h"
    using namespace Automation::BDaq;
    ErrorCode ret = Success;
    InstantDiCtrl * instantDiCtrl = AdxInstantDoCtrlCreate();
    DeviceInformation devInfo(deviceDescription);
    ret = instantDiCtrl->setSelectedDevice(devInfo);
    ret = instantDiCtrl->LoadProfile(filePath);
    ICollection<PortDirection> * portDirection = instantDiCtrl->
getPortDirection();
    if (portDirection ! = NULL)
```

```
{
    DioPortDir dir = Iutput ;
    portDirection->getItem(0).setDirection(dir);
    portDirection->getItem(1).setDirection(dir);
    DioPortDir currentDir = portDirection->getItem(0).getDirection();
    printf(" Current Direction of Port[%ld] = %ld \n",0, currentDir);
    currentDir = portDirection->getItem(1).getDirection();
    printf(" Current Direction of Port[%ld] = %ld \n",1, currentDir);
}
else
{
    printf("There is no DIO port of the selected device can set direction! \n");
}
```

任务小结

在本任务中，主要学习了以下内容：

1. 数组的概念与应用。
2. 数组的声明、定义与使用方法。
3. 二维数组的概念及应用。
4. 智能家居软件系统自定义模式的数据保存与读取。

任务7 实现 LED 灯闪烁和跑马灯效果

任务描述

本任务实现单控模式中 LED 的闪烁和跑马灯的效果，如图 4－50 所示。单击“LED 开”按钮，按钮文字变为“按钮关”，同时根据用户单选框的选择实现 LED 的闪烁（四个 LED 灯的开、关切换循环）和 LED 灯的跑马灯（四个 LED 灯依次打开）的效果。

图 4-50　LED 灯的效果

任务目标

1. 掌握 Qt 中计时器的概念与应用。
2. 掌握 Qt 中线程的概念与使用方法。
3. 掌握静态变量的应用方法。

知识准备

在本任务中，LED 灯的闪烁效果和跑马灯效果都是 LED 灯开、关的循环效果，但不适合使用循环结构来实现这些功能。一方面，每执行一次循环的时间太短，若将 LED 灯的控制放入循环结构中，则很难呈现运行效果。另一方面，循环结构工作于程序的主线程中，在循环执行时，将消耗大量的内存资源，对程序的其他操作没有响应，会出现类似于死机的现象，如图 4-51 所示。

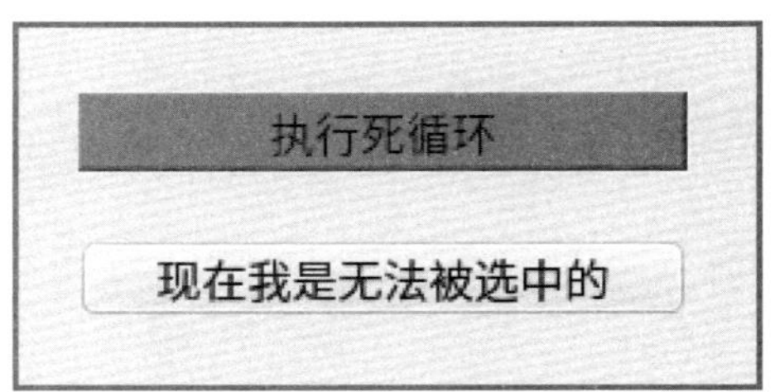

图 4-51　主线程中的循环结构导致程序卡死

在“PushButton”控件的“clicked”槽方法中加入死循环语句“while(true){……}”，单击按钮后将无法对程序中的其他控制进行操作，直到内存溢出报错。为了解决这个问题，可以使用 Qt 中的计时器类(QTimer)来实现本任务的功能。

1. 计时器与多线程

计时器的作用是每隔固定的时间自动触发一次超时事件，工作于独立的线程，不会影响程序中的其他操作。

一般情况下，程序中的所有代码都是在主线程下运行的。当程序中的一段代码耗时较长时，该代码之后的其余代码段将一直处于等待状态，用户界面也会出现“假死”现象。

此时，应将这段耗时较长的代码单独创建一个线程来执行，以便能很好地解决这个问题。例如，在项目 3 任务 3 的代码中，计时器和“getStr(QByteArray str)”方法都是在独立的线程中运行的，并不影响程序中其他代码的执行。Qt 中使用“QThread”类实现对线程的控制。下面以实例的方式介绍多线程的使用方法。

实例 1：多线程。如图 4－52 所示，在程序中加入两个线程，线程 A 和线程 B，每个线程循环应用“qDebug()”方法打印线程名。单击“线程开启”按钮，两个线程同时开启，单击“线程关闭”按钮，两个线程同时关闭。操作步骤如下：

图 4－52　多线程

(1) 在 Qt Creator 中新建一个项目“Thread”，基类选择“QDialog”，其他参数保持默认。

(2) 界面设计

打开“dialog. ui”界面文件，拖放合适的控件，各控件属性设置如表 4－24 所示。

表 4－24　控件属性设置

控件类型	控件名称	属性设置
QDialog	Dialog	宽度：270，高度：50，windowTitle：多线程
QPushButton	threadStart	text：线程开启
QPushButton	threadStop	text：线程关闭

(3) 由于“QThread”类属于抽象类，不能直接实例化，在使用时必须派生出一个新类，因此，在 Qt Creator 中新建一个 C++类，继承自“QThread”，方法如下：

① 右键单击“Thread”项目，在弹出的快捷菜单中选择“添加新文件”命令。

② 在“选择一个模板”对话框中选择创建一个 C++类，单击“下一步”按钮。

③ 设置类名和基类信息，类名为“MyThread”，基类选择“QThread”，类型信息为“继承自 QObject”，单击“下一步”按钮，完成类的创建。

④ 打开“mythread. h”头文件，在“public”区域中加入如下代码以记录线程名称：

```
QString message;
```

⑤ 在“mythread. h”头文件中手工加入“protected”区域，在该区域中声明方法“run()”，该方法为重写方法，是线程启动后运行的方法，代码如下：

```
protected:
void run();
```

⑥ 打开“mythread. cpp”源文件，引入“QDebug”类，重写“run()”方法，代码如下：

```
void MyThread::run(){
    while(true){
        qDebug()<<"这是" + message + "在运行";
        sleep(1);
    }
}
```

(4) 在“dialog. h”头文件中引入“mythread. h”头文件，在“public” 区域中声明两个线程对象，代码如下：

```
public:
    MyThread * threadA;//线程 A
    MyThread * threadB; //线程 B
```

(5) 在“dialog. cpp”源文件的构造方法中实例化两个线程对象，同时设置其“message”属性，代码如下：

```
threadA = new MyThread();
threadB = new MyThread();
threadA->message = "线程 A";
threadB->message = "线程 B";
```

(6) 在“threadStart”按钮的“clicked()”槽方法中加入以下代码：

```
void Dialog::on_threadStart_clicked()
{
    threadA->start();
    threadB->start();
}
```

(7) 在“threadStop”按钮的“clicked()”槽方法中加入以下代码：

```
void Dialog::on_threadStop_clicked()
{
    threadA->terminate();
    threadB->terminate();
}
```

(8) 运程程序，结果如图 4-53 所示。

图 4-53 多线程运行结果

实例分析：从实例的运行结果可以看出，线程 A 和线程 B 可以同时运行，相互不影响。两个线程的运行顺序没有一定的规律，从运行结果可以看出，可能是先运行线程 A，也可能先运行线程 B，这与 Linux 操作系统的调试策略有关。

2. Qt 中计时器的使用方法

Qt 中使用 QTimer 类进行计时器的操作。其使用方法为：

(1) 在头文件中引入 QTimer 类。

(2) 在头文件中的"public"区域声明一个计时器类的对象，如"QTimer timer"。

(3) 在头文件的"private slots"区域声明一个自定义的槽方法，用于对超时事件的响应，如"void onTimeout();"。

(4) 在源文件的构造方法中为计时器对象关联信号和槽。其中信号对象为计时器 Timer，信号方法为"timeout()"，槽对象为该窗口本身"this"，槽方法为自定义的槽方法"onTimeout()"。代码为：

```
connect(&timer,SIGNAL(timeout()),this,SLOT(onTimeout()));
```

(5) 在需要开启定时器的地方调用"void QTimer::start(int msec);"方法，其中参数 msec 是指计时器触发一次的时间，单位为毫秒。如："timer. start(1000);"，表示 1 秒执行一次。

(6) 自定义槽方法里的超时处理。

(7) 使用"void QTimer::stop();"方法进行计时器的停止操作。如："timer. Stop()"。

实例 2：制作一个秒表程序，如图 4-54 所示。"启动"按钮用于控制计时器的开启和停止，"计次"按钮用于显示计次时间。操作步骤如下：

图 4－54　秒表程序运行结果

(1) 在 Qt Creator 中新建一个项目“Stopwatch”，基类选择“QDialog”，其他参数保持默认。

(2) 界面设计

打开“dialog. ui”界面文件，拖放合适的控件，各控件属性设置如表 4－25 所示。

表 4－25　控件属性设置

控件类型	控件名称	属性设置
QDialog	Dialog	宽度:240，高度:320，windowTitle:秒表程序
QLabel	默认	text:秒表
QWidget	默认	X：0，Y：30 宽度:240，高度:80 背景颜色:白色
QLabel(QWidget 容器内)	lblSmallTimer	text：00：00：00
QLabel(QWidget 容器内)	lblTimer	text：00：00：00
QPushButton	btnStart	text:启动
QPushButton	btnStop	text:计次
QListWidget	lwRecord	

(3) 声明一个计时器，并进行信号和槽的关联。

① 在“dialog. h”头文件中引入 QTimer 类，代码如下：

```
#include <QTimer>
```

② 在“dialog. h”头文件的“public”区域声明 QTimer 对象，代码如下：

```
QTimer watch;
```

③ 在“dialog.h”头文件的“private slots”区域声明一个自定义的槽方法，用于计时器超时的响应，代码如下：

```
private slots:
    void onTimeout();
```

④ 在“dialog.cpp”源文件的构造方法中对计时器进行信号和槽的关联，代码如下：

```
connect(&watch,SIGNAL(timeout()),this,SLOT(onTimeout()));
```

(4) 在“dialog.h”头文件的“public”区域进行计时器相关变量声明，代码如下：

```
int min,sec,msec,totalSec;//计时器分、秒、毫秒和总秒数
int smallMin,smallSec,smallMsec,smallTotalSec;//小计时器分、秒、毫秒和总秒数
int num;//计次次数
```

(5) “启动”按钮功能的实现

单击“启动”按钮，大秒表和小秒表同时开始工作，“启动”按钮变为“停止”按钮，单击“停止”按钮，大秒表和小秒表同时停止工作。在“启动”按钮的“clicked()”槽方法中加入如下代码：

```
void Dialog::on_btnStart_clicked()
{
    if(ui->btnStart->text()=="启动"){
        min=0,sec=0,msec=0,totalSec=0;
        smallMin=0,smallSec=0,smallMsec=0,smallTotalSec=0;
        num=1;
        ui->lblTimer->setText("00:00 00");
        ui->lblSmallTimer->setText("00:00 00");
        ui->btnStart->setText("停止");
        ui->lwRecord->clear();
        watch.start(10);
    }else{
        ui->btnStart->setText("启动");
        watch.stop();
    }
}
```

代码分析：当单击“btnStart”按钮时，若按钮的文本为“启动”，则初始化大秒表、小秒表和计次的相关变量，清空计时列表，计时器开始工作，每隔10毫秒运行一次。当按钮的文本为“停止”时则停止计时。

（6）“计次”按钮功能的实现

单击“计次”按钮，在列表中显示当次时间，小秒表将重新计时。在“计次”按钮的“clicked()”槽方法中加入如下代码：

```
void Dialog::on_btnRecord_clicked()
{
    ui->lwRecord->addItem(QString("%1. %2").arg(num).arg(ui->
lblTimer->text()));
    num++;
    smallTotalSec=0;
}
```

（7）自定义计时器槽方法的实现。在“dialog.cpp”源文件中加入如下代码：

```
void Dialog::onTimeout(){
    totalSec++;
    msec=totalSec%100;
    sec=(totalSec/100)%60;
    min=totalSec/6000;
    QString S_msec = msec<10? QString("0%1").arg(msec):QString::
number(msec);
    QString S_sec = sec<10? QString("0%1").arg(sec):QString::number
(sec);
    QString S_min = min<10? QString("0%1").arg(min):QString::number
(min);
    ui->lblTimer->setText(S_min+":"+S_sec+"."+S_msec);
    smallTotalSec++;
    smallMsec=(smallTotalSec)%100;
    smallSec=(smallTotalSec/100)%60;
    smallMin=smallTotalSec/6000;
    QString S_smallMsec=smallMsec<10? QString("0%1").arg(smallMsec):
QString::number(smallMsec);
    QString S_smallSec = smallSec<10? QString("0%1").arg(smallSec):
QString::number(smallSec);
    QString S_smallMin = smallMin<10? QString("0%1").arg(smallMin):
QString::number(smallMin);
    ui->lblSmallTimer->setText(S_smallMin+":"+S_smallSec+"."+S_
smallMsec);
}
```

代码分析：计时器每执行一次操作则总毫秒数加 1，计时的原则为每满 1 000 毫秒，秒数加 1，秒数满 60，分钟数加 1。毫秒数的获取方法为总毫秒数与 100 取余。秒数为总秒数(总毫秒数/1 000)与 60 取余。分钟为总秒数/60，即总毫秒数/60 000。最后，将毫秒数、秒数和分钟数显示在"lblTimer"控件中。需要注意的是，当这些值小于 10 时，需要在前面补"0"。小秒表的显示原理和大秒表相同，只是每次单击"计次"按钮时，小秒表的总毫秒数归零。

(8) 设计完成，运行测试。

实例 3：智能家居理论考试系统，如图 4-55 所示。用户可以进行试题的上传、考试和评分操作。操作步骤如下：

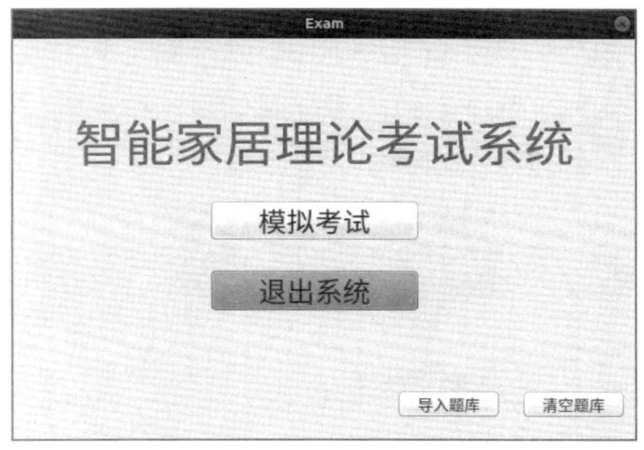

图 4-55 智能家居理论考试系统

1. 在 Qt Creator 中新建一个项目"Exam"，基类选择"QDialog"，其他参数保持默认。
2. 在项目中新建"Debug"文件夹，将项目的构建目录指向该文件夹。
3. 界面设计

(1) 系统导航页面(dialog. ui)的设计，如图 4-55 所示。在界面中拖放合适的控件，各控件属性设置如表 4-26 所示。

表 4-26 控件属性设置

控件类型	控件名称	属性设置
QDialog	Dialog	宽度：600，高度：400
QLabel	默认	text：智能家居理论考试系统 styleSheet：color：红
QPushButton	btnStart	text：模拟考试
QPushButton	btnClose	text：退出系统
QPushButton	btnImport	text：导入题库
QPushButton	btnClear	text：清空题库

(2) 答题页面(dialog1.ui)的设计，如图 4-56 所示。在界面中拖放合适的控件，各控件属性设置如表 4-27 所示。

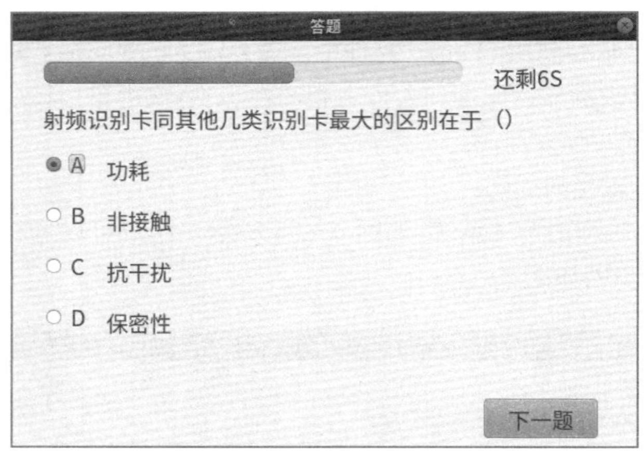

图 4-56 答题页面

表 4-27 控件属性设置

控件类型	控件名称	属性设置
QDialog	Dialog1	宽度:600,高度:400
QProgressBar	pbRemain	value：100
QLabel	lblRemain	text:还剩 10S
QLabel	lblQuestion	
QRadioButton	rbA	text：A
QLabel	lblAnswerA	
QRadioButton	rbB	text：B
QLabel	lblAnswerB	
QRadioButton	rbC	text：C
QLabel	lblAnswerC	
QRadioButton	rbD	text：D
QLabel	lblAnswerD	
QPushButton	btnNext	text:下一题

(3) 评价页面(dialog2.ui)的设计，如图 4-57 所示。在界面中拖放合适的控件，各控件属性设置如表 4-28 所示。

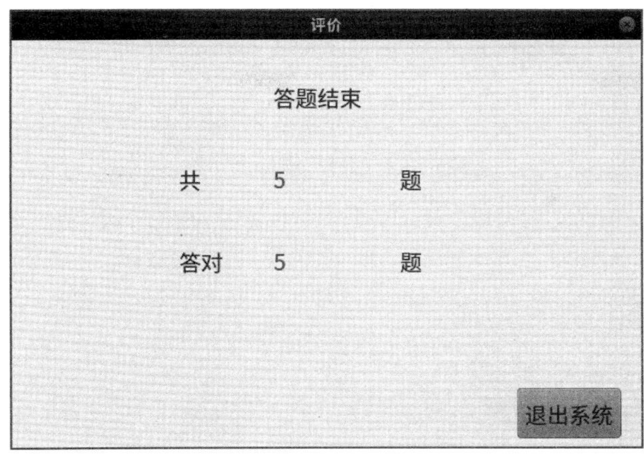

图 4-57　评价页面

表 4-28　控件属性设置

控件类型	控件名称	属性设置
QDialog	Dialog2	宽度:600,高度:400
QLabel	默认	text:答题结束
QLabel	默认	text:共
QLabel	lblTotal	styleSheet: color:红
QLabel	默认	text:题
QLabel	默认	text:答对
QLabel	lblCorrect	styleSheet: color:红
QLabel	默认	text:题
QPushButton	btnClose	text:退出系统

4. 数据库的设计与创建

(1) 新建“db. db”数据库,将数据库文件保存在“Debug”文件夹中。

(2) 在“db. db”数据库中新建“exam”表,用于保存试题信息,其字段属性如表 4-29 所示。

表 4-29　exam 表字段属性

字段名	字段类型	字段长度	是否为主键
id(自动编号)	integer	默认	是
question(问题)	varchar	255	否
answerA(选项 A)	varchar	255	否
answerB(选项 B)	varchar	255	否
answerC(选项 C)	varchar	255	否

续表

字段名	字段类型	字段长度	是否为主键
answerD(选项 D)	varchar	255	否
answer(答案)	varchar	255	否

(3) 在“Exam. pro”文件中加入：“QT+=sql”。在“main. cpp”主文件中加入以下代码：

```
#include "QSqlDatabase"
#include "QSqlQuery"
int main(int argc,char *argv[])
{
    QApplication a(argc,argv);
    QSqlDatabase db = QSqlDatabase::addDatabase("QSQLITE");
    db.setDatabaseName("db.db");
    db.open();
    QSqlQuery query;
    QString sql = "create table if not exists exam(id integer primary key autoincrement,question varchar(255),answerA varchar(255),answerB varchar(255),answerC varchar(255),answerD varchar(255),answer varchar(255))";
    query.exec(sql);
    Dialog w;
    w.show();
    return a.exec();
}
```

5. 定义静态变量

定义与考试操作相关的 3 个静态变量，包括题目总数、回答正确题数、题目最大编号。操作步骤如下：

(1) 在“dialog. h”头文件的“public”区域使用“static”修饰符声明 3 个静态变量，代码如下：

```
static int totalCount,correctCount,maxID;// 题目总数、回答正确题数、题目最大编号
```

(2) 在“dialog. cpp”源文件中对静态变量进行初始化，代码如下：

```
int Dialog::totalCount = 0,Dialog::correctCount = 0,Dialog::maxID = 0;
```

知识链接

静态变量

静态全局变量，又称全局静态变量，是在全局变量前加一个修饰符static，使得该变量只在这个源文件中才能使用。静态变量不属于哪一个函数，它属于一个源程序文件，其作用域是从定义该变量的位置开始至源文件结束。

在Qt中，对静态变量的定义步骤如下：

① 在“dialog. h”头文件的“public”区域对静态变量进行声明，例如：static int num；

② 在“dialog. cpp”源文件中对静态变量赋初始值，赋值格式为“变量类型 类名：：变量名”，例如：int Dialog：：num；

对于静态变量的访问，在同一个类中可以直接访问，在不同的类之间需要使用“类名：：变量名”的方式进行访问。

6. 系统导航页面功能的实现

（1）“导入题库”按钮功能的实现

用户单击“导入题库”按钮，弹出“上传题库”对话框，选择已经准备好的题库文件（项目目录中的“题库. txt”），将文件数据导入到数据库的exam表中。操作步骤如下：

① 在“dialog. cpp”源文件中引入必要的库文件，代码如下：

```
#include "QSqlQuery"
#include "QFile"
#include "QFileDialog"
#include "QTextStream"
#include "QMessageBox"
```

② 在“btnImport”按钮的“clicked()”槽方法中加入以下代码：

```
void Dialog::on_btnImport_clicked()
{
        QString path = QFileDialog::getOpenFileName(NULL,"导入题库","",tr
("TXTFile(*.txt)"));
       QSqlQuery query;
       QString sql;
```

```
        if(! path.isEmpty()){
            QFile file(path);
            file.open(QFile::ReadOnly);
            QTextStream stream(&file);
            while(! stream.atEnd()){
                QString str = stream.readLine();
                QStringList list = str.split(",");
                sql = "insert into exam values(null,'" + list.at(0) + "','" +
list.at(1) + "','" + list.at(2) + "','" + list.at(3) + "','" + list.at(4) + "','" +
list.at(5) + "')";
                query.exec(sql);
            }
            QMessageBox::information(NULL,"导入完成","题库导入成功");
        }
    }
```

代码分析：利用“QFileDialog”类的“getOpenFileName()”方法获取题库文件的路径。需要注意的是，题库文件的扩展名为.txt，题库模板如图 4 - 58 所示，文件中每一行表示一道题目，格式为“问题，选项 A，选项 B，选项 C，选项 D，答案”。使用“QFile”的“open()”方法将文件打开，使用“QTextStream”的“readLine()”方法读取每行数据。使用“split(",")”方法将数据以逗号为分隔符存入 QStringList 列表中，再将列表中的数据插入 exam 表中。文本读取完成后，使用“close()”方法将文件关闭。

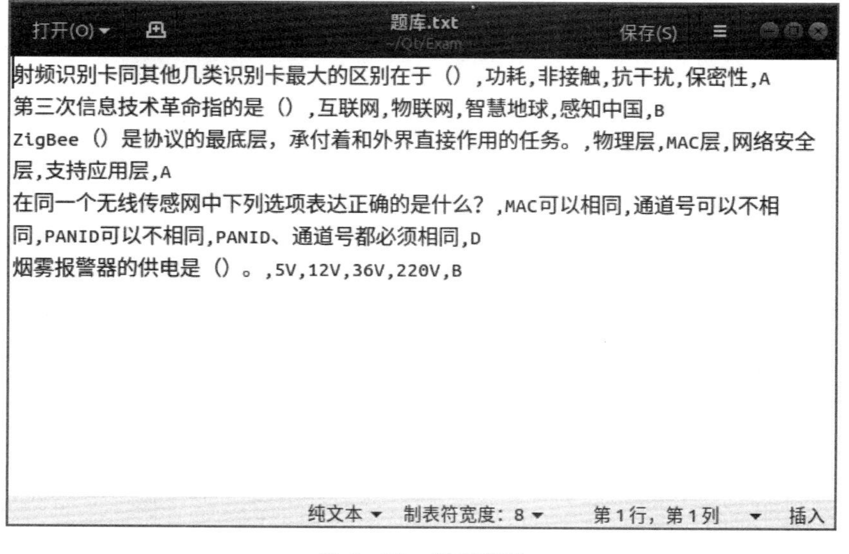
打开(O) 题库.txt ~/Qt/Exam 保存(S)
射频识别卡同其他几类识别卡最大的区别在于 () ,功耗,非接触,抗干扰,保密性,A
第三次信息技术革命指的是 () ,互联网,物联网,智慧地球,感知中国,B
ZigBee () 是协议的最底层，承付着和外界直接作用的任务。,物理层,MAC层,网络安全层,支持应用层,A
在同一个无线传感网中下列选项表达正确的是什么？,MAC可以相同,通道号可以不相同,PANID可以不相同,PANID、通道号都必须相同,D
烟雾报警器的供电是 () 。,5V,12V,36V,220V,B
纯文本 制表符宽度：8 第1行，第1列 插入

图 4 - 58　题库模板

(2)“清空题库”按钮功能的实现

用户单击“清空题库”按钮,将 exam 表中的数据清空。在“btnClear”按钮的“clicked()”槽方法中加入以下代码:

```
void Dialog::on_btnClear_clicked()
{
    QSqlQuery query;
    QString sql = "delete from exam";
    if(query.exec(sql)){
        QMessageBox::information(NULL,"清空题库","题库清空成功");
    }
}
```

(3)“模拟考试”按钮功能的实现

用户单击“模拟考试”按钮开始考试,进入第 1 题答题界面。操作步骤如下:

① 修改“dialog1.h”头文件中“public”区域的构造方法,代码如下:

```
explicit Dialog1(int id,QWidget *parent = 0);
```

② 修改“dialog1.cpp”源文件中的构造方法参数,代码如下:

```
Dialog1::Dialog1(int id,QWidget *parent):
    QDialog(parent),
    ui(new Ui::Dialog1)
```

③ 在“btnStart”按钮的“clicked()”槽方法中加入以下代码:

```
void Dialog::on_btnStart_clicked()
{
    QSqlQuery query;
    QString sql = "select count(*)from exam";
    query.exec(sql);
    query.next();
    totalCount = query.value(0).toInt();
    if(totalCount == 0){
        QMessageBox::warning(NULL,"考试失败","请先导入题库");
        return;
    }
```

```
        sql = "select id from exam order by id desc";
        query.exec(sql);
        query.next();
        maxID = query.value(0).toInt();
        Dialog1 *dialog1 = new Dialog1(0);
        dialog1->show();
        this->close();
    }
```

代码分析：首先对试题的题目总数和题目最大编号进行设置，其中，题目最大编号的获取方法是按照 exam 表中 id 字段倒序排序后的第一条记录。进入第 1 题答题界面后，需要将第 1 题记录的题目编号作为参数传入答题页面的构造方法中。

（4）“退出系统”按钮功能的实现

用户单击“退出系统”按钮，将该系统关闭。在“btnClose”控件的“clicked()”槽方法中加入以下代码：

```
    void Dialog::on_btnClose_clicked()
    {
        this->close();
    }
```

7. 答题页面功能的实现

（1）显示考题内容功能的实现

进入答题页面后，在界面的“QLabel”控件中显示考题的问题和各选项。操作步骤如下：

① 在“dialog1.h”头文件的“public”区域中定义变量 id 用于记录本题编号，定义两个 QString 类型的变量分别记录正确答案和用户答案，代码如下：

```
    public:
        int id;
        QString userAnser,answer;
```

② 在“dialog1.cpp”源文件的构造方法中加入以下代码：

```
    QSqlQuery query;
    threadStopQString sql = QString("select * from exam where id > %1 limit 1").arg(id);
    threadStopquery.exec(sql);
    threadStopquery.next();
    threadStopui->lblQuestion->setText(query.value(1).toString());
    threadStopui->lblAnswerA->setText(query.value(2).toString());
```

```
threadStopui->lblAnswerB->setText(query.value(3).toString());
threadStopui->lblAnswerC->setText(query.value(4).toString());
threadStopui->lblAnswerD->setText(query.value(5).toString());
threadStopthis->id=query.value(0).toInt();
threadStopthis->answer=query.value(6).toString();
```

代码分析：进入答题页面后，先对 exam 表进行查询，查询的原则是以变量 id 为参数的下一条记录。由于不能保证变量 id 的值是连续的，因此，本程序中使用的条件是“当前变量 id 的值大于上一条记录的编号（实例化时传入的 id 作为参数），并且只查询第一记录（limit 1）”，再将查询结果显示在对应的控件中。

（2）“下一题”按钮功能的实现

当用户单击“下一题”按钮时，若该试题不是最后一题，则进入下一题的界面，否则进入答题结束页面，同时判断本题回答是否正确。在“btnNext”控件的“clicked()”槽方法中加入以下代码：

```
void Dialog1::next(){
    timer.stop();
    if(ui->rbA->isChecked())userAnser="A";
    if(ui->rbB->isChecked())userAnser="B";
    if(ui->rbC->isChecked())userAnser="C";
    if(ui->rbD->isChecked())userAnser="D";
    if(userAnser==this->answer){
        Dialog::correctCount++;
    }
    if(this->id!=Dialog::maxID){
        Dialog1 *dialog1=new Dialog1(this->id);
        dialog1->show();
        this->close();
    }else{
        Dialog2 *dialog2=new Dialog2();
        dialog2->show();
        this->close();
    }
}
```

（3）倒计时功能的实现

进入答题页面后，倒计时开始工作，若在 10 秒内不能确认答案，则系统将自动提交答案，进入下一题（方法同“下一题”按钮的功能）。操作步骤如下：

① 在“dialog1. h”头文件中引入计时器库文件：#include "QTimer"。在“public”区域声明一个计时器对象：“QTimer timer;”，以及声明变量“int pbNum;”，用以记录进度条控件的值。在“private slots”区域自定义一个槽方法“void onTimeout()”。

② 在“dialog1. cpp”源文件的构造方法中加入以下代码：

```
connect(&timer,SIGNAL(timeout()),this,SLOT(timer1()));
pbNum = 100;
timer.start(1000);
```

③ 自定义计时器的槽方法，代码如下：

```
void Dialog1::onTimeout(){
    pbNum -= 10;
    if(pbNum>=0){
        ui->pbRemain->setValue(pbNum);
        ui->lblRemain->setText(QString("还剩%1S").arg(pbNum/10));
    }else{
        next();
        timer.stop();
    }
}
```

代码分析：计时器每运行一次，进度条进度减少10%，若进度条的值大于0则重新设置进度的值，并显示剩余时间，否则进入“下一题”按钮实现相同的功能。

④ 在“dialog1. h”头文件的“public”区域声明自定义方法：void next()；

⑤ 在“dialog1. cpp”源文件中加入以下代码：

```
void Dialog1::next(){
    timer.stop();
    if(ui->rbA->isChecked())userAnser = "A";
    if(ui->rbB->isChecked())userAnser = "B";
    if(ui->rbC->isChecked())userAnser = "C";
    if(ui->rbD->isChecked())userAnser = "D";
    if(userAnser == this->answer){
        Dialog::correctCount++;
    }
    if(this->id!=Dialog::maxID){
        Dialog1 *dialog1 = new Dialog1(this->id);
        dialog1->show();
```

```
        this->close();
    }else{
        Dialog2 *dialog2 = new Dialog2();
        dialog2->show();
        this->close();
    }
}
```

⑥ 将“btnNext”控件的“clicked()”槽方法的内容修改为“next();”

8. 答题结束页面功能的实现

(1) 显示答题结果功能的实现

答题结束后，在该页面中显示题目数量和答对题目的数量，操作步骤如下：

① 在“dialog2.cpp”源文件中引入必要的库文件，代码如下：

```
#include "dialog.h"
```

② 在构造方法中加入以下代码：

```
ui->lblTotal->setText(QString::number(Dialog::totalCount));
ui->lblCorrect->setText(QString::number(Dialog::correctCount));
```

(2) “退出系统”按钮功能的实现

用户单击“退出系统”按钮，退出本程序。在“btnClose”控件的“clicked()”槽方法中加入以下代码：

```
void Dialog2::on_btnClose_clicked()
{
    this->close();
}
```

任务实施

(1) 打开项目“SmartHome”，进入“mainwindow.ui”界面文件。引入计时器库文件，声明一个计时器对象“timer”并自定义一个槽方法“void onTimeout()”(方法略)。

(2) 在“public”区域声明三个变量 modeLED(LED 模式)、LED_pao(LED 跑马灯状态)、LED_shan(LED 闪烁状态)，代码如下：

```
int modeLED;//0 为无模式,1 为闪烁效果,2 为跑马灯效果
int LED_shan;//0 为 LED 灯关,1 为 LED 灯开
int LED_pao;//0 为 LED1 亮,1 为 LED2 亮,2 为 LED3 亮,3 为 LED4 亮
```

(3) 在“mainwindow. cpp”源文件的构造方法中加入如下代码：

```
modeLED = 0,LED_shan = 0,LED_pao = 0;//变量初始化
connect(&timer,SIGNAL(timeout()),this,SLOT(onTimeout()));//计时器信号槽关联
timer.start(1000);//计时器开启
```

(4) 打开“mainwindow. ui”界面文件，右击“btnLED”控件选择“转到槽”，在槽方法中加入如下代码：

```
void MainWindow::on_btnLED_clicked()
{
    if(ui->btnLED->text() == "LED 开"){
        ui->btnLED->setText("LED 关");
        if(ui->rbLEDShan->isChecked()){//进入 LED 闪烁模式
            modeLED = 1;
        }
        if(ui->rbLEDPao->isChecked()){//进入 LED 跑马灯模式
            modeLED = 2;
        }
    }else{
        ui->btnLED->setText("LED 开");
        modeLED = 0,LED_shan = 0,LED_pao = 0;//初始化 LED 各参数
        LEDG;
    }
}
```

(5) 在自定义槽方法中加入如下代码：

```
void MainWindow::onTimeout(){
    if(ui->tbMode->currentIndex() == 0)
    {
        if(modeLED == 1){
            if(LED_shan == 0){
                LEDK;
                LED_shan = 1;
            }else{
                LEDG;
                LED_shan = 0;
            }
        }
```

```
        if(modeLED = = 2){
            switch(LED_pao){
            case 0:
                LEDG;
                LED1K;
                break;
            case 1:
                LEDG;
                LED2K;
                break;
            case 2:
                LEDG;
                LED3K;
                break;
            case 3:
                LEDG;
                LED4K;
                LED_pao = 0;
                break;
            }
        }
    }
}
```

(6) 设计完成,运行测试。

任务拓展

◎ 任务描述

在智能家居环境中,经常会配置不同颜色的 LED 灯,通过灯泡由弱变强,再由强变弱的循环变化,实现呼吸灯效果。现需设置红色与绿色两种颜色的呼吸灯变化,并可增加或减少呼吸灯的变化频率。

◎ 任务分析

在 Qt Creator 开发环境提供的方法中,可以使用 setBgColor 方法设置控件的背景颜色,表示为红灯或绿灯;使用 setStep 方法设置呼吸灯变化的时间步长;使用 setFixedSize 方法设置表示呼吸灯的控件的大小。

◎ 任务实施

在呼吸灯控件所在窗体的构造方法中，编辑以下代码：

```
comStatusBar->setBgColor(QColor(255,0,0)); //初始状态设置为红色
comStatusBar->setStep(10); //初始状态呼吸灯变化步长时间为 10 ms
comStatusBar->setFixedSize(50,50); //设置呼吸灯控件大小:50*50
comConnectTimeLabel = new DateTimeLcd;
comConnectTimeLabel->setFormat("HH:mm:ss");
comConnectTimeLabel->stop();
comConnectTimeLabel->setFixedSize(100, 50);
```

任务小结

在本任务中，主要学习了以下内容：

1. 掌握 Qt 中计时器的概念与应用。
2. 掌握 Qt 中线程的概念与使用方法。
3. 掌握静态变量的应用方法。
4. 实现 LED 灯闪烁和跑马灯效果。

任务8　实现时钟功能

任务描述

本任务实现单控模式中显示时间和时间设置的功能，如图 4－59 所示。在 QDateTimeEdit 控件中显示当前时间，根据选择的“小时”或“分钟”单选框通过点击“加”或“减”按钮对时间进行设置。选中“系统时间”复选框，当前时间恢复为系统时间。

图 4－59　时钟效果

任务目标

1. 掌握 QDateTime 类的用法。
2. 掌握 Qt 中设置时间的方法。

知识准备

在本任务中，利用 Qt 中的"QDateTime"(日期时间类)类实现在智能家居软件系统中设置日期和时间的功能。

1. QDateTime 类介绍

QDateTime 类提供了日期和时间功能。QDateTime 对象包含一个日历日期和一个时钟时间。它是 QDate 和 QTime 两个类的组合，可以从系统时钟中读取当前日期时间，提供了获取日期时间和操作日期时间的方法，比如获取当前时间的年、月、日、时、分、秒的信息，加上一定数量的秒、天、月或年。QDateTime 对象通常可以由给定的日期和时间来创建，也可以使用静态方法"currentDateTime()"(当前系统时间)让 QDateTime 对象包含当前系统时钟的日期时间。如"QDateTime dt = QDateTime::currentDateTime();"。日期时间也可以由"setDate()"和"setTime()"来改变。date()和 time()函数提供了对日期和时间的访问。

2. QDateTime 类的常用方法

(1) QString QDateTime::toString(QString format):返回一个字符串的日期时间。format 参数决定了结果字符串的格式。常用的时间日期表达式有：

- d:没有前置 0 的数字的天(1~31)
- dd:前置 0 的数字的天(01~31)
- ddd:缩写的日名称(Mon-Sun)。使用 QDate::shortDayName()。
- dddd:长的日名称(Monday-Sunday)。使用 QDate::longDayName()。
- M:没有前置 0 的数字的月(1~12)
- MM:前置 0 的数字的月(01~12)
- MMM:缩写的月名称(Jan-Dec)。使用 QDate::shortMonthName()。
- MMMM:长的月名称(January-December)。使用 QDate::longMonthName()。
- yy:两位数字的年(00~99)
- yyyy:四位数字的年(0000~9999)
- h:没有前置 0 的数字的小时(0~23 或者显示 AM/PM 时，1~12)
- hh:前置 0 的数字的小时(00~23 或者显示 AM/PM 时，01~12)
- m:没有前置 0 的数字的分钟(0~59)
- mm:前置 0 的数字的分钟(00~59)

- s:没有前置 0 的数字的秒(0～59)
- ss:前置 0 的数字的秒(00～59)
- z:没有前置 0 的数字的毫秒(0～999)
- zzz:前置 0 的数字的毫秒(000～999)
- AP:切换为 AM/PM 显示。AP 将被“AM”或“PM”替换。
- ap:切换为 am/pm 显示。ap 将被“am”或“pm”替换。

实例 1:运行效果如图 4－60 所示,在“lblDateTime”控件中显示当前时间日期。

图 4－60　实例 1 运行效果

在 Qt Creator 中创建一个“DateTime”项目,基类选择“QDialog”,其他参数保持默认。在“dialog.ui”界面文件放入一个 Label 控件,控件名为“lblDateTime”,在“dialog.h”头文件中引入“QDateTime”类:#include <QDateTime>。在“dialog.cpp”源文件的构造方法中加入以下代码:

```
    ui->lblDateTime->setText(QDateTime::currentDateTime().toString
("yyyy年MM月dd日 HH:mm:dd dddd"));
```

(2) QDate QDate::addDays(int days)/addMonths(int months)/addYears(int years):返回这个日期时间对象 days(天)months(月)years(年)之后的一个日期时间对象(如果是之前的日期,则参数是一个负数),如“date=date.addDays(10);”。

(3) QTime QTime::addSecs(int secs):返回这个日期时间对象 secs 秒之后的一个日期时间对象(如果是之前的日期,则参数是一个负数)。

(4) bool QDate::setDate(int year,int month,int day):设置日期为 year(年)month(月)day(日),如“date.setDate(2019,7,16);”。

(5) int QDate::dayOfWeek():返回这个日期是星期几。

(6) bool QTime::setHMS(int h,int m,int s):设置时间为 h(时)m(分)s(秒),如“time.setHMS(10,10,10)”。

实例 2:“电子台历”的制作,运行效果如图 4－61 所示。使用“<”“>”按钮和“QDateEdit”对显示月份进行调整。操作步骤如下:

图 4-61　实例 2 运行效果

(1) 在 Qt Creator 中创建项目“Date”，基类选择“QDialog”，其余参数保持默认。

(2) 界面设计

打开“dialog. ui”界面文件，拖放合适的控件，各控件设置如表 4-30 所示。

表 4-30　控件属性设置

控件类型	控件名称	属性设置
QDialog	Dialog	宽度：240，高度：320
QLabel	默认	text：电子台历 styleSheet：color：红
QPushButton	btnPreDate	text：<
QPushButton	btnNextDate	text：>
QDateEdit	deDate	displayFormat：yyyy 年 MM 月
QTableView	tvDate	

(3) 显示日历功能的实现

在“tvDate”中按周日至周六的顺序显示设置月份的日历，操作步骤如下：

① 打开“dialog. h”头文件，引入必要的库文件，代码如下：

```
#include "QDate"
#include "QStandardItemModel"
```

② 在“public”区域声明两个对象及一个自定义显示日期的方法，代码如下：

```
public:
    QDate date;
    QStandardItemModel *model;
    void showDate();
```

③ 打开“dialog.cpp”源文件，在构造方法中初始化“date”对象和“tvDate”控件，代码如下：

```
model = new QStandardItemModel();
model->setColumnCount(7);
model->setHeaderData(0,Qt::Horizontal,"日");
model->setHeaderData(1,Qt::Horizontal,"一");
model->setHeaderData(2,Qt::Horizontal,"二");
model->setHeaderData(3,Qt::Horizontal,"三");
model->setHeaderData(4,Qt::Horizontal,"四");
model->setHeaderData(5,Qt::Horizontal,"五");
model->setHeaderData(6,Qt::Horizontal,"六");
ui->tvDate->setModel(model);
ui->tvDate->setColumnWidth(0,50);
ui->tvDate->setColumnWidth(1,50);
ui->tvDate->setColumnWidth(2,50);
ui->tvDate->setColumnWidth(3,50);
ui->tvDate->setColumnWidth(4,50);
ui->tvDate->setColumnWidth(5,50);
ui->tvDate->setColumnWidth(6,50);
ui->tvDate->verticalHeader()->hide();
date = QDate::currentDate();
date.setYMD(date.year(),date.month(),1);
ui->deDate->setDate(date);
```

④ 自定义 tvDate 控件显示日期的方法“showDate()”，代码如下：

```
void Dialog::showDate(){
    model->removeRows(0,model->rowCount());
    int row = 0,col = date.dayOfWeek() == 7? 0 : date.dayOfWeek();
    QDate date1 = date;
    for(int i = 0;i<date.daysInMonth();i++){
```

```
            model - > setItem (row, col, new QStandardItem (QString:: number
(date1. day())));
            if(date1 = = QDate::currentDate()){
                model - >item(row,col) - >setBackground(QBrush(QColor(255,
0,0)));
            }
            date1 = date1. addDays(1);
            col + + ;
            if(col = = 7){
                row + + ;
                col = 0;
            }
        }
    }
```

代码分析:使用变量 row 和 col 分别控制 model 的行号和列号。行号初始值为 0,列号初始值根据 date 的 dayOfWeek 的值余 7 决定。例如,周日的 dayOfWeek 的值为 7,取余后 col 的值为 0,即从第 0 行第 0 列开始显示。使用循环语句将该月中的每一天的值显示在“deDate”控件上,其中使用“daysInMonth()”(返回本月总天数)方法控制循环次数,使用“addDays(1)”方法获取下一天的 date 值。当 col 的值为 7 时,重置 row 和 col 的值,从下一行的第 0 列开始显示。

(4) 按钮“<”和“>”功能的实现

单击“<”和“>”按钮控制“deDate”控件显示当前日期上一月和下一月的值。在“btnPreDate”按钮和“btnNextDate”按钮的“clicked()”槽方法中加入如下代码:

```
void Dialog::on_btnPreDate_clicked()
{
    date =  date. addMonths( - 1);
    ui - >deDate - >setDate(date);
}

void Dialog::on_btnNextDate_clicked()
{
    date =  date. addMonths(1);
    ui - >deDate - >setDate(date);
}
```

（5）修改“deDate”刷新日历功能的实现

当用户修改“deDate”控件的值时，“tvDate”值刷新相应月份日历，在“deDate”控件的“dateChanged(QDate)”槽方法中加入以下代码：

```
void Dialog::on_deDate_dateChanged(const QDate &date)
{
    this->date = date;
    showDate();
}
```

实例3：“电子时钟”的制作。进行当前时间的显示，用户也可以对当前时间进行设置。操作步骤如下：

（1）在Qt Creator中创建项目“Time”，基类选择“QDialog”，其余参数保持默认。

（2）界面设计

① “dialog.ui”（时间显示）界面设计，如图4-62所示。拖放合适的控件，各控件设置如表4-31所示。

图4-62　时间显示界面

表4-31　控件属性设置

控件类型	控件名称	属性设置
QDialog	Dialog	宽度：300，高度：200
QLabel	默认	text：电子时钟……styleSheet：color：红
QLCDNumber	lcdTime	digitCount：8
QPushButton	btnSet	text：设置时间

② “dialog1.ui”（时间设置）界面设计，如图4-63所示。拖放合适的控件，各控件设置如表4-32所示。

图4-63　时间设置界面

表 4-32 控件属性设置

控件类型	控件名称	属性设置
QDialog	Dialog	宽度:300,高度:150
QLabel	默认	text:时间设置
QTimeEdit	teTime	displayFormat:HH:mm:ss
QCheckBox	cbSync	text:同步系统时间
QPushButton	btnSetTime	text:设置

(3) 时间显示页面功能的实现

① 在"dialog.h"头文件中导入必要的库文件,代码如下:

```
#include "QTime"
#include "QTimer"
```

② 在"public"区域声明两个对象,在"private slots" 区域声明一个自定义的槽方法,代码如下:

```
public:
    static QTime time;
    QTimer timer;
private slots:
    void onTimeout();
```

③ 在"dialog.cpp"源文件中初始化静态变量 time 的值,代码如下:

```
QTime Dialog::time = QTime::currentTime();
```

④ 在构造方法中设置"lcdTime"控件的初始值并开启计时器,代码如下:

```
ui->lcdTime->display(time.toString("HH:mm:ss"));//设置 lcdTime 初始值
connect(&timer,SIGNAL(timeout()),this,SLOT(onTimeout()));
timer.start(1000);
```

⑤ 自定义计时器的槽方法,代码如下:

```
void Dialog::onTimeout(){
    time = time.addSecs(1);
    ui->lcdTime->display(time.toString("HH:mm:ss"));
}
```

⑥“设置时间”按钮功能的实现

单击“设置时间”按钮进入时间设置页面，在“btnSet”按钮的“clicked()”槽方法中加入如下代码：

```
void Dialog::on_btnSet_clicked()
{
    QDialog *dialog1 = new Dialog1();
    dialog1->show();
}
```

（4）时间设置页面功能的实现

①在“dialog1.cpp”源文件中导入必要的库文件，代码如下：

```
#include "dialog.h"
#include "QTime"
```

②“tvTime”控件显示当前时间。在“dialog1.cpp”的构造方法中加入如下代码：

```
ui->teTime->setTime(Dialog::time);
```

③“同步系统时间”复选框功能的实现

当复选框处于勾选状态时，“teTime”控件不可用，未勾选时，“teTime”控件可用。在“cbSync”按钮的“clicked()”槽方法中加入如下代码：

```
void Dialog1::on_cbSync_clicked(bool checked)
{
    if(checked){
        ui->teTime->setEnabled(false);
    }else{
        ui->teTime->setEnabled(true);
    }
}
```

④“设置”按钮功能的实现

单击“设置”按钮，用户可修改当前时间，然后返回时间显示页面。在“btnSetTime”按钮的“clicked()”槽方法中加入如下代码：

```
void Dialog1::on_btnSetTime_clicked()
{
    if(ui->cbSync->isChecked()){
        Dialog::time = QTime::currentTime();
```

```
    }else{
        Dialog::time = ui->teTime->time();
    }
    this->close();
}
```

代码分析："cbSync"复选框处于勾选状态时，设置时间为系统时间，否则设置时间为"teTime"控件中的时间。

实例4："钟表"的制作，运行效果如图4-64所示。利用绘制的时针、分针、秒针进行当前时间的显示。操作步骤如下：

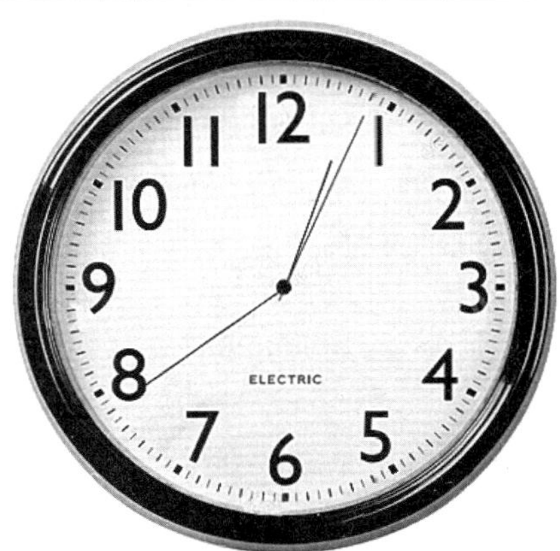

图4-64 钟表运行效果

（1）在Qt Creator中创建项目"Clock"，基类选择"QDialog"，其余参数保持默认。

（2）在项目中建立"Debug"文件夹，将表盘图片"Image"文件夹复制到此文件夹中，并将项目的构建目录指向此文件夹。

（3）在"dialog.h"头文件的"public"区域重新定义一个绘图事件的方法，代码如下：

```
void paintEvent(QPaintEvent *);
```

（4）打开"dialog.cpp"源文件，引入必要的库文件，代码如下：

```
#include "QtGui"
```

（5）在构造方法中，实例化一个计时器，并使计时器开始工作，代码如下：

```
QTimer *timer = new QTimer(this);
connect(timer,SIGNAL(timeout()),this,SLOT(update()));
timer->start(1000);
```

（6）重写绘图事件的方法，代码如下：

```
void Dialog::paintEvent(QPaintEvent *event){
    QTime time = QTime::currentTime();
    QPainter painter(this);//声明用来绘图用的"画家"
    painter.setRenderHint(QPainter::Antialiasing,true);// 消除图像锯齿
    painter.translate(width()/2,height()/2);//定位坐标起始点为界面的
中心
    QPixmap pix;
    pix.load("./Image/P.png");
```

```
        painter.drawPixmap( - (pix.width()/2), - (pix.height()/2),pix.width
(),pix.height(),pix);//设置时钟背景
        //绘制时针
        painter.save();//保存"画家"的状态
        painter.setPen(QColor(0,0,0));// 设置画笔及颜色
        painter.rotate(30.0 * ((time.hour() + time.minute()/60.0)));//时针旋
转角度的设置
        painter.drawLine(QPoint(0,0),QPoint(0, - 100));//画时针从坐标起点开
始垂直向上长度为 100 的直线
        painter.restore();//恢复"画家"的状态
        //绘制分针
        painter.setPen(QColor(0,0,0));
        painter.save();
        painter.rotate(6.0 * (time.minute() + time.second()/60.0));
        painter.drawLine(QPoint(0,0),QPoint(0, - 130));
        painter.restore();
        //绘制秒针
        painter.setPen(QColor(255,0,0));
        painter.save();
        painter.rotate(6.0 * time.second());
        painter.drawLine(QPoint(0,10),QPoint(0, - 140));
        painter.restore();
        //画中心点
        painter.setPen(QColor(0,0,0));
        painter.setBrush(QColor(0,0,0));//设置填充颜色
        painter.save();
        painter.drawEllipse(QPoint(0,0),3,3);
        painter.restore();
    }
```

Qt 的图形绘制

Qt 提供了强大的图形绘制功能，可以进行几乎所有的 2D 图形绘制。使用"QPaint"类来进行图形的绘制，如绘制点、线、圆、多边形等图像。同时也支持图像的平移、旋转等操作。

(7) 设计完成,运行测试,如图 4-64 所示。

实例 5:简单图形绘制,界面如图 4-65 所示。用户通过单击 4 个按钮,可以在窗体上绘制点、线、圆、矩形 4 种图形。操作步骤如下:

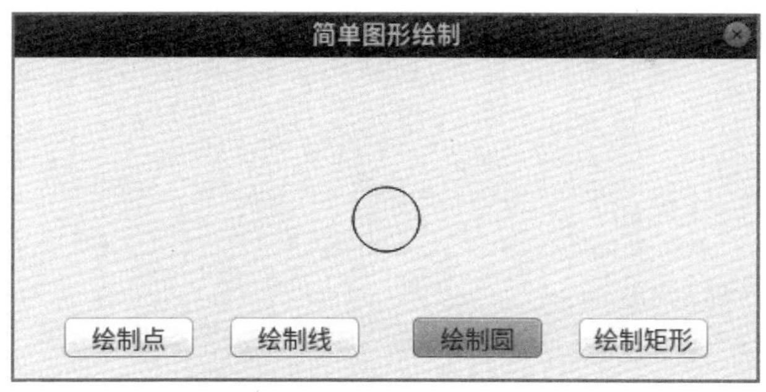

图 4-65 简单图形绘制

(1) 在 Qt Creator 中创建项目"Draw",基类选择"QDialog",其余参数保持默认。

(2) 界面设计

打开"dialog. ui"界面文件,拖放合适的控件,各控件设置如表 4-33 所示。

表 4-33 控件属性设置

控件类型	控件名称	属性设置
QDialog	Dialog	宽度:450,高度:200 windowTitle:简单图形绘制
QPushButton	btnDrawPoint	text:绘制点
QPushButton	btnDrawLine	text:绘制线
QPushButton	btnDrawEllipse	text:绘制圆
QPushButton	btnDrawRect	text:绘制矩形

(3) 在"dialog. h"头文件的"public"区域声明一个方法"void paintEvent(QPaintEvent *);",该方法为重载方法,用来处理绘图事件。所有的绘图操作都在这个方法中执行。

(4) 在"public"区域声明一个 QString 型的变量"shape",用来记录绘制的图形形状,代码为:"QString shape;"。

(5) 在"dialog. cpp"源文件中引入库文件"#include <QtGui>"。

(6) 分别给 4 个按钮加入"clicked()"槽方法,设置 shage 图形,调用"update()"方法绘制图形,代码如下:

```
void Dialog::on_btnDrawPoint_clicked()
{
    shape = "point";
    update();
}
```

```
void Dialog::on_btnDrawLine_clicked()
{
    shape = "line";
    update();
}

void Dialog::on_btnDrawEllipse_clicked()
{
    shape = "ellipse";
    update();
}
void Dialog::on_btnDrawRect_clicked()
{
    shape = "rect";
    update();
}
```

（7）重写“paintEvent()”方法，代码如下：

```
void Dialog::paintEvent(QPaintEvent * )
{
    QPainter painter(this);//声明绘制图形的对象
    painter.setRenderHint(QPainter::Antialiasing,true);//消除图像锯齿
    painter.translate(width()/ 2,height()/ 2);//窗体的中心为坐标原点
    painter.setPen(QColor(0,0,0));//设置画笔颜色
    if(shape = = "point")
    {
        painter.drawPoint(0,0);//绘制点
    }
    if(shape = = "line")
    {
        painter.drawLine(QPoint( - 10,0),QPoint(20,0));//绘制线
    }
    if(shape = = "ellipse")
    {
        painter.drawEllipse(QPoint(0,0),20,20);//绘制圆
    }
```

```
        if(shape == "rect")
        {
            painter.drawRect(-10,-10,40,40);//绘制矩形
        }
}
```

（8）设计完成，运行测试，结果如图 4-64 所示。

任务实施

（1）打开项目“SmartHome”，进入“mainwindow.h”头文件。在头文件中引入必要的库文件，代码如下：

```
#include "QDateTime"
```

（2）在“public”区域声明一个 QDateTime 的对象，代码如下：

```
QDateTime dt;
```

（3）打开“mainwindow.cpp”源文件，在构造方法中加入如下代码：

```
dt = QDateTime::currentDateTime();
ui->dtEdit->setDateTime(dt);//初始化 dtEdit 控件
```

（4）在自定义的计时器槽方法“onTimeOut”中加入如下代码：

```
if(ui->chkDtSys->isChecked()){//当“系统时间复选框”选中时
    dt = QDateTime::currentDateTime();
}else{//当“系统时间复选框”未选中时
    dt = dt.addSecs(1);
}
```

（5）“加”按钮功能的实现。在“btnAddTime”按钮的槽方法中加入如下代码：

```
void MainWindow::on_btnAddTime_clicked()
{
    if(!ui->chkDtSys->isChecked()){
        if(ui->rbChgHour->isChecked()){
            dt = dt.addSecs(3600);
        }
        if(ui->rbChgMin->isChecked()){
            dt = dt.addSecs(60);
        }
    }
}
```

(6)“减”按钮功能的实现。在“btnSubTime”按钮的槽方法中加入如下代码：

```
void MainWindow::on_btnSubTime_clicked()
{
    if(! ui->chkDtSys->isChecked()){
        if(ui->rbChgHour->isChecked()){
            dt = dt.addSecs(-3600);
        }
        if(ui->rbChgMin->isChecked()){
            dt = dt.addSecs(-60);
        }
    }
}
```

任务拓展

◎ 任务描述

在智能家居环境中，通常会使用定时的方法控制家居设备，例如定时开关空调、电视机等。现需对智能家居设备进行定时开关控制，以达到节约能源的目的。

◎ 任务分析

Qt Creator 开发环境提供的实时时钟是一个独立的定时器，拥有一组连续计数的计数器，在相应软件配置下，可提供时钟日历的功能，修改计数器的值可以重新设置系统当前的时间和日期。在智能家居系统中使用定时器分为两个步骤：

1. 设置寄存器 RCC_APB1ENR 的 PWREN 和 BKPEN 位，使能电源和后备接口时钟。
2. 设置寄存器 PWR_CR 的 DBP 位，使能对后备寄存器和 RTC 的访问。

◎ 任务实施

选中智能家居项目的时钟控件，在其命令和槽中编写以下代码：

```
void vTimerCallback(xTimerHandle pxTimer){
    uint32_t ulTimerID;
    uint8_t i;
    ulTimerID = (uint32_t)pvTimerGetTimerID(pxTimer);
    if(((xTIMER *)pxTimer)->uxAutoReload){
        xTimerChangePeriodFromISR(pxTimer,DTOMS,NULL);
        printf("明天继续触发动作!!! \r\n");
    }
```

```
        printf("ulTimerID =  %d\r\n",ulTimerID);
        for(i=0;i<strlen((char const *)LedCmdString[ulTimerID]);i++){
            xQueueSend(LedQueueHandle,&LedCmdString[ulTimerID][i],1);
        }
    }
```

任务小结

在本任务中，主要学习了以下内容：

1. QDateTime 类的用法。
2. Qt 中设置时间的方法。
3. 实现智能家居系统中的时钟功能。

任务9 移植嵌入式网关

任务描述

本任务是将前面做好的"SmartHome"项目进行嵌入式移植，使程序通过 6410 网关对智能家居设备进行控制，如图 4-66 所示。

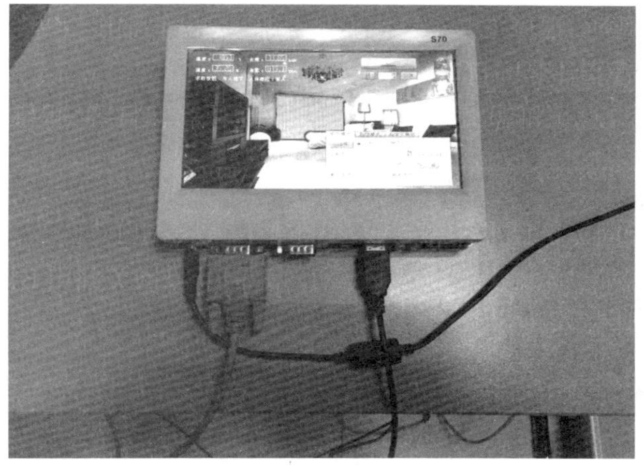

图 4-66 嵌入式网关

任务目标

1. 掌握嵌入式系统的概念与应用。
2. 掌握 Linux 操作系统中文件、目录的操作方法。
3. 掌握将 Qt 开发的程序移植到 6410 网关的方法。

知识准备

1. 嵌入式系统的定义

嵌入式系统本身是一个相对模糊的定义，人们很少会意识到他们往往会随身携带好几个嵌入式系统，如手机、平板电脑等。嵌入式系统是指以应用为中心和以计算机技术为基础的，并且软硬件是可裁剪的，能满足应用系统对功能、可靠性、成本、体积、功耗等指标严格要求的专用计算机系统。简单地说，嵌入式系统集系统的应用软件与硬件于一体，具有软件代码小、高度自动化、响应速度快等特点，特别适合于实时的多任务的体系结构，可以实现对其他设备的控制、监视或管理等功能。

本项目选用的嵌入式系统软件基于嵌入式 Linux 操作系统，该系统由 Linux Torvalds 编写，是一款支持通用公共授权协议的开源操作系统。内核可由开发者根据用户需要进行适当裁剪，支持市面上绝大多数的 32 位和 64 位的处理器。硬件方面选用的是三星公司推出的 ARM 6410 处理器，使用常见的 SDRAM 作为内存储系统，用来存放系统引导程序 BootLoader，Nand Flash 作为硬盘来存放系统内核、系统镜像以及用户安装的应用程序。数据的通信接口采用了 RS232 串口线来完成。下面介绍一下 Linux 操作系统的常用操作。

2. Linux 终端的使用

Linux 终端也称为虚拟控制台。是 Linux 从 UNIX 继承来的标准特性。显示器和键盘合称为终端，因为它们可以对系统进行控制，所以又称为控制台，一台计算机的输人/输出设备就是一个物理的控制台。如果在一台计算机上用软件的方法实现了多个互不干扰、独立工作的控制台界面，就是实现了多个虚拟控制台。Linux 终端采用字符命令行方式工作，用户通过键盘输入命令，通过 Linux 终端对系统进行控制。打开 Linux 终端的快捷键为“Ctrl＋A”，也可利用“应用程序”－＞“附件”－＞“终端”的方式打开。

3. 文件与目录的操作。

用户的数据和程序大多以文件的形式保存在磁盘上。在用户使用 Linux 系统的过程中，经常需要对文件和目录进行各种操作。文件是用来存储信息的基本结构，是存储在某种介质上的一组信息的集合。文件名是文件的标识，它是由字母、数字、下划线和句点组成的字符串，长度不能超过 255 个字符，一般要求用户使用有意义的文件名命名。

文件名的另一部分是在句点之后的拓展名，用来标记文件类型，如在 Qt 中头文件的扩展名为 h，源文件为 cpp，界面文件为 ui。

Linux 系统用目录的方式来组织和管理系统中的所有文件，通过目录将系统中所有的文件分级、分层组织在一起，形成了 Linux 文件系统的树形层次结构。以根目录“/”为起点，其他所有的目录都由根目录派生而来，其结构如图 4－67 所示。

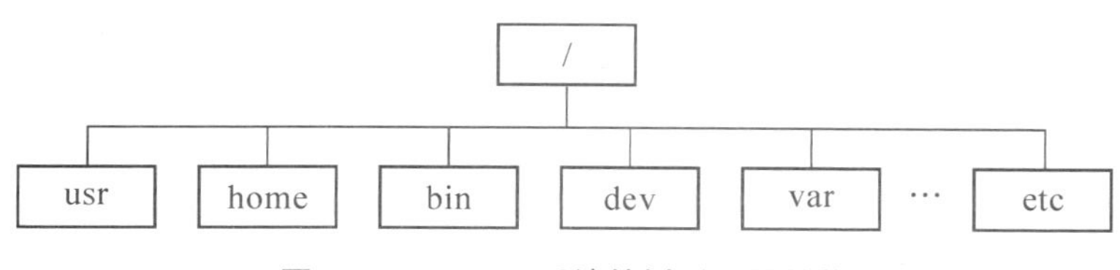

图 4－67　Linux 系统的树形目录结构

4. 文本编辑器 vi 的使用

vi 是“visual interface”的简称，1976 年由 Bill Joy 完成编写，并由 BSD 发布，在大多数 UNIX 类系统中默认都提供该工具。vim 从 vi 发展而来，由 Bram Moolenaar 在 1991 年发布，在原来 vi 的基础上增加了很多新的特性和功能，成为 Linux 环境下最重要的开源编辑器之一。在 Linux 系统上运行的 vi 实际上就是 vim，vim 的基本使用方式和命令与原来的 vi 一致。

vi 可以执行输出、删除、查找、替换、块操作等众多文本操作，但是 vi 不是一个排版程序，它不像 Word 或 WPS 那样可以对字体、格式、段落等其他属性进行编排，它只是一个文本编辑程序。vi 没有菜单，只有命令，要使用 vi 必须记住这些命令。vi 有三种基本工作模式，分别是命令模式（Commmd Mode）、插入模式（Insert Mode）和末行模式（Last Line Mode）。

（1）命令模式

在 Shell 提示符后输入命令 vi，进入 vi 编辑器，并处于 vi 的命令模式。此时，从键盘上输入的任何字符都被作为编辑命令来解释。例如，a(append)表示附加命令，i(insert)表示插入命令，x 表示删除字符命令等。如果输入的字符不是 vi 的合法命令，则机器发出“报警声”，光标不移动。另外，在命令模式下输入的字符(即 vi 命令)并不在屏幕上显示出来。例如，输入 i，屏幕上并无变化，但通过执行 i 命令，编辑器的工作方式却发生变化：由命令模式变为插入模式。不管用户处于何种模式，只要按“Esc”键即可使 vi 进入命令行模式。

（2）插入模式

只有在插入模式下才可以进行文字输入。在命令模式下输入插入命令 i、附加命令 a、打开命令 o、修改命令 c、取代命令 r 或替换命令 s 都可以进入插入模式。在该模式下，用户输入的任何字符都被 vi 当做文件内容保存起来，并将其显示在屏幕上。

（3）末行模式

命令模式下，用户按“：”键即可进入末行模式，此时 vi 会在显示窗口的最后一行显示一个“:”作为末行模式的提示符，等待用户输入命令。多数文件管理命令都是在此模式下执行的，如保存文件(:w)、退出 vi(:q)、列出行号(:set number)等。

任务实施

1. superboot SD 卡(启动盘)的制作

(1) 运行 SD-Flasher. exe 烧写软件，如图 4－68 所示。

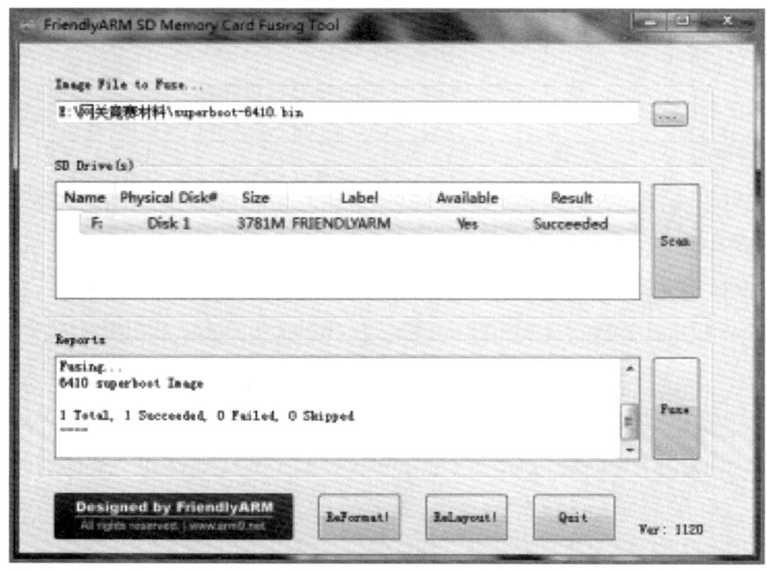

图 4－68 SD-Flasher 运行界面

(2) 点“…”按钮找到所要烧写的 superboot－6410. bin 文件(注意不要放在中文目录下)。

(3) 把 SD 卡插入电脑，点“Scan”按钮，SD 卡会在“SD Drive”中列出。若 Available 属性显示为“No”，需要点击“ReFormat”按钮重新格式化 SD 卡。

(4) 点“Fuse”按钮，superboot 就会被烧写到 SD 卡中了。这时把 SD 卡插到网关上，并把网关上 S2 开关设置为 SDBOOT 模式，开机后就可以看到板上的 LED1 在不停地闪烁，这就说明 superboot SD 卡已经制作成功了。

2. U-Boot 的烧写

(1) USB 下载驱动的安装

U-Boot 烧写前需通过 USB 下载线进行数据传输，因此要先进行 USB 下载驱动的安装，安装过程可以不连接网关。直接运行“FriendlyARM USB Download Driver Setup_20090421. exe”这个文件，按界面提示进行安装，整个过程是独立完成的，安装时会首先出现如图 4－69 的安装提示界面，这里选择“始终安装此驱动程序软件”按钮。

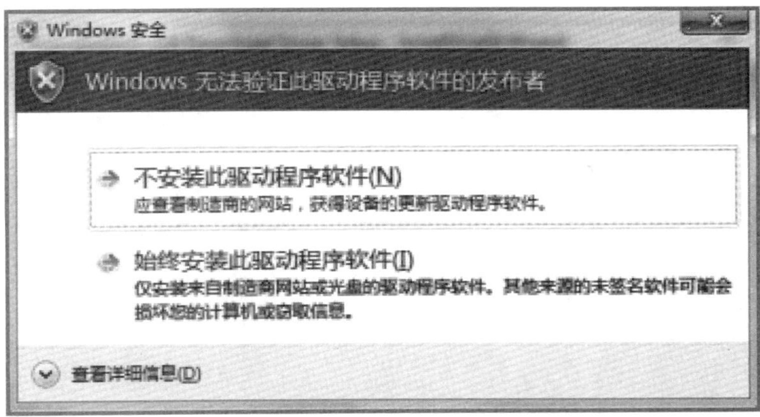

图 4-69　驱动安装

（2）设备的连接，如图 4-70 所示

将 6410 网关与 PC 机进行串口和数据线的连接。串口与虚拟机的 Linux 系统端口连接，数据线与 Windows 系统端口连接，若数据线端口被 Linux 系统抢占，单击虚拟机右下方的连接图标，选择断开连接。

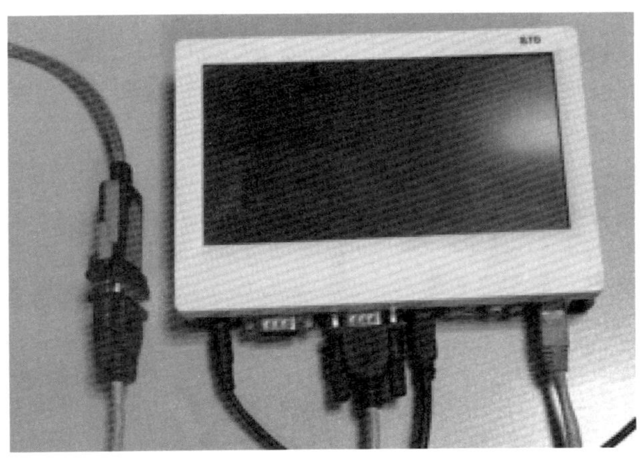

图 4-70　连接 6410 网关

（3）superboot 菜单的设置

superboot 提供 SD 卡安装、引导系统运行的功能。将 6410 网关设置为 SDBOOT（SD 卡启动），上电后在虚拟机中执行“应用程序”→“附件”→“Serial Port terminal”，打开“GtkTerm”窗口，执行“Configuration”→“Port”，在弹出的“Configuration”对话框中设置“Port”属性为“/dev/ ttyUSB..”，“Speed”为 115200，其他设置默认即可。重启 6410 网关后在“GtkTerm”窗口中显示 superboot 菜单，如图 4-71 所示。首先输入“f”指令格式化 nand 存储器；再输入 “v”指令进行 U-Boot 的烧写。

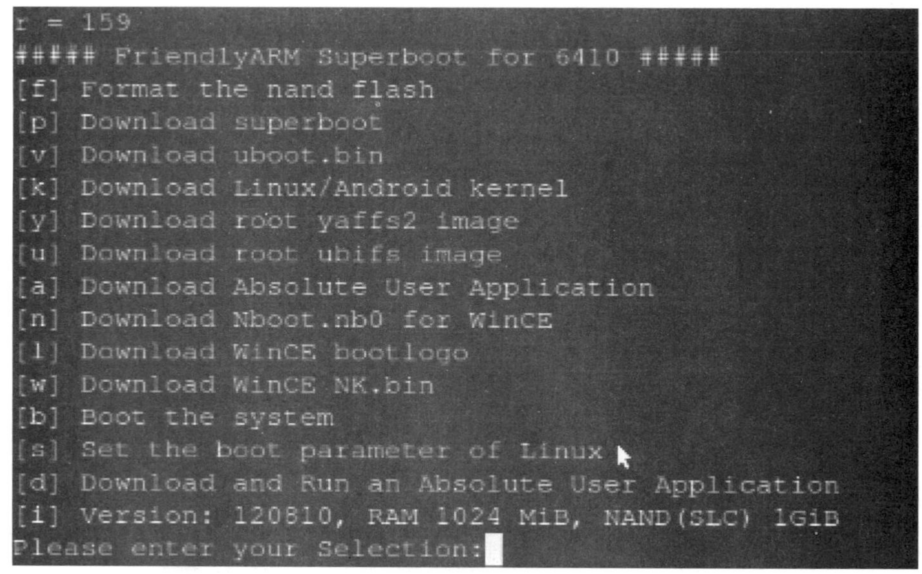

图 4－71　supperboot 菜单

（4）使用 DNW 进行文件传输

DNW 是三星公司开发的串口工具，用于实现数据传输、文件烧写等功能。在 Windows 中直接运行“dnw. exe”文件启动 DNW，若数据线连接成功，则在标题栏显示“USB：OK”，否则需检查数据线的连接情况。

执行“USB Port”－>“Transmit / Restore”选项，在弹出的“打开”窗口中选择文件“u-boot _nand-ram256. bin”进行 U-Boot 烧写。烧写成功，在 superboot 菜单会显示“Succeed”。

3. Linux 内核的烧写

（1）在 superboot 菜单中选择“k”选项。

（2）利用 DNW 将 zImage 文件下载至网关中。下载完成，superboot 菜单会显示“Succeed”。

4. 网络文件挂载

（1）编译 export 文件，设置文件路径和权限。使用“vim /etc/exports”打开 exports 文件，在此文件的末尾添加一行：

```
/6410 *(rw,sync,no_root_squash)
```

其中/6410 就是要做 nfs 的目录(我们把/6410 文件夹作为网关根目录)。终端输入的 * 表示任何的客户机都可以进行访问。并设置操作权限为读写访问、所有数据在请求时写入共享和 root 用户具有根目录的完全管理访问权限。

（2）重启 nfs 服务

在命令提示符窗口中依次输入如下两条指令：

```
/etc/init.d/portmap restart
/etc/init.d/nfs-kernel-server restart
```

若返回信息显示“Starting NFS kernel daemon”，则表示 nfs 服务已重启成功，如图 4-72 所示。

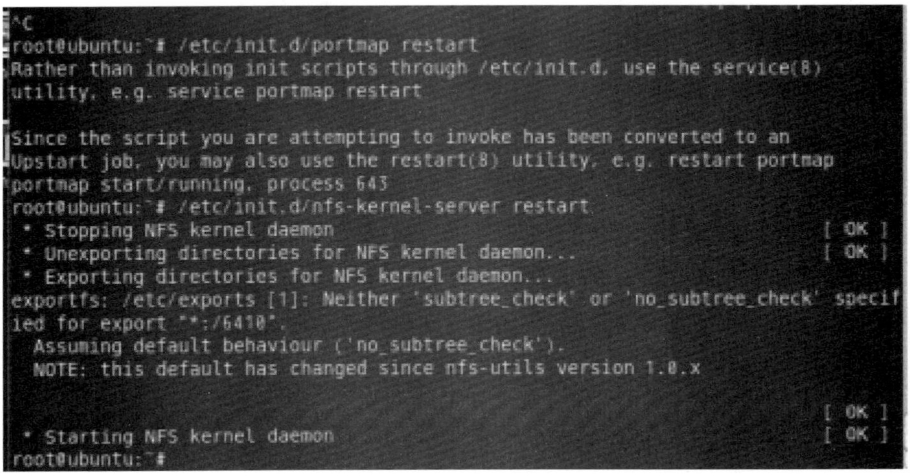

```
^C
root@ubuntu:~# /etc/init.d/portmap restart
Rather than invoking init scripts through /etc/init.d, use the service(8)
utility, e.g. service portmap restart

Since the script you are attempting to invoke has been converted to an
Upstart job, you may also use the restart(8) utility, e.g. restart portmap
portmap start/running, process 643
root@ubuntu:~# /etc/init.d/nfs-kernel-server restart
 * Stopping NFS kernel daemon                                          [ OK ]
 * Unexporting directories for NFS kernel daemon...                    [ OK ]
 * Exporting directories for NFS kernel daemon...
exportfs: /etc/exports [1]: Neither 'subtree_check' or 'no_subtree_check' specif
ied for export "*:/6410".
  Assuming default behaviour ('no_subtree_check').
  NOTE: this default has changed since nfs-utils version 1.0.x

                                                                       [ OK ]
 * Starting NFS kernel daemon                                          [ OK ]
root@ubuntu:~#
```

图 4-72　nfs 服务器重启提示

(3) 挂载网络文件

进入 Superboot 菜单，这里选择 s 项给网关设置参数，具体命令如下：

```
console=ttySAC0 root=/dev/nfs nfsroot=192.168.25.1:/6410/root_qtopia_qt4
ip=192.168.30.10:192.168.30.1:192.168.30.1:255.255.255.0:6410.root_
qtopia_qt4.net:eth0:off
```

其中各参数的含义如下：

console 是使用的串口号为 ttySAC0，即第一串口。

nfsroot 是对 Linux 主机 IP 地址的配置，由于使用的是虚拟机，因此此地址为虚拟机的 IP 地址，这里我们设置的为 192.168.25.1。

“ip=”后面的各项内容如下：

第 1 项(192.168.30.10)是对 ARM 6410 设备上设置的网络地址，该网络地址可在此局域网的网段中进行任意设置，但要注意区别于同局域网中的其他设备的网络地址。

第 2 项(192.168.30.1)是本机的网络地址。

第 3 项(192.168.30.1)是对于 ARM 6410 设备上的目标网络地址的配置。

第 4 项(255.255.255.0)是对虚拟机上的掩码进行的配置。

第 5 项是 6410 网关定义的名字，可由用户自行设定，这里使用 6410.root_qtopia_qt4.net 进行表示。eth0 是 Linux 中对于网卡名称的定义，一般是不能改动的配置，否则可能导致无法正常挂载文件。

配置好网络参数后，将网关调整为NAND启动，并将网关利用RJ-45接口进行连接，为了操作简便，现将网关根目录挂载至/mnt目录上，命令如下：

```
mount-t nfs-o nolock 192.168.30.1:/6410 /mnt
```

其中IP依然是PC主机的IP地址，/6410是要挂载的目录，此目录将来存放制作好的镜像文件，/mnt是要挂载的目录。

如果串口终端显示“请按Enter键激活此控制”，此时利用Linux系统的终端的“ls”命令将 /6410目录和/mnt目录同时打印列表，若显示内容一样且两个文件夹能同步文件操作，则挂载成功。

知识链接

Qt中网络文件挂载

（1）文件挂载

一个磁盘可分为若干个分区，在分区上面可以创建文件系统，而挂载点则是提供一个访问的入口，将一个分区的文件系统挂载到某个目录中，称这个目录为挂载点，并且可以通过这个挂载点访问该文件系统中的内容。mount用于挂载一个文件系统，需要root用户执行。挂载的格式为格式：mount [一参数] [设备名称] [挂载点]，其中常用的参数有：

① l-t指定设备的文件系统类型，常见的有：nfs(网络文件系统)、iso9660 CD-ROM(光盘标准文件系统)、ntfs(windows NT 2000文件系统)等。

② l-o指定挂载文件系统时的选项。常用的有：ro以只读方式挂载、rw以读写方式挂载、nolock取消文件锁。

如挂载光驱的指令为：mount-t iso9660 /dev/cdrom /mnt/cdrom.

（2）nfs服务器

NFS(Network FileSystem，网络文件系统)是1984年由SUN公司推出的一款网络文件共享系统，允许在不同的操作系统之间进行网络数据传输。NFS由服务器和客户机组成。使用方法为先设置好服务器端NFS文件系统的共享目录和访问权限，再利用mount命令把服务器端的文件系统挂载到客户机下进行访问。在嵌入式系统开发中，可以直接从远程的NFS ROOT启动系统。设置NFS服务器的步骤为：

① NFS服务器所共享文件或目录记录在/etc/exports文件中。使用vim将该文件打开(需使用sudo指令获取root权限)，指令为：

vim /etc/exports

② 在/etc/exports文件中加入NFS共享目录及权限。注意，一个NFS服务器可以共享多个NFS目录，每个目录独立一行，其格式为：

共享目录路径 客户机名或IP(参数1,参数2,…,参数n)

其中，客户机名或IP是指可以访问该目录的客户机主机名或者IP地址。一般使用IP地址进行设置，如：192.168.10.*表示在192.168.10网段的客户机都可进行访问，若设置为*，则表示所有客户机都可以访问。

访问参数可以是一个或者多个，其中主要的参数见表4-34。

表4-34 NFS设置的主要参数

参数	说明
ro	只读访问
rw	读写访问
sync	所有数据在请求时写入共享
async	nfs在写入数据前可以响应请求
root_squash	root用户的所有请求映射成如anonymous用户一样的权限(默认)
no_root_squash	root用户具有根目录的完全管理访问权限

例如，设置/home/zdd文件夹允许所有客户机访问，可写为：

/home/zdd *(rw,no_root_squash)

(3) 重新启动NFS服务器。主要包括portmap和nfs-kernel-server服务。指令为：

/etc/init.d/portmap restart

/etc/init.d/nfs-kernel-server restart

(4) 使用mount命令挂载NFS服务器的NFS目录，如：

mount-t nfs-o nolock 192.168.1.1:/home/zdd /mnt

5. PC端模拟镜像测试

(1) 修改项目文件中的库文件，将运行于PC端的lib-X86.so文件改为运行于网关端的lib-ARM.so文件，同时将构建目录改为此库文件所在目录。再修改项目构建设置，如图4-73所示，Qt版本改为“Qt 5.6.3”；工具链改为“GCCE”(其编译器路径为“/opt/FriendlyARM/toolschain/5.6.3/bin/arm-linux-g++”)。

(2) 运行此项目生成可执行文件，由于nfs服务共享设置的是6410文件夹，所以将生成的可执行文件复制到“/6410/root_qtopia_qt4/mnt/zdd/”中，库文件复制到“/6410/root_qtopia_qt4/”中。

构建设置

编辑构建配置: Debug 添加 删除 重命名...

概要

Shadow build: ☑

构建目录: /home/linux/Qt/SmartHome/Debug1 浏览...

构建步骤

qmake: qmake SmartHome.pro -r -spec linux-g++ CONFIG+=debug CONFIG+=qml_debug 详情

Make: make in /home/linux/Qt/SmartHome/Debug1 详情

添加构建步骤

清除步骤

Make: make clean in /home/linux/Qt/SmartHome/Debug1 详情

添加清理步骤

构建环境

使用 **系统环境变量** 详情

图 4－73　项目构建设置

(3) 编辑 rcS 文件，此文件是用来设置系统引导，方法如下：

```
vim/6410/root_qtopia_qt4/etc/init.d/rcS
```

打开 rcS 文件后，可以设置网关系统时间并加入系统引导文件，在文件末尾加入如下代码：

```
hwclock-s //在系统启动时从 RTC 读出日期时间并设置到系统时间
date-s “2016－12－12 00：00：00”//设置网关时间为 2016 年 12 月 12 日 0 时；
hwclock-w//将系统时间写入 RTC
hwclock-r//读出 RTC 并进行检验
qt4      //设置系统引导文件
```

(4) rcS 文件设置完成后，对 qt4 文件进行编辑，方法如下：

```
vim  /6410/root_qtopia_qt4/bin/qt4
```

打开 qt4 文件后，在文件末尾加入要制作镜像的可执行文件目录，方法如下：

```
SmartHome-qws
```

(5) 将 6410 设置为 NAND 启动，开启电源进行测试，若出现前文中图 4－66 所示的界面，则模拟测试成功。

6. 镜像的移植

(1) 将 6410 目录制作为 img 镜像文件，在命令提示符下输入如下代码：

```
cd  /6410 //设置 6410 目录为根目录
/usr/sbin/mkyaffs2image-128M  root_qtopia_qt4  SmartHome.img//完成镜像制作
chmod  777  SmartHome.img//提高 SmartHome.img 的操作权限
```

(2) 将 6410 网关设置为 SDBOOT，上电后进入 superboot 菜单，这里选择“y”选项后，退回 windows 界面，利用 DNW 将刚制作完成的镜像文件移植入 6410 网关中。再将网关设置为 NAND 启动，能够进入图 4-66 界面，说明镜像移植成功。

任务拓展

◎ 任务描述

智能家居程序开发完成后，须移植到物联网网关才能正常运行。现需在 Ubuntu 操作系统中将智能家居软件移植到网关设备中，并显示各类设备的工作状态。

◎ 任务分析

开发智能家居软件使用的 Qt 版本为 5.6，Ubuntu 操作系统的版本为 18.04。将智能家居软件移植到网关设备中需完成 4 个操作步骤：① 重新编译 Linux 系统（Ubuntu 操作系统 18.04）的内核；② 制作文件系统；③ 移植 tslib；④ 移植 Qt5.6 版本的应用程序。

◎ 任务实施

1. 将 QT 环境设置成 ARM 下运行的环境，这样编译出来的可执行文件才能在网关中运行，如图 4-74 所示。可以使用“qmake-v”命令来查看 QT 是否为 ARM 版本。

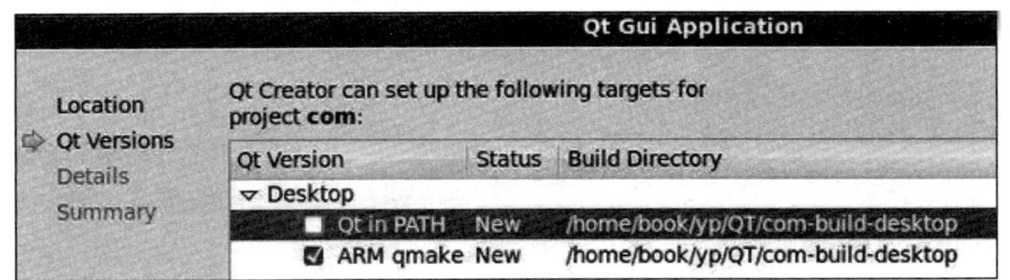

图 4-74 设置 Qt 运行环境

2. 在虚拟机里安装 arm 版 QT 所在的目录下寻找库及他们的相关链接文件。在 arm/lib 的目录下，文件包括 libQtGui.so libQtCore.so libQtNetwork.so 以及 fonts 下的字库。为了防止错误，将相关链接文件 so.4、so.4.7、so.4.7.2 都移植过去。

3. 根据 Qt 的版本，在/opt 目录下建立“qt—5.6.0—arm”目录，将第 2 个步骤中的虚拟机中的文件全部复制到该目录中，包括 lib 以及 lib 下的 fonts 目录，全部移到网关中。

4. 将编译好的可执行文件放到网关的某一个目录中，就可以在开发板上看到 QT 界面了。

任务小结

在本任务中，主要学习了以下内容：

1. 掌握嵌入式系统的概念与应用。
2. 掌握 Linux 操作系统中文件、目录的操作方法。
3. 掌握将 Qt 开发的程序移植到 6410 网关的方法。
4. 智能家居系统软件“SmartHome”移植到网关的方法与步骤。

项目总结

在本项目中学习了以下内容：

(1) 类是一个抽象的概念，简单地说，类就是种类、分类的意思。类是由属性和方法组成的。其中，属性也称为成员变量，是一个名词，用于描述在这个类中可以使用数值来量化的特征。方法用于描述类的行为或动作，是动词。

(2) 对象即归属某个类别的个体，是指具体的某个事物或东西。类必须实例化成为对象后才能使用，Qt 中对象实例化的方法是“类名 * 变量名=new 类名()”。

(3) Qt 中多分支结构的语法为“switch…case”，但这种语句只适用于“等于”的情况，而且这里的变量数据类型必须为 int 类型，若出现大于、小于的判断或非 int 型的变量，则必须使用多个“if”语句。

(4) 三种循环结构为“for”“while”“do…while”。其中，for 语句用于执行有明确循环次数的循环，while 语句可以执行包括 for 语句在内的大多数循环，do…while 语句用来完成先执行后判断的特殊循环。

(5) 数据库(database)是按照数据结构来组织、存储和管理数据的建立在计算机存储设备上的仓库。本项目通过完成用户管理功能，介绍了对数据库中表的创建和数据表的增、删、改、查的操作。

(6) 数组(Array)是一组具有相同名称的变量的集合，它的每个元素具有相同的数据类型。在 Qt 中数组声明的语法格式为“数据类型 数组名[数组长度]”。对于数组元素的访问可以通过“数组名[下标]”的方式进行。注意，在 C++语言中，数组的下标是从 0 开始的。

(7) 计时器的作用是每隔固定的时间自动触发一次超时事件，工作于独立的线程中，不会影响程序中的其他操作。在 Qt 中用 QTimer 类操作计时器事件，并使用“ontimeout()”信号方法进行触发。“start()”方法用于开启计时器，“stop()”方法用于停止计时器。

(8) Qt 中使用"QDateTime"类进行时间日期的控制。"QDateTime"类包含一个日历日期和一个时钟时间,是 QDate 类与 QTime 类的组合。使用静态方法"currentDateTime()"获取当前日期时间,使用"setDate()"方法和"setTime()"方法设置日期与时间,使用"toString()"方法将日期类型转换为字符串类型。

(9) Linux 操作系统使用树形目录的方式组织和管理系统中的所有文件,通过目录将系统中所有文件分级、分层组织在一起,形成了 Linux 文件系统的树形层次结构。"/usr"目录一般用于存放用户安装的软件;"/home"目录存放用户数据;"/bin"目录存放 shell 命令等可执行文件;"/dev"目录存放系统设备信息;"/var"目录存入系统可变信息的内容;"/etc"目录存入系统配置信息。常用的文件和目录操作命令有 ls、cd、pwd、cp、rm 等。

项目评价

1. 考核评价表

考核指标	目标	标准	考核方式	权重	自评	评价
出勤与安全	让学生养成良好的工作习惯	100	考核总分为 100 分,按照 6 个项目的权重比例给分,其中"项目展示汇报"的具体评价方式参见"任务完成度评价表"	0.10		
工程实践表现	学生参与工作的态度与能力			0.15		
回答问题	学生掌握知识与技能的程度			0.15		
团队合作情况	小组团队合作情况			0.10		
项目展示汇报	任务完成及汇报情况			0.40		
拓展能力	能力提升状态,任务完成情况			0.10		
创造性学习(附加分)	考核学生的创新意识	10	教师以 10 分为上限,对项目实践过程中有突出表现和创新做法的学生予以奖励。	1.00		
学习成绩=出勤情况×0.1+项目实践表现×0.15+回答问题×0.15+团队合作情况×0.1+项目展示汇报×0.4+拓展能力×0.1+附加分						

2. 任务完成度评价表

任务	分值	得分
任务 1:实现多窗体切换功能	10	
任务 2:实现进度条加载功能	10	
任务 3:实现用户注册和登录功能	10	
任务 4:实现用户列表功能	10	
任务 5:实现用户密码修改和删除功能	10	
任务 6:实现自定义模式数据保存和读取的功能	10	
任务 7:实现 LED 灯闪烁和跑马灯效果	10	
任务 8:实现时钟功能	10	
任务 9:移植嵌入式网关	20	

3. 项目总结

项目学习情况:
心得与反思:

参考文献

[1] 金大际. Qt5 开发实战[M]. 北京:人民邮电出版社,2015.

[2] 沙祥. 嵌入式系统与 Qt 程序开发[M]. 北京:机械工业出版社,2016.

[3] 赵骞,张永波. 智能家居系统开发[M]. 北京:机械工业出版社,2017.

[4] 仇国巍. Qt 图形界面编程入门[M]. 北京:清华大学出版社,2017.

[5] 霍亚飞. Qt Creator 快速入门. 3 版[M]. 北京航空航天大学出版社,2017.

[6] 殷立峰,祁淑霞,房志峰. Qt C++跨平台图形界面程序设计基础. 2 版[M]. 北京:清华大学出版社,2018.

[7] 刘修文. 物联网技术应用——智能家居. 2 版[M]. 北京:机械工业出版社,2018.

[8] 陈赜. 物联网技术导论与实践[M]. 北京:人民邮电出版社,2018.

[9] 孙建梅,刘丹,樊晓勇,周大勇. 物联网系统应用技术及项目开发案例[M]. 北京:清华大学出版社,2018.

[10] 张小进. Linux 系统应用基础教程. 2 版[M]. 北京:机械工业出版社,2019.